142

新知
文库

XINZHI

Zwischen Hafen und Horizont:
Weltgeschichte der Meere

ZWISCHEN HAFEN UND HORIZONT: WELTGESCHICHTE DER MEERE by Michael North
©Verlag C.H.Beck oHG,München 2016

海洋全球史

[德]米夏埃尔·诺尔特 著
夏嫱 魏子扬 译

生活·讀書·新知 三联书店

Simplified Chinese Copyright © 2021 by SDX Joint Publishing Company.
All Rights Reserved.
本作品简体中文版权由生活·读书·新知三联书店所有。
未经许可，不得翻印。

图书在版编目（CIP）数据

 海洋全球史／（德）米夏埃尔·诺尔特著；夏嬌，魏子扬译 .—北京：
生活·读书·新知三联书店，2021.5（2022.3 重印）
 （新知文库）
 ISBN 978-7-108-06038-9

 Ⅰ.①海… Ⅱ.①米… ②夏… ③魏… Ⅲ.①海洋-文化史-世界
Ⅳ.① P7-091

 中国版本图书馆 CIP 数据核字（2021）第 036253 号

责任编辑	李　佳
装帧设计	陆智昌　刘　洋
责任校对	陈　明
责任印制	卢　岳
出版发行	生活·讀書·新知 三联书店
	（北京市东城区美术馆东街 22 号 100010）
网　　址	www.sdxjpc.com
图　　字	01-2018-8058
经　　销	新华书店
印　　刷	北京隆昌伟业印刷有限公司
版　　次	2021 年 5 月北京第 1 版
	2022 年 3 月北京第 2 次印刷
开　　本	635 毫米 × 965 毫米　1/16　印张 18.75
字　　数	220 千字　图 29 幅
印　　数	6,001-9,000 册
定　　价	54.00 元

（印装查询：01064002715；邮购查询：01084010542）

新知文库

出版说明

在今天三联书店的前身——生活书店、读书出版社和新知书店的出版史上，介绍新知识和新观念的图书曾占有很大比重。熟悉三联的读者也都会记得，20世纪80年代后期，我们曾以"新知文库"的名义，出版过一批译介西方现代人文社会科学知识的图书。今年是生活·读书·新知三联书店恢复独立建制20周年，我们再次推出"新知文库"，正是为了接续这一传统。

近半个世纪以来，无论在自然科学方面，还是在人文社会科学方面，知识都在以前所未有的速度更新。涉及自然环境、社会文化等领域的新发现、新探索和新成果层出不穷，并以同样前所未有的深度和广度影响人类的社会和生活。了解这种知识成果的内容，思考其与我们生活的关系，固然是明了社会变迁趋势的必需，但更为重要的，乃是通过知识演进的背景和过程，领悟和体会隐藏其中的理性精神和科学规律。

"新知文库"拟选编一些介绍人文社会科学和自然科学新知识及其如何被发现和传播的图书，陆续出版。希望读者能在愉悦的阅读中获取新知，开阔视野，启迪思维，激发好奇心和想象力。

生活·讀書·新知三联书店
2006年3月

献给克里斯托弗

目　录

导　言 　1

第一章　发现海洋
　　1. 先行者：腓尼基人与希腊人 　5
　　2. 海上霸权：雅典、亚历山大、迦太基和罗马 　11
　　3. 小麦、葡萄酒与宝石 　16
　　4. 工具书和游记 　18
　　5. 是分崩离析，还是重归一体？ 　23

第二章　北海、波罗的海、黑海
　　1. 维京人 　25
　　2. 商路 　35
　　3. 刀剑、首饰与如尼石刻 　39

第三章　红海、阿拉伯海、南海
　　1. 风向、造船与导航术 　47
　　2. 从伊本·白图泰到马可·波罗：商人与海港 　50
　　3. 海上丝绸之路 　54

第四章　地中海

1. 海上共和国的兴起　63
2. 黎凡特的新兴贸易强权　67
3. 桨帆船：安全而昂贵的运输工具　71
4. 贸易点与贸易网络　75
5. 海盗：抢劫与赎金的生意　82

第五章　北海与波罗的海

1. 强大的城市联盟：汉萨同盟　89
2. 北海之都：布鲁日、安特卫普与阿姆斯特丹　99
3. "荷兰人是世界的马车夫"　101
4. 尼德兰文化对波罗的海地区的影响　106

第六章　印度洋

1. 逐鹿印度洋：葡萄牙人、荷兰人与英国人　110
2. 白银换棉花　123
3. 商人的王朝与海上生活　125
4. 当欧洲遇见亚洲　138

第七章　大西洋

1. 向新大陆前进　144
2. 西葡双雄　149
3. 糖、奴隶与皮货：荷兰、英国与法国　155
4. 非洲人与美洲原住民　163
5. 水手、海盗与教士　170
6. 认识大西洋　175

第八章　太平洋

1. 发现与接触　181

    2. 檀香、海参与水獭　　　　　　　　　　　193
    3. 在广州与加利福尼亚之间　　　　　　　196
    4. 传教士与科学家　　　　　　　　　　　199

第九章　海洋的全球化
    1. 从帆船到蒸汽船　　　　　　　　　　　204
    2. 通信革命　　　　　　　　　　　　　　209
    3. 移民与剥削　　　　　　　　　　　　　213
    4. 斯库纳帆船与拖网　　　　　　　　　　219
    5. 争夺海权　　　　　　　　　　　　　　222
    6. 海洋新视界　　　　　　　　　　　　　225

第十章　威胁与污染
    1. 珍珠港与比基尼环礁　　　　　　　　　231
    2. 难民与移民　　　　　　　　　　　　　233
    3. 油轮与吨位　　　　　　　　　　　　　236
    4. 豪华游轮与高级酒店　　　　　　　　　238
    5. 开发与破坏　　　　　　　　　　　　　239
    6. 富营养化和污染　　　　　　　　　　　242
    7. 过度捕捞　　　　　　　　　　　　　　244

结　语　　　　　　　　　　　　　　　　　　　246

后　记　　　　　　　　　　　　　　　　　　　248

注　释　　　　　　　　　　　　　　　　　　　251

部分参考文献　　　　　　　　　　　　　　　　278

图片来源　　　　　　　　　　　　　　　　　　284

导　言

> 你们的纪念碑在哪里？你们的战役呢？烈士呢？
> 你们的部族记忆又在哪里？先生们，
> 在那灰茫茫的穹隆里。海洋。是海洋
> 将它们封藏。海即历史。[1]
>
> ——德里克·沃尔科特

　　加勒比诗人德里克·沃尔科特曾在《海即历史》一诗中，将海洋看作历史的中心。大海封存了渔夫、水手、奴隶的故事与关于财富的记忆。历史学家的使命，就是让这些封存已久的记忆重见天日。海洋，对于历史学家来说，同样充满挑战。[2]

　　地表的四分之三都为海洋和湖泊所覆盖，因此"水球"一词要比"地球"贴切得多。[3]许多学科通过对历史的研究，更新了我们对海洋的认知。科学史发掘了航海学测定地球经纬度的漫长历史。[4]文学研究描述了往昔文学作品中的海洋概念和意象。[5]社会史为码头工人、水手和海盗作传。[6]经济史关注全球贸易和航运的历史。而环境史则致力于研究海洋、海啸，以及污染和全球变暖等生态变化。随着人们对全球史观的兴趣日益增加，海洋也成为一个重要的主题，由此产生了一门新的学科——历史海洋学[7]。

这样一来，过去主要由艺术、文学和哲学塑造出的海洋，便呈现出了不一样的面貌。在西方视角下，海洋总是代表着野蛮、恐怖和蒙昧；[8]而在世界的另一端，像是太平洋或者东南亚的岛屿上，海洋却可以被人们当作亲密的伙伴。[9]

海洋在诸多方面挑战着人类，人们也在无情的海水面前学会了适应和反思。依海而居，靠海为生，与海共舞，与海洋的不同相处模式丰富了人们的想象和实践。对其加以研究，可以让我们获得一种看待海陆关系的新视角。

本书将着力研究海洋在历史中扮演的不同角色。[10]首先，在人口迁徙和物质及非物质的交换中，海洋同时起到连接与隔绝的作用，带来的变化也终将波及那些没有漂洋过海的人。其次，与海洋打交道深深地影响了人类社会。无论是长在海底的、游在海里的，还是船只运来的，大海一直在为人类提供着生存物资。因此，各国总是试图占领海洋，在守护国土的同时谋取财富，控制航道。再者，人类和社会还赋予了海洋不同的角色：生命之源，交流之途，生死战场，渴望之所或是记忆之境。[11]海洋在社会和艺术中如何被认知、想象和构建，本书也将一并讨论。

在海洋研究领域，费尔南·布罗代尔的著作《菲利普二世时代的地中海和地中海世界》[12]至今仍颇具影响力，它首次将一定时空条件下的某片海域作为研究对象，关注几百年里人类的海洋活动。不少历史学家曾将他的方法视为金科玉律，尝试以地中海模式来解读其他海洋。[13]慢慢地他们发现，将这种范式套用到大西洋[14]或是太平洋上[15]，是不可能且毫无意义的。把海洋看作一个封闭的体系，便会忽略它与世界或与局部区域的关联。在一片海域上建立起来的网络，必然会将其他海域也连接起来。因此我们必须建立一种全球史的新视角。

如约翰·帕里1974年在《发现海洋》一书里所说："海洋其实只有一个，因为它们彼此连接。除北冰洋外，有海的地方都能通船。"[16]而如今全球变暖，通过北冰洋连接东西也不成问题了。

和全球史一样，编写海洋史的关键在于关联与比较。[17]在这种视角中，核心角色是那些将关联建立起来的人，以及同他们一起漂洋过海抵达世界各地的物品和思想。跳出民族主义的框架、不再以邻居的身份打量海洋，而是放眼全球去观察海洋的连通性，正是这种视角的可贵之处。

第一章
发现海洋

我忠实的同伴们就这样连续六天,
美餐捕捉来的赫利奥斯上等好牛。
当克罗诺斯之子宙斯送来第七天时,
能唤起狂风暴雨的气流开始止息,
我们立即登船,驶向宽阔的海面,
协力竖起桅杆,扬起白色的风帆。
当我们驶离海岛,已不见任何陆地,
当广阔的天宇和无际的大海交融,
克罗诺斯之子把浓重的乌云密布在
弯船上空,云翳下面的大海一片昏暗。
不久,强劲的西风
立即呼啸而至,带来猛烈的暴风雨,
一阵疾驰的气流把桅杆前侧的
两根缆绳吹断,桅杆后倾,所有的缆绳
一起掉进舱底。桅杆倒向船尾,
砸向舵手的脑袋,他的颅骨

> 被砸得粉碎，立即有如一名潜水员，
> 从甲板掉下，勇敢的心灵离开了骨架。
> 宙斯又打起响雷，向船只抛下霹雳，
> 整个船只发颤，受宙斯霹雳的打击，
> 硫黄弥漫，同伴们从船上掉进海里。
> 他们像乌鸦一样在发黑的船体旁边
> 逐浪浮游，神明使他们不得返家园。①[1]
>
> ——荷马

荷马和他笔下的奥德赛，在世界文学宝库里留下了第一笔关于海洋和航海之险的记录。但他描述的这片海——地中海——早在几千年前，就已经是人类历史的一部分了。公元前9000至前8000年，小亚细亚半岛上的猎人、采集者和农民登上了塞浦路斯和克里特岛。农民们再从这里出发，前往希腊大陆上的色萨利等地区。然而，除了一些原产自米洛斯岛的黑曜石工具和装饰性的贝壳以外，能证明海上贸易昔日辉煌的证据并不多。[2]

1. 先行者：腓尼基人与希腊人

比较可靠的证据出现在公元前2千纪。不论是出于自愿，还是作为俘虏，那时都已有不少人往返于（东）地中海的大陆和海岛之间，运送货物。"尼罗河上的威尼斯"阿瓦里斯、现叙利亚的乌加里特、克里特岛上的克诺索斯，都是当时重要的贸易中心，它们将买卖做到了很远的地方。1982年，一艘青铜时代的沉船在乌鲁布

---

① 奥德赛全四册（日知古典）第十二卷第397至419行，罗念生，王焕生 译。

图 1　锡拉岛（基克拉泽斯群岛）阿克罗蒂里西楼壁画上的船只，公元前 2 千纪

伦被发现。船上除了铜、锡、埃及玻璃和大量的精美饰品以外，还有产自波罗的海的琥珀。那时，地中海的人们相信琥珀有魔力。[3]

基克拉泽斯群岛上的居民是贸易中的关键。他们划着独木舟，在大陆和岛屿间建立联系。深龙骨帆船是当时的一项重大革新，它能在长途运输中行驶得更远、更快，还能运载更多货物。荷马在《奥德赛》中如是描写了它在大海中的表现：

> 特勒马科斯鼓励同伴们，命令他们
> 系好篷缆，他们个个听从他吩咐。
> 他们协力抬起长长的松木桅杆，
> 插入深深的空槽，再用桅索绑好，
> 用精心绞成的牛皮索拉起白色的风帆。
> 劲风吹满风帆，船只昂首行进，
> 任闪光的波浪在船两侧大声喧嚷，

为自己开辟道路，在波涛上迅速航行。①[4]

　　这种新型船只对航海、贸易以及海港的选址产生了深远的影响。公元前两千多年前，克里特岛上的米诺斯文明（得名于传说中的国王米诺斯）成了航海与贸易的中心。该岛正好处在爱琴海、安纳托利亚半岛和埃及中间，优越的地理位置促成了克诺索斯、马利亚和斐斯托斯等大城市的兴起，但它们都毁于公元前1700年前后的一场地震。后来人们重建了克诺索斯，又新建了几座港口城市。这里商贾云集，货品繁多，可考的商品种类就包括今俄罗斯南部的铜、中亚的青金岩、阿提卡的银以及埃及的金子和象牙等。这些货物按照传统的路线，途经安纳托利亚或者埃及，再被运往克里特岛。克里特岛则在交易中提供颇受埃及人喜爱的羊毛、葡萄酒、橄榄油、精油、药材和木材。[5]

　　伯罗奔尼撒半岛上的古城迈锡尼是连接地中海东西海域的重要一站。它靠近阿尔戈斯湾和克里特岛，经科林斯湾即可到达亚得里亚海，过萨罗尼科斯湾便是爱琴海。所以无论东西，都能找到图案精美的迈锡尼彩陶。此外，迈锡尼还出口武器，为此他们会派船队从阿提卡和伊比利亚半岛进口铜、锡等原料，以满足制作武器所需。《伊利亚特》和《奥德赛》中的希腊英雄们也曾和迈锡尼结盟。从特洛伊凯旋后，他们便自夸已经周游过已知世界了。墨涅拉俄斯夸耀道：

　　　　须知我是忍受了无数的艰辛和漂泊，
　　　　第八年才用船载着它们返回家乡，

---

① 《奥德赛》全四册，（日知古典）第二卷 第422至429行，罗念生、王焕生 译。

> 我曾在塞浦路斯、腓尼基和埃及游荡,
> 见过埃塞俄比亚人、西顿人和埃楞波伊人,
> 还去过利比亚……①[6]

然而,就海上经验而言,腓尼基人要比希腊人更胜一筹,尽管他们的商业精神为荷马所鄙视。"腓尼基人"(古希腊语:*Phoinikes*)得名于他们贩卖的一种从东地中海的紫螺中提取出来的紫色染料(*Purpur*)。腓尼基版图与今黎巴嫩大体一致,坐拥一系列贸易中心,比如乌加里特(毁于公元前1190年前后)、比布鲁斯和西顿。除了紫色染料,当地特产的香柏也很有市场,埃及人常常用香柏木制船。根据一张现藏于莫斯科的莎草纸记载,大祭司韦纳蒙曾于公元前1075年前后踏上旅途,寻找用于建造底比斯(上埃及)阿蒙神庙里阿蒙神之船所需的香柏木。结合其他埃及史料,我们能了解到一些比布鲁斯的贸易细节,比如当地人常用香柏木来交换金银器皿、亚麻布匹、莎草纸卷、牛皮、绳索、小扁豆和鱼等商品。

由于盛产铜矿,塞浦路斯被腓尼基的另一个中心泰尔殖民。接下来,腓尼基的贸易根据地拓展到西西里岛、撒丁岛和北非的一隅——迦太基后来就是在那里发展成了新的中心。[7]

公元前800年左右,腓尼基人经直布罗陀海峡进入大西洋,在离海岸不远的一座小岛上建立起殖民地(今加的斯)。殖民地沿着海岸线一路向东扩张,农业和渔业成了他们贸易之外的经济支柱。在向南法地带出口葡萄酒的生意里,他们还一度和意大利中部的伊特鲁里亚人成为对家。

象牙、鸵鸟蛋、奇珍异兽、奴隶,这些都吸引着腓尼基人在直

---

① 《奥德赛》全四册(日知古典),第四卷第81至85行,罗念生、王焕生 译。

布罗陀海峡以南的西非海岸边扎下根来，形成的贸易据点后来都被纳入了迦太基的版图。[8]

各地在宗教和文化上的共性，体现了腓尼基的广泛影响力。人们相信泰尔的守护神美刻尔能为航海和远行的游子保平安，因此，美刻尔信仰广受欢迎。无论是在加的斯、塞浦路斯，还是在更加广阔的地中海世界，都能找到腓尼基人建造的美刻尔神庙。腓尼基的信仰和习俗可能还影响到了其他族群的精英阶层，即便是在伊比利亚本地人的墓穴中，也能找到腓尼基式的小雕像。[9]至于腓尼基文化对生活方式的影响，则可以通过装饰精美的金属酒杯略探一二。无论酒杯是出土自克里特、安纳托利亚还是伊比利亚，它们身上都带着腓尼基作坊的烙印。[10]

此外，我们还能从陪葬品中看出，腓尼基人促成了"早期的希腊人"与地中海世界的接触。就连字母表，也是腓尼基人发明的，后来才被希腊人接受使用。没有文字，荷马口述和吟唱的故事就不可能被记录下来。[11]

公元前8世纪中叶，希腊人开始向西地中海移民。许多城市的前身都可以追溯到希腊殖民时代，这些地名也有希腊语词源，如安普利亚斯（恩波里翁）、马赛（马萨利亚）、尼斯（尼西亚）、昂蒂布（安提波利斯）、那不勒斯（尼阿波利斯）、雷焦（瑞癸翁）、锡拉库萨（叙拉古）、陶尔米纳（陶罗米尼翁）和巴勒莫（帕诺尔莫斯）等。

西西里岛和意大利南部，因希腊移民尤其集中而被称作"大希腊"（*Magna Graecia*）。移民不仅带来了政治体制，还带来了各自的神灵和信仰。位于伊斯基亚岛的皮特库赛考古遗址，目前已经得到了较为充分的研究。这里盛产铁矿，是希腊最早的殖民地之一。早在公元前700年左右，这里就聚集了来自伊特鲁里亚、撒丁岛、

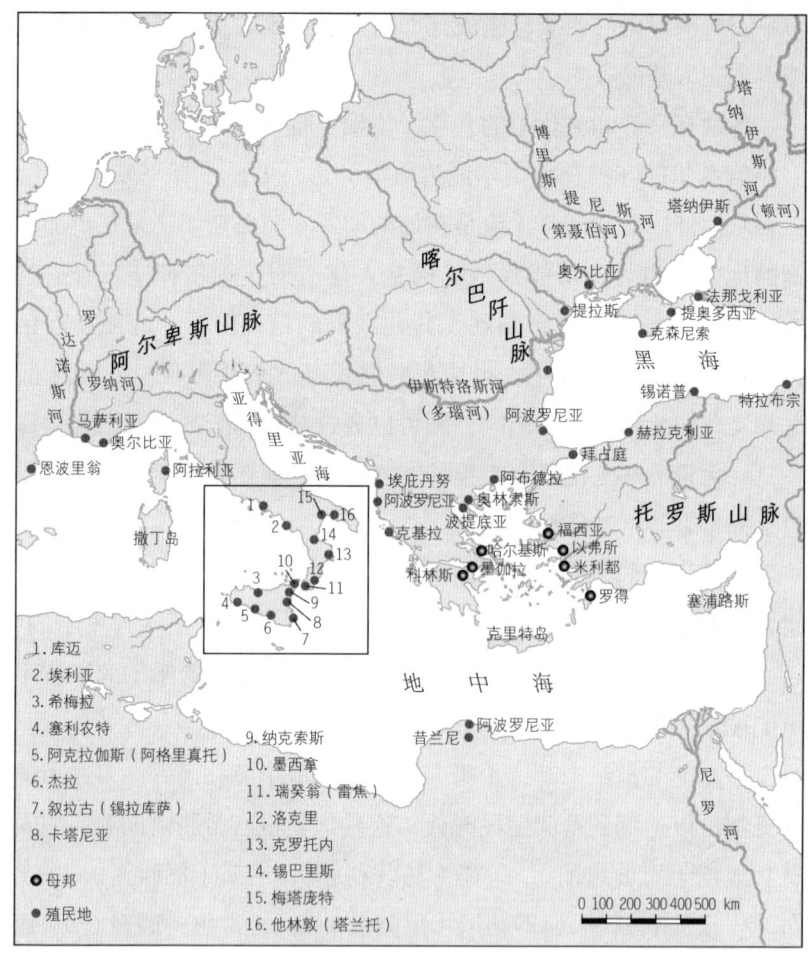

地图 1　希腊移民的分布

腓尼基、北非以及希腊母邦的移民,人口多达四千。[12]

对金属的追寻驱使着希腊人来到了黑海南岸。据推测,他们曾一度临近亚欧大草原上的大江大河。渔业、林业繁盛,人烟稀少,是黑海地区独有的吸引力。

黑海之旅帮人们跨越了一道心理障碍。曾经的黑海笼罩在神秘的面纱下,仿佛彼岸就是"女儿国"(*Amazonen*)和"阴曹地府"(*Hades*)了。在希腊神话中,克里米亚半岛上生活着陶里斯人,他们把伊菲革尼亚献祭给了阿尔忒弥斯;而东边高加索山的岩石上,普罗米修斯在被赫拉克勒斯解救之前就一直被拴在那里。从黑海贸易中获利最丰,对达达尼尔海峡和博斯普鲁斯海峡的控制最为牢固的,当数米利都等爱奥尼亚海岸边的城邦。它们在黑海周边进行粮食、金属和渔业贸易,通过建立殖民地打通了内陆的商路,其中包括黑海南岸的锡诺普、高加索山脉脚下的狄奥斯库里亚(今苏呼米附近)、通往亚速海的潘提卡帕翁(今刻赤)和布格河口的奥尔比亚等。公元前5世纪的希腊人,沿着海岸扬帆,顺着河流划船。用苏格拉底的话来说,他们就像"蚂蚁和青蛙围着水池"一样,将殖民地扩散开来。黑海殖民区在希腊的经济中发挥了重要的作用。只要达达尼尔海峡没有战事,顺风航行九天,就能从亚速海到达爱琴海的罗得岛,给爱奥尼亚的城邦以及希腊本土带去粮食。黑海渔产丰富,常用本地所产的盐腌制。公元前1世纪,罗马人仍将黑海的腌鱼视为美味佳肴;还有像雉鸡这样的异域动物,也被带去希腊和意大利养殖。[13]

2. 海上霸权:雅典、亚历山大、迦太基和罗马

"*Thalassokratia*"在希腊语中意为海上霸权。要成为海上霸权,

单有强大的海军力量还不够，还要能够借此来统治、维系分散的各个区域。若是让修昔底德来描述这个词，他一定会用来形容米诺斯统治的王国。米诺斯坐镇克里特岛，却能让岛外的不同地区臣服于他。传说中，定期从雅典人那里索要七位童男童女作为贡品以饱口腹之欲的怪物弥诺陶洛斯，就在克里特岛上。[14]

海上霸权，在非引申意义下，指的自然是从希波战争中崛起的雅典。对雅典来说，海陆利益是相互交织不可分割的。像公元前5世纪左右，雅典人在优卑亚岛上圈地，为的便是将它开垦为粮仓。此外，对爱琴海各岛的统治让雅典的公民和官员得以出任行政岗位，或是额外获得地产。在雅典人胃口最大的时候，他们甚至企图吞并西西里岛的锡拉库萨。

以雅典为首的提洛同盟是希波战争的产物，在政治组织与军事协作上发挥着重要的作用。波斯占领了小亚细亚的吕底亚之后，便能倚仗腓尼基的船只和水手在地中海上横行。爱奥尼亚的城邦起义反抗，波斯人反扑，导致米利都在公元前493年被彻底夷平。波斯继续对希腊本土进行惩罚性入侵，然而他们的舰队却在登陆时被意外击退，小批陆军也在马拉松遭遇重挫。公元前480年，波斯军队虽然攻入了温泉关，却没能巩固战果。政治家特米斯托克利先前力排众议、扩大雅典海军规模的长远规划，此时终于收到成效。雅典先在萨拉米斯战役中挫败波斯舰队，又在公元前479年的米卡勒战役中再次获胜。正是雅典的军舰给了波斯人沉重的打击，并在很长的一段时间里使之退却。

希波战争后，雅典凭借战功坐上了希腊世界的头把交椅。为了长久地保护希腊城邦和爱琴海诸岛，雅典建立起了提洛同盟。联盟成员须缴纳一定的费用来支付桨夫的薪酬，并直接派出战船和水手，组建一支联合海军。如果某个小岛或者城邦无法出人出力的话，只出钱也行。雅典以盟主身份管理各联盟成员，建立起了一个海上王国，统一经济正是其中的一项关键举措。人们按照阿提卡硬币的法定标准，将钱币以及度量衡统一起来，产生了一个封闭的经济体。然而，不断有城邦或小岛想要退出——萨索斯岛就曾要求退出提洛同盟，而一场海上封锁（公元前465年至公元前463年），便使它立马"重归理智"。

伯罗奔尼撒战争期间，尽管雅典陆上力量远不敌对手斯巴达，但它的海上统治却维系了很长一段时间。像米洛斯这样的中立岛国也被牵扯进来，在雅典的淫威之下加入同盟。最终，来山得率领斯巴达舰队在达达尼尔海峡重创雅典海军（羊河战役），斯巴达成了新一代海上霸主。[15]公元前377年，雅典又建立了一个海上同盟，试图重振雄风。尽管这次雅典对待盟友的态度友好了许多，但是城邦的大量退出依旧无法避免。[16]

马其顿的崛起让地中海东部的政治和经济格局发生了长久而深远的改变。马其顿的扩张并没有止步于黑海：在国王腓力二世和其子亚历山大的统治下，马其顿的版图将整个波斯帝国囊括了进来，直逼印度洋海岸。亚历山大途经陆路抵达印度河畔后，下令建造了一支舰队。在将领尼阿库斯的统率下，这支舰队载着一支部队，沿印度河顺流而下，越过阿拉伯海，驶进波斯湾，最后驶进了底格里斯河。

公元前323年，亚历山大的政权在他死后分崩离析。他曾经的部将托勒密割据埃及，开启了托勒密王朝的统治。王朝的统治阶层是希腊人，士兵则是马其顿人。这一时期的希腊文化兼容并蓄，无论是埃及人、叙利亚人、迦太基人，还是伊特鲁里亚人、伊比利亚人、犹太人，都崇尚希腊文化，史称"希腊化时代"。被誉为"世界第七大奇迹"的法罗斯灯塔，就是亚历山大这座托勒密之城作为

"地中海文明灯塔"的最好象征。[17]

贸易，是亚历山大获得经济和文化统治地位的基础。当时亚历山大在东西地中海的主要贸易伙伴分别为罗得岛和迦太基。罗得岛趁雅典衰弱时，将自身发展成了兴盛一时的海运中心——其港口的太阳神巨型雕像同样位列世界七大奇迹。罗得岛的货船把埃及的粮食运往北方，再向各地输出葡萄酒。从爱琴海到黑海，从亚历山大到迦太基和西西里，到处都能发现当年罗得岛人装酒用的双耳瓶遗存。[18]

公元前 275 年，托勒密二世下令在红海西海岸建了一个港口，并用他母亲的名字"贝勒尼基"给它命名。在塞琉古王朝封锁了进口印度战象的航路以后，这个港口便主要用来为埃及进口非洲战象。[19]

西地中海则是迦太基的势力范围，它将腓尼基的遗产发展壮大，还在西西里岛上建立了殖民地。拉丁语词"布匿人"（punisch）与"腓尼基人"同义，被罗马人用来称呼他们在地中海南岸的敌手。当迦太基试图建立海上霸权、欲占领西西里岛时，它便先后冲撞了希腊人和罗马人的利益。叙拉古和迦太基最终达成了瓜分西西里岛的协议，使西西里岛的东西部分属叙拉古与迦太基。

此时，罗马的经营重点还不在这里，它正力图将伊特鲁里亚诸城市纳入自己的势力范围内。直到伊庇鲁斯国王皮洛士入侵，罗马才开始认真对待南意大利的事务。大希腊城邦塔兰托为抵御罗马，曾向皮洛士求救。皮洛士虽然损失惨重，但还是控制了意大利南部和西西里岛，从此"皮洛士式的胜利"一词便指代这种代价高昂的胜利。罗马和迦太基虽曾为了对抗皮洛士而短暂结盟，但没过多久，就又因西西里之争兵戎相见，于是第一次布匿战争爆发（公元前 264 至公元前 241 年）。在这场战争中和希腊城邦结盟的罗马人，不仅要应付陆战，还要在海上迎战迦太基的战船，后者在海战中使用了著名的抓钩而非希腊式的撞击战术。根据停战条约（公元前241年），迦太基须承担战争赔款，并退出西西里岛，西西里岛于公元前227年成为罗马一省。撒丁岛和科西嘉岛同样落入罗马人手中，从此迦太基不得不向西谋求发展。

汉尼拔在伊比利亚半岛上的扩张引发了第二次布匿战争（公元前218至前201年）。汉尼拔从西班牙出发，取道阿尔卑斯山脉西侧攻入意大利，虽一度取得了引人注目的军事胜利，却没能守住胜利的果实。在扎马之战（公元前202年）中，大西庇阿大胜布匿人。停战协议限制了迦太基的军事潜能和活动半径，此后迦太基只得拥有十艘战船。被汉尼拔短暂占领的西班牙随即被划入罗马的地盘。第三次布匿战争（公元前149至前146年）之后，迦太基被夷为平地，北非也落入了罗马人之手。不久，企图抵抗罗马扩张的希腊城邦科林斯也难逃此劫。[20]

就此，地中海越来越像一片处于罗马统治下的内海。公元前31年，屋大维在亚克兴角海战中击败马克·安东尼指挥的埃及舰队，将托勒密王朝纳入罗马帝国版图，为地中海的内海化进程画上了一个句号。屋大维建了一支常备舰队，将海军基地设在那不勒斯湾的米塞诺角和亚得里亚海的拉文纳。此后，埃及舰队、叙利亚舰队、北非舰队、黑海舰队以及莱茵河舰队、多瑙河舰队也纷纷建立起来。这是历史上第一次也是唯一的一次，整个地中海为一支海上霸权所掌控，用罗马人的话来说，地中海成了"我们的海"。[21]

虽然罗马帝国的建成不能仅仅归功于海上力量，但如果没有对地中海的掌控，罗马完全会是另一番模样。有政治和军事开路，罗马的经济格局也逐渐形成。罗马上层用大量战利品来购买地产。连绵的战事本来就已经使土地上的劳动力不足，罗马人只能从迦太基和希腊等地掠夺奴隶，满足新增的地产对劳动力的需求。如果不趁早投降，与罗马交战的城邦就会被奴役。公元前146年，迦太基的5500人沦为奴隶；公元前167年，从希腊的伊庇鲁斯掠夺的奴隶数量甚至达到了15万人。恺撒的多次战争，尤其是高卢战争（公元前58至前50年）为罗马提供了大量奴隶。爱琴海曾是一大奴隶交易市场，但在庞培成功打击海盗之后（公元前67年）逐渐枯竭。从此，奴隶只能通过边境贸易获得。自然而然地，从事家政和农业的奴隶越来越多，有些甚至还能管理家产，教主人的孩子说希腊语，或者被派到已知世界的"另一头"去做主人的代理。[22]

聚集在罗马这个大都会里的，不仅仅是没有土地的意大利人，还有许多来自其他行省的移民，他们都想在首都干出一番大事业。就这样，罗马城里出现了一些以希腊人、叙利亚人、非洲人和西班牙人为主要居民的城区。东地中海的通用语希腊语，也在罗马盛行了起来。[23]

3. 小麦、葡萄酒与宝石

奢侈品贸易不再是罗马及整个地中海地区贸易活动的中心，是小麦和葡萄酒这样的大宗货物将罗马和它的行省联系起来。通过那些主要产自西西里岛、撒丁岛，部分来自北非和埃及的粮食，统治者才得以保障罗马的供给，用面包和娱乐来安定他的臣民。

要是双耳瓶和大腹壶没能批量生产的话，如此大规模地运输葡萄酒是不可能的。一艘公元前1世纪中叶的沉船在耶尔港被发现，该船载重达400吨，船上有6000至7000个双耳瓶。据推测，每年从意大利运往高卢的葡萄酒可达1000万升，推算可得，一个世纪里就有4000万双耳瓶被运往高卢。高卢人的酒瘾名不虚传，意大利商人便借此发家致富。除葡萄酒外，船上可能还载有染料和普利亚橄榄油。出口商可从双耳瓶碎片上的名字得知。[24]

古罗马时代，地中海上的船只种类繁多，它们的规格、载重和航线也各不相同。沿海运输的小船，载重一般在2.5—10吨；距离稍远的航线，则会选择载重量达50吨的船；平底船的发明方便了葡萄酒的运输；运输双耳瓶、木材或是重达200—500吨的方尖碑，则需要更大的船（200—300吨）。把小麦从埃及运到罗马，同样需要大船。满足条件的大船有两根桅杆，一根升主帆，另一根升前帆，一般使用质量较大的压舱物来降低船的重心。此外，底舱还设有排水泵，使粮船尽可能地保持干燥。[25]

陆路贸易与海上贸易密不可分。在罗马的边陲行省日耳曼尼亚，商人们擅长从事跨境贸易。日耳曼的上层阶级喜爱罗马的奢侈品，罗马商人则从日耳曼尼亚大量购买奴隶。此外，罗马商品还沿着莱茵河传播，靠着日耳曼人的交易网继续北上。在今天的挪威，还能找到大量罗马出产的青铜和玻璃器具遗存。[26]

公元1—3世纪，罗马帝国臻于极盛，到处大兴土木，对奢侈品和装饰材料的需求巨大。希腊雕像和东地中海的玻璃、金属器具一样，颇受欢迎。富足的上层阶级十分青睐从印度洋运来的丝绸、香水等商品。他们可以在亚历山大买到异国奇鸟、莎草纸和许多药品。胡椒和印度甘松茅（一种香草）的进口也要途经亚历山大港和红海海岸的贝勒尼基港口。贝勒尼基的一项考古发现可以令我们管窥当时的贸易盛况。考古学家在一个坑道里找到了7.5公斤胡椒粒，其价值相当于当时一个罗马人整整两年的小麦开销。绿宝石和钻石的出土则证明当时有宝石交易。此外，考古学家还在这里找到了一些当地居民和罗马士兵生活所需的物资，比如鱼油和橄榄油，以及水手航海所需的口粮。

当时的大商人们把贸易网络铺得极开,像是著名的科普托斯商人尼克诺尔,就曾派出一群手下在红海边帮他管理贸易和运输上的事务。一张现藏于维也纳、源自公元前1世纪中叶的莎草纸,记录了一批印度商品运输的全过程。"赫马婆罗号"从印度古吉拉特邦的穆吉里斯港口出发,经阿拉伯海进入红海,在贝勒尼基港或其北部的米奥斯霍尔默斯港卸下甘松茅香油、象牙和布匹等。这些商品由骆驼运载到尼罗河边的科普托斯,再从那里经船运抵亚历山大。在亚历山大,商品被课以总价值四分之一的关税,之后才能继续流通,或是直接被运往罗马。[27]

4. 工具书和游记

至此,我们主要还是通过古代的文学作品,去认识那时人们眼中的大海,它们讲述了人类驶向大海、向神明发起挑战时遇到的危险。然而,另一些文体中的海洋却是别有一番风景。随着航海经验的丰富以及航海地位的提高,人们倾向于将危险和机遇看作相反相成、同等重要的两面。一位不知名的罗马商人在墓志铭中如是写道:

> 如果不麻烦的话,陌生人,你不妨驻足看看:我有生之年曾无数次在海上扬帆,遍游异国他乡。如今我安息在这里,这自我生辰之日,帕耳开女神就为我指定的归宿。在这里,我放下了一切工作与愁绪,不再关心天象吉凶,不必畏惧风云变色、惊涛翻涌,也不必忧心那入不敷出的光景。至圣的女神,曾三次于生死关头救我性命。我感激你,你值得受世间万物敬拜!再见,陌生人,感谢你留意眼前的这块石碑,祝你长命百

岁，年年有余。[28]

　　商人和航海家会在旅途中记录所谓的"航海志"。这种航海指南或是旅行记录描述了海港和海岸边的地标，可为后人导航所用。随时间推移，风向和浅滩等诸多信息也被一一增补上去。航海志是一大类书籍的统称，可惜它们大多散佚，仅有残篇存世，如弗拉维乌斯·阿里安[29]的黑海游记，还有常被援引的《厄立特里亚航海志》。马赛的希腊人皮西亚斯的游记同样属于这一范畴。公元前4世纪时，他曾在大西洋上航行，以《海洋》一书传世。该书写在莎草纸上的原稿曾藏于亚历山大图书馆，现已失传，但通过老普林尼和斯特拉波等古代地理学家的援引，巴里·坎利夫还原出了一条较为可信的旅行线路：皮西亚斯并没有走直布罗陀海峡去大西洋，而是从马赛经陆路到达加龙河河口，然后一路搭乘沿海居民的"顺风船"到达北海。他可能绕行了不列颠群岛，甚至到过冰岛。他提到一个距不列颠群岛六天航程的地方，叫作"地极图勒"。斯特拉波质疑道：

> 关于图勒的记录更不可靠，因为我们认为它是已知岛屿中最靠北的一座。皮西亚斯关于这一地区的记录显然是捏造出来的。如之前所说，他在介绍已知地区时，已是谎话连篇，那在说到更远的地方时，谎话肯定就更多了。[30]

　　以老普林尼为代表的一些地理学家则相信皮西亚斯的记录，并将他的观察作为可靠的地理知识传播出去。天文学家格米努斯在《天文学入门》里写道：

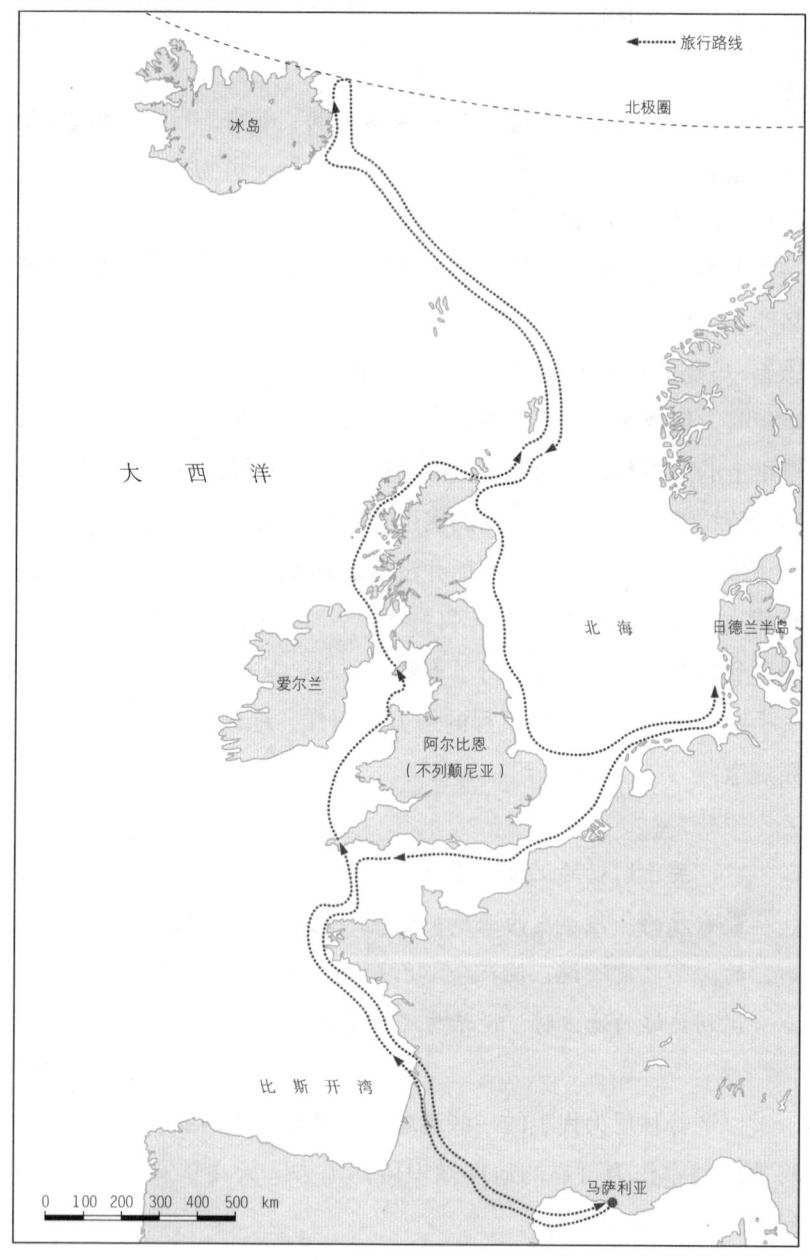

地图 2　皮西亚斯的旅行

马萨利亚的皮西亚斯似乎也到过这片地方。他曾在远航记录里提道:"当地人给我们指出了太阳的归藏之所。他们的措辞很是贴切。因为那里的夜晚非常短,有的地方日落仅两三个小时后又会日出。"[31]

此外,皮西亚斯可能还到过北海岸边,最远或曾到过日德兰半岛。他曾言及那里的居民和琥珀——这种特产在整个地中海地区备受欢迎。[32]

不同于皮西亚斯的手稿,阿里安的《黑海航海志》流传了下来。公元131年,阿里安出任卡帕多细亚总督,这篇报告是他当时寄给罗马皇帝哈德良的报告中的一部分。罗马人长期未涉足黑海地区,直到本都国王米特拉达梯大肆扩张,引起了罗马的注意,黑海才逐渐归入罗马的势力范围。阿里安来自小亚细亚的比提尼亚,作为在罗马军队中服役的少数希腊人之一,在仕途上屡受拔擢。这次,他的最新任务是守住罗马帝国在黑海东部和高加索地区的边界。因此,他汇报了从罗马最偏远的港口特拉布宗出发,向东探索的旅程。旅途中,他曾身陷风暴,回忆如下:

> 突如其来的乌云带来了一阵狂风骤雨,我们被吹离航线,险些丧命。顷刻之间,便有惊涛骇浪袭来,把我们淹没。我们抽多少水出去,就有多少重新灌进来,当时的情况令人十分绝望。[33]

恶劣的天气并没有让阿里安退却,他还造访了古希腊的殖民地狄奥斯库里亚。他在这里惊讶地发现了一个罗马的哨岗。结交本地王公贵族,加强罗马帝国的影响力,是他作为执政官的职责所在,

第一章 发现海洋

他也因此收集了大量地理与历史方面的信息。除了自身经历和二手信息以外，阿里安还不加甄别地复述了许多传奇故事，尽管人们早已通过希罗多德听说过了。在行政官员身份之外，他作为历史学家也颇有名望，一些关于亚历山大大帝和特洛伊之战的著作就出自他之手。[34]

最有名的航海记录，莫过于公元前50年出版于亚历山大、由一位无名希腊航海家所著的《厄立特里亚航海志》了。作者说的"厄立特里亚海"指的是印度洋。老普林尼在《自然史》（公元77年）中首次使用了这个名称，"印度海"（mare Indicum）一词在他笔下则特指西印度洋，即今天人称阿拉伯海的海域。[35]

这本航海志翔实地记录了许多有关印度洋港口、货物和航线的信息，和老普林尼的著作一起，为我们了解公元1世纪罗马帝国的贸易发展提供了重要信息。

> 1. 在厄立特里亚海主要的泊港和交易市场中，米奥斯霍尔默斯港是第一座（最北的一座）埃及港口。再航行约1800个体育场的距离，右手边便是贝勒尼基。两座港口背靠埃及最外部（东南部），迎向厄立特里亚海。
>
> 2. 贝勒尼基右手边紧挨荒蛮之地。近海的野蛮人围篱据守险峻之处，分散居住，以捕鱼为生。内陆的野蛮人或是以猎杀野兽，或是以采摘野菜为生，他们由部落首领统率。西边便是被称作麦罗埃的大城市。[36]

作者所谓的野蛮人（异族），指的是生活在红海和尼罗河河谷之间的部落，他区分了海岸居民（"渔人族"）和内陆居民（"猎人族"与"采摘族"）。手稿中字迹无法辨认的部分，据推测写的可能是"麦罗埃";该城地处尼罗河第六瀑布附近,是埃及与中非地带贸易的必经之路。[37]

此外,这本航海志和老普林尼的著作都显示,那时希腊和罗马的商人已经注意到了季风现象,比如6月到9月盛行的是西南季风。尽管航海志中存在一些明显的谬误(比如把斯基提亚的位置定在了印度河河谷),但对贸易情况的多条记录都得到了考古发现的证实。随着研究成果一点一滴地积累,罗马帝国时期埃及和印度西海岸之间的奢侈品贸易盛况,正在我们眼前变得越发明朗。

5. 是分崩离析,还是重归一体?

西普里安·布鲁德班克在《地中海的形成》中,论证了地中海长时段一体化进程的命题。早在公元前2千纪,物品、风俗和身份认同就已经跨越遥远的距离传播开来。在上层人士的生活中,这些共性尤为明显。爱琴海风格的壁画、精雕细琢的象牙、装饰精美的金银器具,早已进入他们的生活。某些宗教仪式、信仰崇拜广为传播,神庙四处开花,为不同族群所共同敬拜。在公元前600年左右,相似的习俗、观点、品位、气味和音乐随处可见,就连公共生活、交流协作、带兵打仗和祭天拜神的组织方式也是类似的。[38]

作为对该一体化命题的回应,戴维·阿卜拉菲亚认为,最迟从公元400年起,罗马帝国代表的统一体就不复存在了。按照他的观点,导致分崩离析的主要原因有二:一是基督教的崛起,在公元4世纪末基督教成为国教之前,它向古代异教以及犹太教发起了持续的挑战;二是民族大迁徙,尤其是汪达尔人经西班牙到北非,再北上攻占罗马的事件,动摇了罗马的统治根基。

结果就是,公元前7世纪中叶由希腊殖民所建的君士坦丁堡,逐渐取代了罗马的地位。尽管史称拜占庭帝国,但它的居民均以"罗马人"自居。有两大因素使之区别于旧罗马。一是根植于爱琴海、黑海和东地中海的希腊传统对它的影响。二是地处旧帝国边陲的君士坦丁堡需不断抵御来自草原的侵袭。拜占庭帝国控制了博斯普鲁斯海峡、黑海以及东地中海,作为希腊式基督教的中心,拜占庭的文化辐射力更是覆盖了其北边和西边的斯拉夫地区。[39]

9世纪中期,西法兰克王国的崛起巩固了一个新兴的基督教阵营。拜占庭和西法兰克王国重新定义了地中海的角色,使它再度走向整合。东地中海和黑海通过拜占庭相连,罗斯地区的河流与北海和波罗的海的连接则被维京人(瓦良格人)打通,至于西地中海、大西洋及北海,也通过罗讷河三角洲和法国的河系连接了起来。南边的亚德里亚海连通起了法兰克和拜占庭帝国,威尼斯作为中间人迅速崛起,而意大利的其他港口也打开了通向伊斯兰世界的大门。[40]

第二章
北海、波罗的海、黑海

>　　350年以来,我们世代生活的这片美丽家园,不列颠尼亚,从未遭受过眼下这种来自异教民族的恐怖打击;我们也从未想象过,这群暴徒会从海上来。圣卡斯伯特教堂被神父的鲜血染红,饰品被洗劫一空;这不列颠尼亚的无上至尊之地,已沦为异教徒的战利品。[1]
>
>　　　　　　　　　　　　　　——图尔的阿尔琴

1. 维京人

　　在罗马时代之后,维京人或者北方人,成为联系北海、波罗的海与黑海的纽带;北大西洋也有他们的足迹。8世纪晚期的文献首次提到他们:他们袭击了位于不列颠群岛及卢瓦尔河河口的修道院。阿尔琴,一位在查理大帝宫廷中任职的学者,在写给诺森布里亚国王埃塞尔雷德的信中,就谴责了维京人在林迪斯法恩修道院烧杀掳掠的行径。

　　对于维京人的突然出现存在诸多解释。有人认为是人口增长与食物短缺迫使他们驶向大海，也有人把年轻男子的好战性格与夺取猎物的强大诱惑列为原因。在部落中，只有不断争取，才能一直被选为首领。首领靠的不仅仅是一时的运气或名望，随从的支持也是获胜的关键：只有常胜将军才能稳定地获得战利品，分发给随从，把他们团结在自己身边。

法兰克王国是一个容易得手的目标。尽管丕平和查理大帝做了一系列努力，但他们的统治仍不稳固，防御四处入侵之敌就更加艰难了。维京人拥有高超的造船与航海技术，为跨海提供了有利条件。具有远海航行能力的船只，让北海与波罗的海都化为了坦途。维京人借助太阳、星辰、洋流甚至海水的颜色来确定方位。他们乘着大大小小的船，沿着河流深入内陆，在他们面前，几乎没有一个港口能自诩安全。[2]

他们还受益于弗里斯兰人在北海沿岸的贸易扩张，那里可是赚钱的好去处。在一些贸易中心，如莱茵河口的多尔斯塔德和瓦尔赫伦岛的多姆堡，已经出现了一批从事贸易的弗里斯兰农民，他们不再仅仅把航海当作副业，而是完全以商业、手工业为生，与法兰克人、盎格鲁-撒克逊人和斯堪的纳维亚人都有生意往来。他们既活跃在北海与大西洋沿岸，也驶入莱茵河，直抵科隆、美因茨与沃尔姆斯。奴隶之于他们是一种货物：他们在不列颠群岛或波罗的海地区购得奴隶，经凡尔登转运到南欧，在地中海沿岸出售。正如一份记录所显示的那样，某位弗里斯兰商人曾在伦敦购得一名奴隶，先将他带到多尔斯塔德，沿马斯河而上，到达当时最大的奴隶市场凡尔登，再运往南欧。弗里斯兰商人常在地中海买入东方的商品，运回北方出售。[3]

往波罗的海方向，弗里斯兰人的贸易触角可延伸到海泽比和比尔卡。11世纪时，比尔卡可能还有过一个弗里斯兰人的行会。[4]

在斯堪的纳维亚广泛发现的塞塔银币，可以印证盎格鲁－撒克逊人与弗里斯兰人之间紧密的贸易往来。[5] 9世纪三四十年代，维京人频繁进犯多尔斯塔德，引起了法兰克国王们的反应。他们一方面在修道院与商业点加强戒备，另一方面试图通过支持一部分、打压一部分维京统治者来实施羁縻政策。

除了斯堪的纳维亚，维京人作为入侵者还在北海各岛建立了领地。丹麦的国王们是其中的佼佼者。此前他们已经在日德兰半岛上收服了许多族群首领和小国国王，控制了邻近的岛屿以及北海和波罗的海之间的水道。他们的势力范围向北延及奥斯陆峡湾附近的维根地区，向南则延伸至英吉利海峡沿岸。下一步占领英格兰，不过是顺理成章的事。9世纪中叶，丹麦人占领了英格兰东部，约克成为丹麦维京国王的活动中心。他们挑战了挪威人在爱尔兰的权威——这些挪威人已经在奥克尼群岛、设得兰群岛与赫布里底群岛上安了家。同时，丹麦人对法兰克王国的威胁仍然存在。在查理帝国第一次分裂（843年）之后，西法兰克王国遭受了尤其严重的维京人入侵。845年，维京人乘帆船、划桨船逆流而上，直抵巴黎，直到接纳了7000磅（1磅约合0.45千克）白银作为补偿才答应退兵。法兰克王国的防御工事从870年开始才逐渐见效。

此后，维京人的活动更加集中在不列颠群岛上。盎格鲁－撒克逊的国王们曾一度成功摆脱了丹麦人的统治。10世纪与11世纪之交，八字胡斯文和克努特大帝又重新确立了丹麦人对挪威人和盎格鲁－撒克逊人的统治地位，后者每年须上缴贵金属作为贡品。991—1040年，丹麦人在英格兰征收了八笔巨额款项，即所谓的"丹麦金"，总计248647磅白银，约合6000万便士。之前弗里斯兰和西法兰克王国也上缴过类似的款项。[6]

波罗的海和东欧也为维京人提供了扩张与敛财的可能性。早

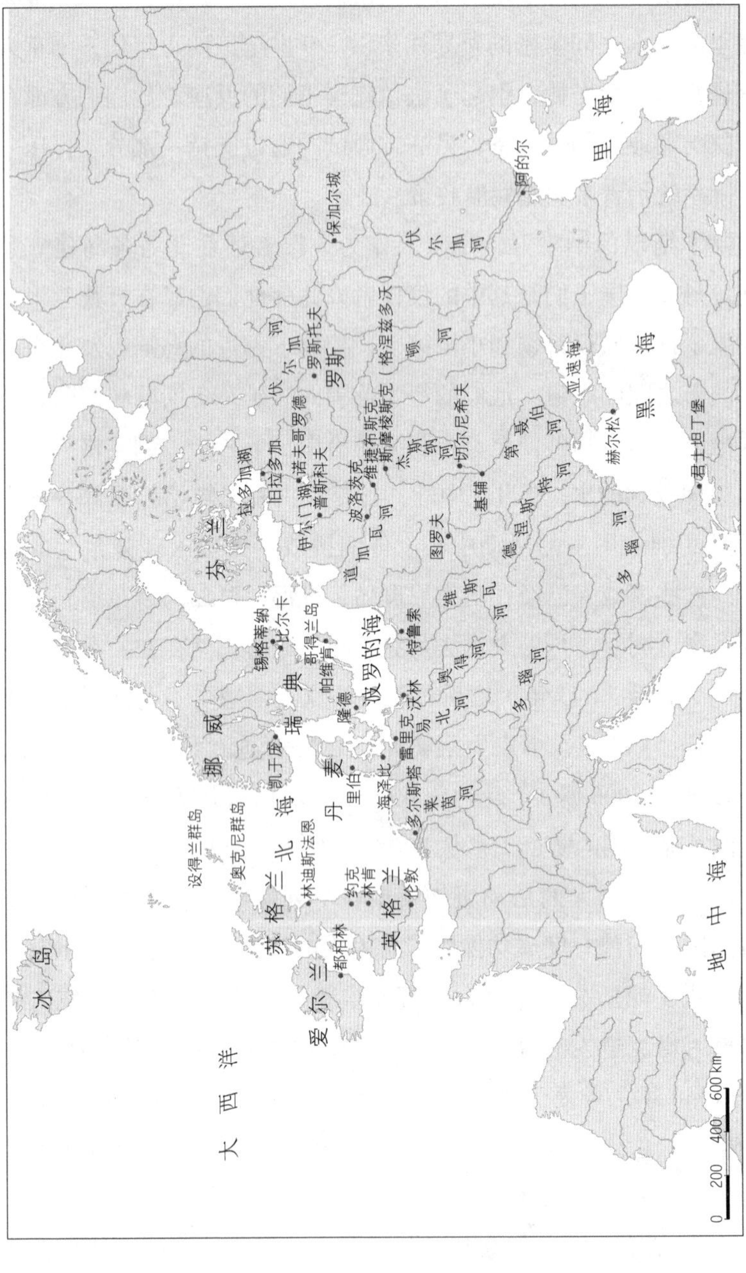

地图 3 维京人在北海与黑海之间的足迹

在8世纪，这里出产的皮货，就已经是西欧集市里非常热门的商品了。接着，东欧的其他物资也被逐步开发。进行这项工作的主要是斯韦阿人，他们在斯拉夫文献中被称为罗斯人，或是瓦良格人（*varjagi*）。他们从瑞典出发，在旧拉多加（沃尔霍夫河汇入拉多加湖的河口往南约15公里处）、伊尔门湖周边以及第聂伯河的上游地区，和斯拉夫人、芬兰-乌戈尔人和波罗的人一起建立了据点。[7] 经过顿河、伏尔加河与里海，他们便能抵达阿拉伯世界，通过交易或抢劫获得大宗白银。阿拉伯文献如是记载瓦良格人：

> 他们一路都在袭击斯拉夫人，把他们抓上船，带去可萨人的首都和保加尔城卖掉。自己不种地，斯拉夫人种什么，他们就抢什么吃……主要的营生就是买卖貂皮、松鼠皮和其他皮货。赚来钱币这样的硬通货，统统别在腰间。[8]

另有阿拉伯历史学家记载了他们对里海附近居民的骚扰。早在860年，就有一支瓦良格舰队停泊在君士坦丁堡前。拜占庭向他们示好，并与他们签订了贸易合约。第聂伯河中游的基辅，是斯堪的纳维亚人在斯拉夫地界建立的据点之一。拜占庭人在这里开设贸易商站，建立教堂。由此，基督教的礼拜仪式开始在当时还属于异教徒的斯堪的纳维亚人和斯拉夫人中传播开来。瓦良格首领的随从全部由斯堪的纳维亚人组成。古罗斯留里克王朝的创始人留里克，就出自这些随从。为了有效控制领地，留里克和他的儿子奥列格建立了一系列据点，又派出他们的侍从去担当守将。一系列公国便从这些据点发展而来，如诺夫哥罗德、普斯科夫、波洛茨克与罗斯托夫。那时，基辅罗斯的统治者伊戈尔与奥丽加，及其来自斯堪的纳维亚的侍从们，都还保有斯堪的纳维亚式的名字。但伊戈尔与奥丽加的儿子，以及继任的斯维雅托斯拉夫，从名字上便能看出该王朝的斯拉夫化倾向了。那些被拜占庭招进皇帝禁卫军中的武士，也不再全是斯堪的纳维亚人了。斯拉夫人、波罗的人、芬兰人与瓦良格人组成了一个文化共同体，这点可以在基辅大公与拜占庭签订的贸易合约中得到印证。911 年，被派出商议合约的使者仅有 15 人，且都为斯堪的纳维亚人；而到了 944 年，文献中已提到 26 名使者和 28 位商人。从名字上看，大多数是斯堪的纳维亚人（47 人），其余有芬兰人 5 名，（立陶宛）雅温格人 1 名，疑似斯拉夫人 1 名。后面这些人都是造船匠，可能是以水手的身份，参与到了与拜占庭的贸易当中。[9]

瓦良格人或罗斯人不仅将拜占庭视为贸易和掠夺的对象，还到处骚扰里海、亚速海和黑海的其他区域。他们在贸易中用奴隶、兽皮、蜂蜜和蜡，换取白银和丝绸。拜占庭的白银也流向罗斯。[10] 在这里值得一提的是可萨汗国，它的疆域横跨里海与黑海，从伏尔加河流域延伸至克里米亚，在中亚与西方的贸易中承担起了重要的中介作用。他们在伏尔加河、顿河河畔的商站里，常有欧洲和亚洲的商人来交易。据伊本·法德兰的记载，维京人常从波罗的海远道而来进行贸易。可萨人在宗教上追随摩西，这一点也吸引了大量拜占庭及阿拉伯世界的犹太商人。但是，可萨汗国的繁荣是短暂的。瓦良格人与罗斯诸公国不断向东南方向扩张，大大威胁了可萨人的领地。[11]

当一些维京人向东沿着河流与海岸线驶向黑海和里海时，不列颠群岛以西的维京人也向空旷的大西洋发起了挑战。不论是冰岛的史诗《萨迦》，还是冰岛、格陵兰和北美洲的考古发现，都证实了他们的足迹。当时的编年史作者记载了北大西洋海岛上的航海与拓殖活动。不少材料都指出，870 年后，一些来自挪威与不列颠群岛的"维京人",在冰岛安家落户。时间点的确定与871年的一场火山喷发有关。正是在这次爆发的火山灰层上,找到了最古老的冰岛聚落遗址。据《萨迦》与编年史作者的记载,冰岛人在10世纪末再次前往格陵兰岛,在那里定居。这一点似乎在纽芬兰北部的朗索梅多斯考古发现中得到了证实,不少故事中都提到了公元1000年驶向北美洲的航行。[12]

早在古希腊罗马时代,人们就试图在广阔的北方寻找传说中的图勒岛。比德(卒于735年)应该听闻过前往冰岛的旅行,他曾在《英吉利教会史》一书中提到过图勒。学者狄奎尔在825年提到过一位在图勒岛上消暑的基督教神父。那些喜爱在大洋上享受孤独的爱尔兰僧侣和隐士也许确实到过冰岛。[13]因此,冰岛的第一批拓殖者,除了挪威人以外,还有从爱尔兰、苏格兰和苏格兰诸岛过去的盖尔人。许多聚落都位于大型鲑鱼渔场附近,捕鱼显然是他们除了农业以外的主要生计方式。

虽然当时斯堪的纳维亚的"异教徒"还占主导地位,但拓殖者中已经有一些基督徒了。值得一提的是他们的社会结构:处于顶端的,是在宗教、行政和律法方面发挥作用的"戈登"们,富农也可跻身上层社会;但他们没有国王。首领与富农经常下海做买卖,满足自身需要。重要的进口货物包括武器、衣物、蜂蜜、小麦、木材、蜡、焦油和帆布。随着时间的推移,港口与商站出现在了主要的商路沿线,其中最重要的是埃亚峡湾的加萨尔。[14]

10世纪末期,来自冰岛的拓殖者开始在格陵兰岛定居。他们的首领红胡子埃里克被许多文献提及。据说,他随父亲从挪威来到冰岛,又因一起谋杀罪不得不离开,再次西行——或许是因为当时关于西方大陆及其财富的传说深深吸引着拓殖者前来,当然这些传说都富有想象色彩。气候变暖使格陵兰岛更加宜居,并使其在接下

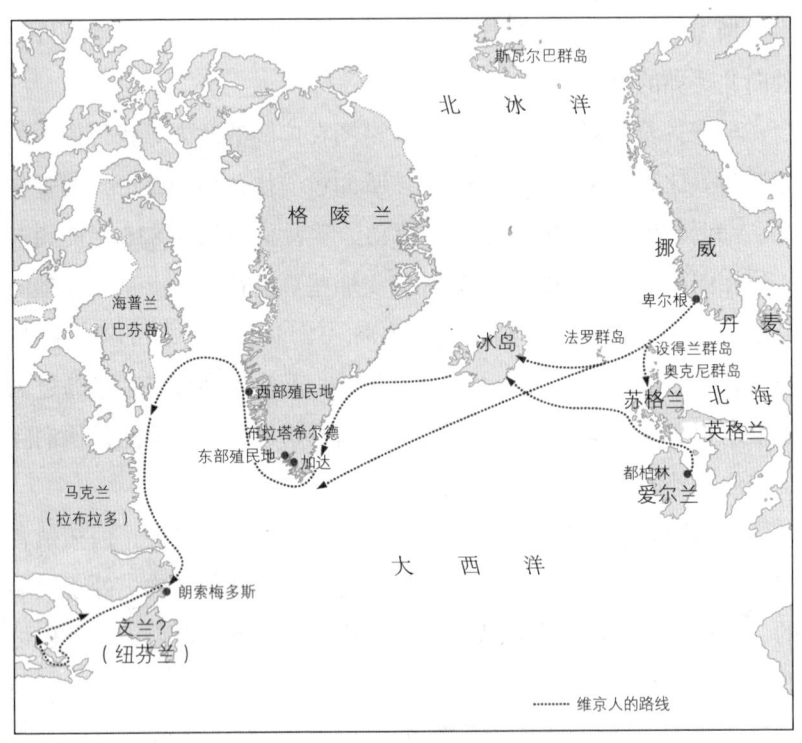

地图 4 维京人在北大西洋上的航行

来的几个世纪里，一直为人类的生存提供着有利条件。

"文兰萨迦"记载了公元 1000 年发端于冰岛与格陵兰的美洲航行。萨迦是在事后以片段的方式叙述的航海事迹，因此不同时代的学者提出了不同的假说。不来梅的亚当（卒于 1080 年）也曾听闻关于文兰及其财富的传说，他曾在《汉堡教会史》中写道，那里遍地是美酒，四处有小麦。在一则被称作"格陵兰萨迦"的文兰萨迦中，莱夫和索瓦尔德越过了一道海峡，探访了北部的一座岛屿。他们如是说：

> 他们乘着东北风在海上航行了两天，终于看到了一片陆地，陆地以北还有一座岛屿。他们登岛，四处巡察。当时天气不错，他们看到草上还挂着露水，就用手接了露水放进嘴里。他们觉得自己仿佛从未品尝过这么甘甜的东西。之后他们就启程返航，从岛屿和陆地北边的岬角之间穿过。他们从岬角西边驶过，又因为退潮搁浅了。……他们如此迫不及待地想要上岸看看，根本不愿等潮水涨回来，就径自跑上了岸。……他们决定在这里过冬，还建造了一些大房舍。……开春后，他们把船装备一新，离开了这里。莱夫给这里取名叫美酒之地（Weinland），因为这里有葡萄。[15]

根据这些模糊的描述，我们可以猜测，上文提到的岛屿似乎就位于今天的新英格兰、纽芬兰和圣劳伦斯河一带。萨迦传说在被记录之前，一直为人们口口相传，描述的事件距离其书面化的年代也已经相隔久远，所以单凭萨迦传说不能准确定位当时的泊船地点。尽管如此，人们还是可以确定，曾有海员在公元 1000 年前后从格陵兰岛或冰岛出发，多次沿着北美大陆东海岸行驶，他们曾到达了

圣劳伦斯湾和更加靠南的地方,建立了多个过冬的营地,甚至全年待在那里,当然也和当地人有过接触:

> 开春后的一个早晨,他们看见南边有很多皮艇从半岛的另一侧过来。数量之多,像是海面上漂满了木炭。……他们(维京人)挥舞起盾牌,双方聚在一起后却开始了交易。来人用兽皮和灰鼠皮来交换他们最喜欢的红布,还想购买剑和矛,但索尔芬与斯诺里不允许。[16]

也许是因为和当地人产生了冲突,或是格陵兰拓殖者内部有什么矛盾,他们最终放弃了这些营地。尽管这些格陵兰的航海者不一定如萨迦所记载的那般深入南方,但基于一份1347年的冰岛编年史,我们还是可以相信,当时人们会定期前往拉布拉多半岛伐木。[17]

随着20世纪60年代朗索梅多斯遗址的发现,传说中格陵兰人在北美的航海和短暂的拓殖活动似乎得到了证实。安妮·英斯塔与海尔格·英斯塔马上将这个地方与莱夫的文兰等同起来,尽管这片贫瘠的土地难以让人想到美酒与葡萄。[18]更确切地说,这里可能只是一个营地或者补给站。从格陵兰岛过来之后,人们可以在这里修葺船只,补给口粮,补充体力,为接下来的航行做准备。在这里发现的一枚针,与都柏林、冰岛和丹麦出产的针十分相似。这似乎表示,一些朗索梅多斯的造访者可能来自冰岛。纺锤的发现则表示这里或曾有过女性造访。虽然考古学家们无法证明维京人曾在这里长期定居,但萨迦传说与出土文物都表明,他们曾短暂地尝试过在此扎根。或许因为他们误吞的是当地人的土地,所以最终放弃了这里的营地。凯旋的人大概鼓吹过自己经历了怎样的冒险,去过的土地上流淌着怎样的美酒，于是这些传奇故事被口口相传，最终成为萨迦传说的一部分。[19]

格陵兰岛上的生存条件似乎发生了巨大的改变，岛上的聚落从中世纪晚期开始便不断萎缩，14—15世纪期间全部灭绝。与挪威等国不同的是，这里并没有瘟疫或其他疾病暴发的迹象，所以人口灭绝一定另有原因。格陵兰岛上的斯堪的纳维亚人以渔猎和畜牧为生，粮食谷物全靠进口，所以贸易中断、与母国失联以及气候恶化带来的农业崩溃可能是人口减少的主要原因。[20]

2．商路

航海者与商人把北海与波罗的海当成贸易场所，一个个货物集散地将这一地区丰富了起来。不同族群的人都在这里活动，在远途贸易中扮演着各自的角色。不论是斯拉夫人、库尔兰人、瑟米加利亚人、爱沙尼亚人还是利沃尼亚人，他们都像维京人一样，以商人或者海盗的身份，参与着伊斯兰世界、波罗的海与北海之间的货物交换。普鲁士人在贸易中占据了一席之地。他们居住的波罗的海沿岸的桑比亚半岛盛产琥珀，这是一种在所有地区都非常抢手的商品。北海的弗里斯兰人和盎格鲁-撒克逊人，以及阿拉伯商人和犹太商人都加入了这张贸易网络。犹太商人如伊布拉欣·伊本·雅各布就曾记录过此处的贸易。

当时最繁荣的商站包括以下地点：施莱湾的海泽比（维京人统治下北海与波罗的海的贸易交接口）、维斯马湾的雷里克、奥德河口的沃林、维斯瓦河三角洲的特鲁索、梅拉伦湖上的比尔卡、哥得兰岛以及俄罗斯地区的旧拉多加（波罗的海与黑海之间的贸易枢纽）。此外还有许多规模较小的商站，如佩讷河畔的门茨林以及吕根岛上的拉尔斯维克,它们在短暂繁荣后就湮没在历史长河中,直到考古学家使它们重见天日。在门茨林发现的船形墓穴表明,除了本地的斯拉夫人以外,这里还有斯堪的纳维亚人活动的痕迹。即便是在这样的小地方,也存在不同族群的杂居现象。

施莱湾的海泽比聚落以面积大著称。聚落由一些开放式大厅、码头栈桥及寨栅组成,为了抵挡来自陆地的攻击,周边还修建了半圆形的防御土堤。在码头栈桥附近出土的钱币与砝码表明,人们曾在这里进行过贸易,当然也不排除在其他地方交易的可能性。海泽比的手工业者对进口的原材料或半成品进行加工。交易涵盖的商品种类极为可观:从弗里斯兰的布,到莱茵兰的陶器、玻璃与武器;艾费尔山的水车可能是从多尔斯塔德用船运来的,而水银与锡则有可能是从伊比利亚半岛或英格兰运到施莱湾的;斯堪的纳维亚提供铁、滑石与磨刀石;琥珀则出自波罗的海东岸。同样复杂多样的,是居住在这里的不同族群。通过墓葬习俗可以看出,居民除了占主体的丹麦人之外,还有弗里斯兰人、萨克森人、斯拉夫人和瑞典人。[21]

能和海泽比比肩的是梅拉伦湖边的贸易中心比尔卡,它也在西欧—波罗的海—拉多加湖—伏尔加保加尔地区—伊斯兰世界这条商路上扮演重要角色。国王派了官员在此维持本地手工业者和外来商人之间的秩序。手工业者不仅为远途贸易生产商品,也服务于周边地区,所以说比尔卡可视作是早期的城镇中心,但这里经常受到丹麦维京人的侵袭。大约在公元1000年前后,哥得兰岛取代了海泽比在东西方贸易中的地位。这里半农半商的居民不像斯韦阿人(或瓦良格人)那样去俄罗斯地区定居,而是季节性地出海贸易,然后再回到自己的岛上。他们在岛上囤积的银币多达波罗的海与俄罗斯地区流通银币总量的四分之一。西欧地区的财富源源不断涌入,尤其是德意志地区铸币厂铸造的银币，大多来到了这里。

波罗的海南岸出土的古帆船，超过八百座的坟丘，以及一批包括两千余枚阿拉伯钱币在内的宝藏，都表明了拉尔斯维克在当时的重要性。编年史还提到了其他商站，如雷里克（据推测位于今维斯马湾的大施特隆肯多夫），丹麦国王戈特弗里就曾在808年把那里的商人迁到了海泽比。

不来梅的亚当记述了大商站沃林的情况：

> 它当之无愧是欧洲最大的城市。这里住着希腊人和野蛮人，斯拉夫人和其他部族。如果从萨克森来的陌生人不公开他们的基督教信仰的话，也可以很快获得居住权，因为人们都还活在异教迷信中。抛开这一点不谈，几乎没有人比这里的人更加正直友善、更懂得尊重客人的自由与生活方式了。城里满是北方各民族的货品，不缺任何贵重稀罕之物。这里竖立着一座灯塔，当地人称之为希腊火……[22]

考古发掘似乎能够印证亚当的记录：出土的建筑、墓葬和物件表示这里曾经居住过斯堪的纳维亚和弗里斯兰的商人。当时沃林对于波兰和丹麦的国王来说都充满诱惑，他们都曾打着打击海盗的名义，图谋吞并沃林。

贸易活动与海盗活动之间的界线是模糊的，特别是碰到贵重物品时。在希登塞岛和佩讷明德，人们发现了一批10世纪斯堪的纳维亚金匠制作的金饰，它们可能是被一些亦盗亦商的斯拉夫人抢劫并带到此处的。常规的货物则包括谷物、马匹、蜂蜜、蜡、皮货与琥珀，盐也是这一地区的重要产物和商品。还有像梳子这样的手工业制品，当地也有生产。

对于量化交易数额和掌握商路变化而言，钱币是十分关键的线索，特别是那些能够准确推算出铸币年代的钱币。波罗的海地区出土的大量钱币引起了历史学家们的注意：铸于8世纪末期的阿拉伯迪拉姆币大量流入波罗的海地区，印证了当时该地区与阿拉伯世界的贸易增长。那时铸造的迪拉姆币还主要出土于普鲁士腹地的特鲁索港，而9世纪铸造的阿拉伯钱币，则主要出土于瑞典和哥得兰岛。瓦良格人进入俄罗斯地区，可以视作这一变化的主要原因。来自中亚萨曼王朝的钱币，则主要储藏于伏尔加保加尔人的活动地带，以及一些西北罗斯的贸易中心，如旧拉多加、诺夫哥罗德、波洛茨克与普斯科夫。

在考古过程中，常常有碎银块出土，偶尔还有天平和砝码。由此可见，在当时的经济体系中，人们靠重量来确定货币价值，这种方式很有可能是受阿拉伯体系的影响。[23] 比较而言，东方的钱币则较少流入西欧。哪怕是在日德兰半岛上，迪拉姆币也不多见。这也许意味着当时波罗的海与北海之间的贸易收支关系还比较平衡。阿拉伯白银有可能在海泽比等地被重铸成其他钱币。但到10世纪末期，从阿拉伯地区流入波罗的海的白银已寥寥无几，俄罗斯地区的白银流也从1015年开始完全干涸。[24] 至此，白银的流向开始逆转。

贸易和赋税使英格兰便士大规模从北海地区流入波罗的海地区。此外，新兴的银矿产地，如哈尔茨山、黑森林，特别是格斯拉尔附近拉默尔斯山，为大量铸造代纳尔银币打下了基础。哈尔茨山地区铸造的银币"奥托－阿德尔海德－芬尼"和其他种类的代纳尔银币，一起被用于交换蜡、皮货、蜂蜜和奴隶，流向了波希米亚、匈牙利、波兰、爱沙尼亚和俄罗斯——当然也少不了隔海相望的斯堪的纳维亚。斯堪的纳维亚人大量储藏、使用代纳尔银币。在瑞典出土的维京时代的钱币中，有8万枚来自阿拉伯地区，4.5万枚来自英格兰，还有8.5万枚来自德意志地区，成为人们定期进货交易的充分证据。内陆地区却鲜少发现这种银币，因此人们将这些钱币称为"远途贸易代纳尔"。[25]

12—13世纪，城市兴起，城邦领主开始铸造自己的钱币，使得内陆地区对钱币的需求量增加，"远途贸易代纳尔"的时代进入尾声，不再有大量钱币流向北欧和东欧。代纳尔的质量下降，流通的地区也仅限于铸造地周边。波罗的海地区一些势头渐盛的王公贵族迫使各族群将物集散地迁至其行政中心，最后整合进地区经济中。曾经的商站如海泽比、帕维根、旧拉多加、特鲁索和沃林，发展成了商贸城市石勒苏益格、维斯比、诺夫哥罗德、但泽和什切青，成为波罗的海城市发展史的缩影。[26]

3．刀剑、首饰与如尼石刻

现存介绍维京人社会组织形式的史料寥寥无几。大土地所有者不仅是政治头领，还要在各自的辖地内承担祭司的工作，比如领导议事会或是担任法官。法官一般会在议事会的参议下依据传统裁决。头领们拥有一批随从，会一同出海战斗。头领之间为了争夺王位经常互相厮杀。在斯堪的纳维亚、冰岛和格陵兰的社会结构中，头领之下就是自由农民，他们主要从事种植和畜牧业，也会蓄养奴隶。[27]

社会阶层的不同常常通过器物来体现。维京与斯拉夫头领的坟墓特征鲜明。在上层战士的陪葬品中，他们的佩剑格外醒目。佩剑通常产自莱茵兰地区，剑刃由大马士革钢打造，剑柄上常有精致点缀和铸剑人的标志，比如一把在埃伯斯瓦尔德的利佩出土的剑上就

图2 绘画石碑安德烈8号，哥得兰岛，8世纪

刻有席尔提普莱赫特的名字，其他地方有铁匠武甫贝尔特的作品。当然，波罗的海地区也有一些本土的金属加工和锻铁产业。[28]剑与北欧诗歌和如尼石刻上讲述的英雄传说都有着密不可分的联系。但剑并不是唯一一个可以用来传达信念或是体现身份的器物，上层的武士们往往还会戴头盔、着铠甲、骑在马背上，区分于普通步兵，并保有权威。[29]

出土的摇铃、哨子以及木笛和骨笛证明了音乐也是当时社会生活的一部分。其中，管弦乐器很有可能来自拜占庭和阿拉伯地区。[30]

维京人、斯拉夫人与波罗的人有着相似的信仰。大多数部族都信奉一个主神、若干次神或某个神族。对维京人来说，奥丁是他们最重要的始祖神；而在斯拉夫人那里，扮演同样的角色的是斯万特维特。两位神明都骑在马背上，带着随从登场。传说中，奥丁有八足公马斯雷普尼尔；而斯万特维特的祭司们则要照料一匹白色神马，并从它的蹄声或蹄印中读出神谕。此外，维京人还视住在诺阿通（意为"船位"）的尼约德为海神。[31]

如尼石刻记录了维京神话，尽管这些石刻大部分来自基督教化时代。一些碑文记录了口口相传的诗歌，包括日后在冰岛以文字形式保存的故事都与天神和英雄有关。在出土于哥得兰岛的著名石碑"安德烈8号"上，我们可以看到奥丁载着一名阵亡的战士，向英灵神殿瓦尔哈拉策马而去。除神话世界以外，如尼石刻也记载了维京人的社会与文化生活，但呈现更多的是身份显赫的地主阶层的日常，因为他们才有能力委托立碑。如尼石刻最早可以追溯至公元5—6世纪的绘画石碑，碑面上常有玫瑰花饰、涡轮图案，以及装饰有蛇、龙和桨的维京长船。8—10世纪的大型石刻，一般会将生活和神话的场景分别展示在几块水平的石面上，所以维京人出海的场景、神话生物以及战斗情节会在石碑上交替出现。

石碑往往是为了纪念战殁者而立，其中不少是在女性的委托下刻立的，她们想通过悼念亡夫的铭文来牢牢抓住遗产继承权。更晚一些的如尼石刻富于装潢，它们讲述异教英雄的故事，偶尔会有一些北欧传说和基督教的冲突。十字架常常作为基督教的元素，与装饰性的线条缠绕在一起。有人认为，这是借用了《荷马史诗》中的迷宫母题。

如尼石刻的传播范围西起格陵兰、英格兰与法罗群岛，东南可达第聂伯河流域，见证了维京人航海区域之广袤。从大量的船形墓穴与船形墓葬群可以看出，维京人漂洋过海的经历如何直接影响了他们对死后旅程的想象。[32]

如尼石刻是研究北海与波罗的海之间文化交流的重要资料。20世纪下半叶，考古学家们通过各式各样的物料，证明了波罗的海地区与盎格鲁-爱尔兰世界、与古典时代晚期的地中海世界、与伏尔加河畔富有的可萨人和保加尔人以及与东方的关系。在欧洲随处可见的装饰，如编织图案、藤蔓条纹和动物元素，也在石刻文化中被赋予了丰富的地域特色。所谓的维京风格一方面从爱尔兰、英格兰与法兰克文化中汲取养分，另一方面又和拜占庭文化一起影响了斯拉夫文化。蛇与其他动物在这一带是重要的艺术元素，波罗的人与芬兰-乌戈尔人就一直用这些元素来装点衣物。[33]

由于款式与雕饰十分相近，一些首饰（如手镯）的确切产地总是难以考证。比如拜占庭风格跨越了多瑙河流域与大摩拉维亚国，给波美拉尼亚的斯拉夫银匠以灵感，在他们打造的耳环中留下了痕迹。这种耳环样式又向北传播到了博恩霍尔姆岛和哥得兰岛。阿拉伯的首饰风格经由保加尔城（伏尔加保加尔人的活动中心）向波罗的海传播，并在当地被模仿复刻，另一些饰品（如斯拉夫式的颞环）只在波罗的海南岸的斯拉夫人中得到传播。如有例外，多是因其含银量高被当作宝物收藏了起来。波罗的海南岸的斯堪的纳维亚人墓葬中，还发现了一些特色胸针，它们既能做装饰，也能固定衣物。[34]

梳子的使用与传播，也是北海与波罗的海之间文化交流的例证之一。莱茵兰和弗里斯兰的梳匠们以古典时代的梳子为模板，用鹿角制作了护发的精美梳子。波罗的海地区起初只能从弗里斯兰商人那里买到这种梳子，很快，南岸以及一些重要的维京商站如海泽比、比尔卡与旧拉多加，也开始自己制造，不再依赖进口。据推测，弗里斯兰的梳匠也许和商人一样，在这些商站安了家。[35]

第三章
红海、阿拉伯海、南海

> 接下来我到达亚丁，这是一座无田禾、无树木、无淡水的滨海大城。……富有的商人聚居此处，印度船只纷至沓来。……从亚丁出发，海行4日，抵达泽拉。……海行25日，抵达摩加迪沙，该城甚大。据当地习俗，每有海船到港，年轻人就会驾小舟迎上去，每人邀请一位商人到自家做客。[1]
>
> ——伊本·白图泰

伊本·白图泰于1331年如是记录。当时他在亚丁歇脚，然后从那里出发，沿着东非海岸行驶。亚丁当时是红海和印度洋之间的贸易与海运中心，凭借有利的地理位置为五湖四海驶来的大船提供锚地。从当时的史料来看，那里云集了印度、埃及、犹太、波斯与埃塞俄比亚等不同族裔的商人。

伊斯兰教在7世纪上半叶高歌猛进，统治了埃及和波斯，此后的伍麦叶王朝（661—750）继续扩张，西抵伊比利亚半岛，东至印度河流域。10世纪末期，埃及的法蒂玛王朝开始了与红海、地中海和印度洋地区的贸易往来。

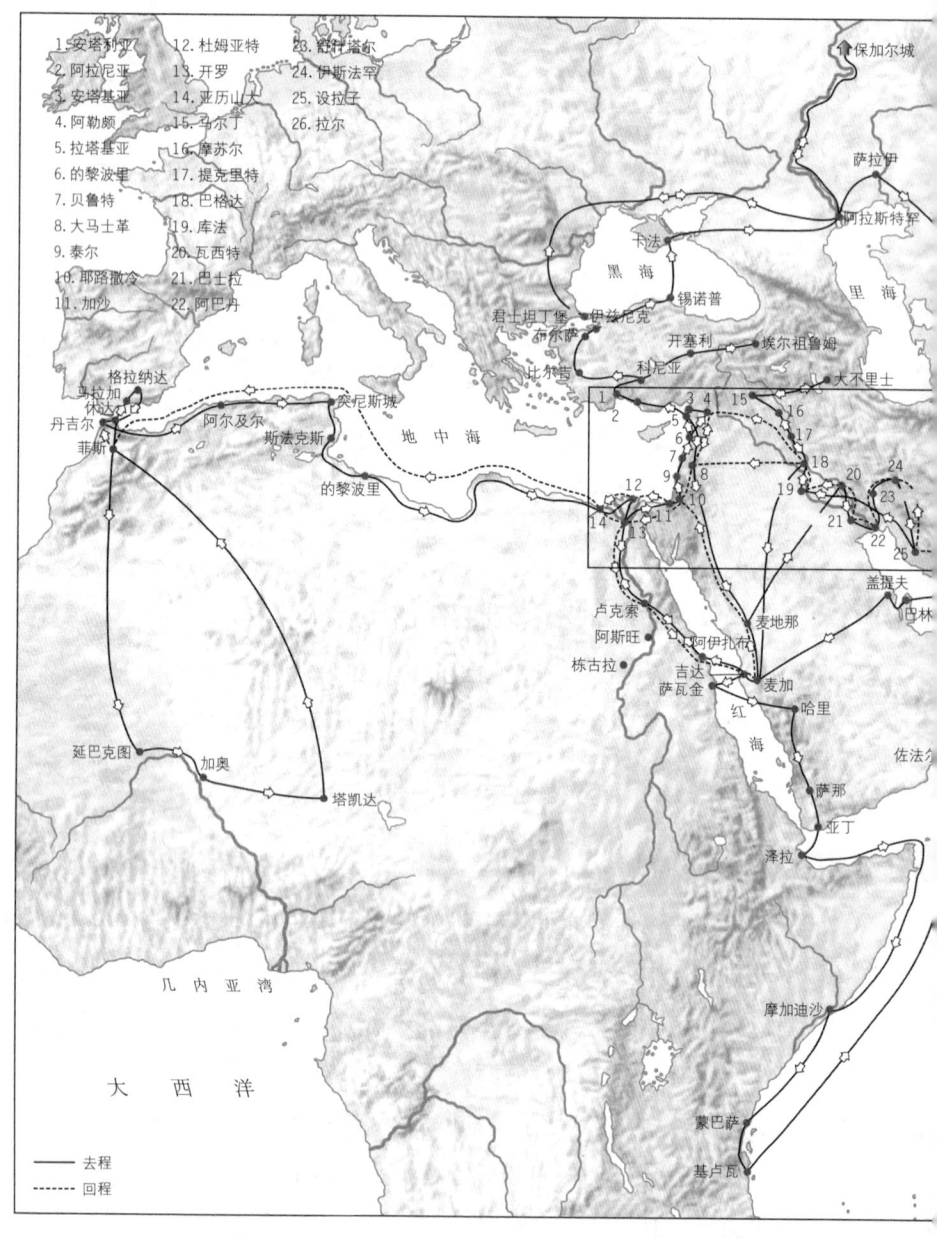

地图 5　伊本·白图泰的旅行

第三章 红海、阿拉伯海、南海

为找寻奢侈商品，穆斯林商人的足迹遍布亚非大陆。[2]先知穆罕默德就曾是一名商业学徒，跟随商队从麦加去了大马士革。他的这段经历常为后世的穆斯林商人援引。去麦加的朝觐也促进了商贸，因为这一仪式刺激了阿拉伯海和红海地区的海运发展。

穆斯林商人的活动远至印度和几个世纪前就已印度化了的东南亚。印度教曾在多地取代了佛教的地位，如三佛齐（囊括苏门答腊岛与马来半岛沿海地区）、爪哇、蒲甘（在今缅甸）、吴哥（在今柬埔寨）与阿瑜陀耶等。只有今越南北部没有皈依印度教，当时那里还处在中国的影响下。越南南部的梵文碑铭和印度教神庙证实了印度商人在占婆诸国的足迹。当地统治者通过皈依印度教、与神话中的族谱"攀关系"来使自己的统治合法化。中国商人和朝圣者在前往印度的途中，要在三佛齐或爪哇歇脚，也接触到了印度教。随着与中国的往来逐渐增加，三佛齐认识到向晚唐与宋代中国朝贡的必要性。[3]13—14世纪时，越来越多穆斯林商人来到印度教世界，建立起自己的社群，和当地人通婚；伊斯兰教也受到当地王公的支持。值得一提的是，世界各大宗教在来到东南亚之后都会被本土化：或是和当地的（海）神信仰达成一种共生关系，或是被吸收进已有的信仰体系中。海上危机四伏，风暴、暗礁、沙洲、海流和旋涡时刻威胁着水手和渔夫的生命，即便经验丰富，他们也不敢掉以轻心，人们相信只有安抚好海上的各路神仙才能逃过一劫。海洋女神媚卡拉是佛教徒敬拜的对象，中国人崇拜被称作天妃或妈祖的女神，穆斯林海员则相信神话中的苏菲派大师黑德尔是海洋与河流的主人。[4]

阿拉伯语成为印度洋沿岸的通用语，而伊斯兰教法则规范了这些地方的商业行为。[5]由穆斯林商人、商站组成的贸易网络覆盖面颇广，在伊本·白图泰远及中国的漫长旅途中，他甚至都没有走出这张网络。

1. 风向、造船与导航术

季风对印度洋上的航海与贸易有着深刻的影响。"季风"一词源于阿拉伯语（mausim），意为"季节"或者"季候风"。空气持续从高压区向低压区流动，于是就产生了季节性的固定风向。早在公元前1000年，航海者就发现了季风的规律，人们可以预见气压带和风向的变化，并将其运用到航海中。每年11月至来年1月，亚洲大陆上形成高压，产生了从南亚吹向印度洋甚至非洲的东北季风，以及从中国吹向东南亚的西北季风。而在4月至8月，季风方向逆转，可以加快东非—阿拉伯—印度—马来半岛—中国南海—中国这条航线上的行船速度。马来半岛凭借其优越的地理位置，可为过往船只提供过冬的港湾。船只可以在这里等待下一场季风的到来。[6]

当时在印度洋上航行的船只，既不用钉子打造，也不用沥青和焦油填缝，仅用椰壳纤维制成的绳索将所有造船的板材束在一起即可，所以椰壳纤维就成了这一带重要的贸易产品。木材的供应则相对困难。红海和阿拉伯海沿岸，木材同样匮乏，不得不依赖印度进口，印度的造船技术也就由此传播开来。这种船由尾舵控制方向，根据风力升起数量不等的横帆。船只最长可达30米。虽然早在12—13世纪船上就有为商人提供的包间了，但其奢侈程度远不及同时期的中式戎克船。

按照伊本·白图泰在14世纪初的记录来看，不同的中式戎克船也千差万别。最大的戎克船可载多达1000人，船帆在三至十二面之间，上下可达四层之多。与阿拉伯帆船的不同之处在于，戎克

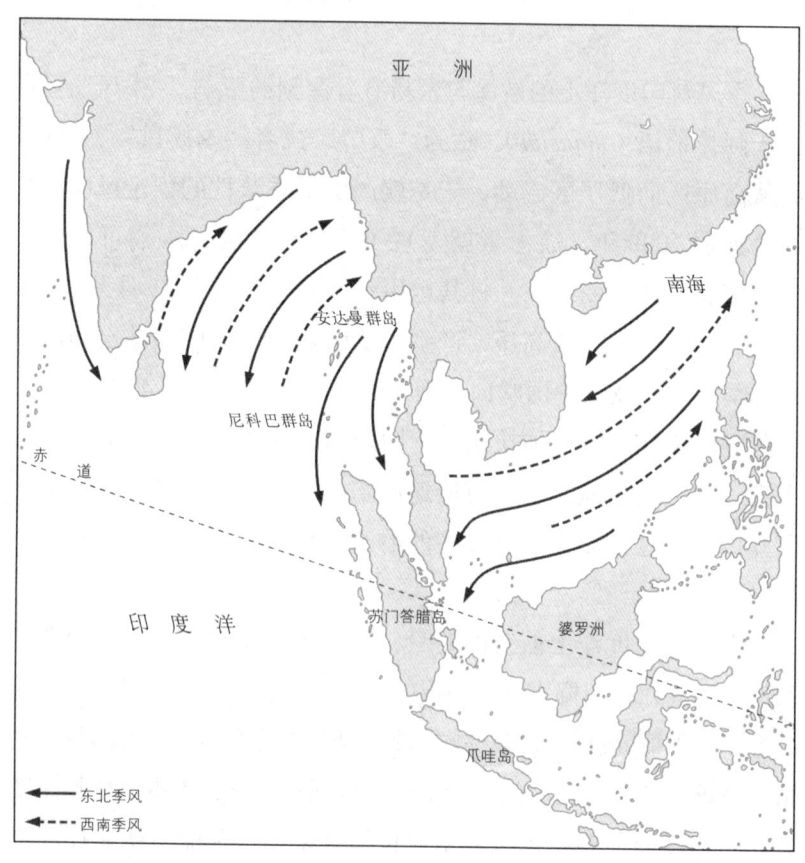

地图 6　印度洋上的季风

图 3 婆罗浮屠的浮雕上的船只,约 800 年

船的船帆用环固定在桅杆上,这样帆面的大小可视情况调整,即便是在风向角较大的情况下,帆船也能迎风航行。造船材料不成问题,船木以及制帆、结索、填缝的原材料都能在中国找到。东南亚的船只较为细长,且备有舷外支架,人们如今还能在婆罗浮屠的浮雕上一睹它们的风采。它们既能作为商船,把爪哇的稻米运送到苏门答腊岛,也可以作为战船使用。[7]

根据伊本·马希德的记载,我们推测,导航员是阿拉伯帆船上继船长之后的头号人物。伊本·马希德就曾是一名优秀的导航员。在他所著的《航海原则和规则实用信息手册》[8]中,他还不时加入一些富有诗意的评论来展示自己的文学才华。导航员对航线和全体船员负责,指挥他们划桨扬帆,以及在海水涌入时向外舀水。导航员要判断扬帆启程和航线变更的正确时机,所以必须熟悉季风的变化;还要规划好泊船的时间和地点。若是出海太迟,赶上季风强盛期，海面肆虐的风暴带来的后果会是致命的。[9]可用来测定纬度的星盘，还有中国人发明的指南针，都是导航的有力工具。岸边和海里的灯塔也使夜晚的航行更加安全。[10]

2. 从伊本·白图泰到马可·波罗：商人与海港

船的主人常是商人，他们有权给船长下达指令。在梵文中甚至有一个词"nauvittaka"，专指财富（vitta）源于船只（nau）的人。[11]这些商人船主的信息大多来自留存下来的犹太人书信。这些书信于1890年在开罗的本·以斯拉犹太教堂藏书阁里被发现，记录了当时地中海、阿拉伯海和印度洋等地商人之间的交流与合作，贸易区域之广可见一斑。1130年，亚丁犹太商人中的领袖玛门·本·哈桑曾在信中写道，他定了一艘船，要从亚丁运送一批人力和货物去锡兰。这艘船后来被称作"玛门的船"多次出现在其他文献中。比如他的密友，门格洛尔的突尼斯犹太商人亚伯拉罕·本·伊优，就曾写信告诉其远在福斯塔特（开罗旧城）的兄弟，他准备的礼物会由"玛门的船"送达。由此可推，这艘船可能长期往返于印度海岸和亚丁之间，活动范围可能包括更加靠西的地方。[12]

除了犹太人以外，穆斯林商人在船主中所占比重也越来越大。犹太商人对安息日等宗教规定十分重视，所以坐镇海港指挥商业活动比在海上乘风破浪更加适合他们。信仰伊斯兰教的卡里米家族商人接手了相当一部分买卖。他们为船队护航，为人员和物资的流动提供支持。波斯和阿拉伯的商人在印度西海岸安家，促进了古吉拉特等地的贸易繁荣。这里的小港口之间有着密切的联系。生活在印度南部马拉巴尔海岸的穆斯林商人，有的来自外国，有的已经通过结婚融入了当地社会。印度船主经营的多为沿海航线。古吉拉特商人中也有不少身兼船主。

通过藏书阁的书信，我们可以复原一些当时的贸易活动。贸易始于印度洋，途经多座港口、几次转手后，最终抵达地中海。此外，藏书阁中也有妻子写给商人丈夫的信，尽管流传下来的多为丈夫写给妻子的。多年未见的夫妇也能通过书信往来维持家庭关系。比如一位从福斯塔特去印度从商的商人，多年间往返于亚丁和马拉巴尔海岸之间，妻子只能留在福斯塔特望穿秋水等待丈夫回来。也许是她曾以离婚相逼，丈夫只好在1204年写信宽慰她：

> 如果你决意如此，我也不会责备你。等待的确很漫长，但我还不知道，造物主是否会赐我以闲暇，允许我回家，还是让你我继续等待。因为我不能两手空空地回家。……现在，离婚的决定权在你。如果你去意已决，就去领离婚证明吧，那样你就自由了；如果这非你所意，非你所愿，就请你继续忍耐下去。[13]

为了让妻子放心，他还提到自己饱受离别相思之苦。虽然他为了缓解孤独喝过不少酒，但他从未豢养女奴，也从不寻花问柳。

印度的文学作品也提到了马拉巴尔海岸的不同族群和他们的贸易活动。大象和阿拉伯马在政治和军事精英中都广受青睐。尽管大象相对罕见，但马匹，还有樟脑，构成了印度进口商品的重要组成部分。马匹一般会从波斯湾和红海沿岸运抵印度西海岸；樟脑（樟树精油）则从中国和东南亚运至南亚次大陆。部分樟脑再经转手，越过阿拉伯海，到达亚丁，甚至继续向西流通。

印度最重要的产品是纺织品，尤其是棉制品。印度的纺织工给市场供应了大量棉布，商人们对东南亚不同地区的偏好了如指掌。一般来说，上层人士喜欢昂贵的古吉拉特丝绸，而大众的选择则是物美价廉的印花棉布。东南亚在商品交流中向印度出口香料和香木。通过卡利卡特、亚丁等重要枢纽，中国的陶器和钱币进入了阿拉伯世界。卡利卡特和奎隆还给印度西北部（古吉拉特）和阿拉伯世界带来了丁香、肉豆蔻和马拉巴尔海岸出产的胡椒。经亚丁到达埃及的集市之后，黑胡椒会和其他香料一样，北上越过地中海，抵达意大利的港口和城市。沉香木（来自阿萨姆邦坎如普县）和犀牛角也是印度次大陆的产品。柚木和椰壳纤维作为造船的重要材料，在红海和波斯湾地带有着广泛的需求，因为这些植物在那里无法茂盛生长。安达卢西亚的旅行家伊本·朱拜尔就曾记录过椰壳纤维运入红海地区的规模之巨大。铁是另一项重要出口原料，印度开采的铁从马拉巴尔海岸运往亚丁或者继续西行。在横跨阿拉伯海的交易中，除了奢侈品和原料以外，还有大量货贝被从马尔代夫运往孟加拉，因为贝壳在孟加拉是一种重要的支付手段。返程的货船会给马尔代夫带回孟加拉稻米。[14]

  黄金、象牙、奴隶，以及建房和造船所需的木材，都不断吸引着人们前往非洲海岸。在印度洋上占多数的阿拉伯帆船便是用非洲木制成。穆斯林在非洲海岸安家立业，与当地女性结婚，逐渐形成了一个非洲伊斯兰社会。以基卢瓦地区的人为代表，他们打通了通往非洲内陆的金矿及其他港口的道路。[15]因此，摩加迪沙、蒙巴萨和基卢瓦也成了亚丁商船的目的地。

  早在伊本·白图泰的时代，卡利卡特就已经是最重要的港口了。来自中国、苏门答腊、锡兰、马尔代夫和也门的商人都聚集于此。在锡兰和乌木海岸南边也有穆斯林商人的身影，他们在那里和中国商人、三佛齐商人还有无处不在的犹太商人进行交易。尽管佛教和印度教在东南亚意义非凡，但伊斯兰教的影响也正随着贸易的深入逐步扩大。当地的王公还经常向本国和外来的穆斯林商人提供支持，尽管这样会逐渐瓦解森严的种姓制度。

在这一时期获得稳步发展的不仅有海上贸易，蒙古人在征服亚欧大陆的半壁江山后，带来了所谓的"蒙古和平"（约1200至1350年），使陆路交通变得更加安全。欧洲的统治者、旅行家与商人，可以和金帐汗国的人进行贸易，和中国人建立联系也不在话下。

在众多从事亚洲及中国贸易的北意大利商人中，最出名的莫过于波罗家族。马可·波罗的父亲尼科洛与叔父马泰奥在1250—1269年间曾多次造访中国。他本人则于1271年出发，穿过塞尔柱人统治下的小亚细亚，途经伊儿汗国统治下的波斯，沿着丝绸之路，来到忽必烈汗在中国的府邸。在他供职期间，他的亲戚则以商人身份活动。他们都于1292年离开了中国。[16] 马可·波罗经过印度洋、波斯湾和黑海，终于在1295年回到了老家威尼斯。后来，他率船参加了威尼斯与热那亚之间的战争，战败被俘。他把带有幻想色彩的游记口述给狱友，狱友又极尽润色加工之能事，故事的真实性在当时就已饱受质疑。不少历史学家也自然对此存疑，但主流观点依旧认为，光靠道听途说，马可·波罗无法将细节描述得如此准确，他应该确实到过所述地点。

黑死病大流行可以佐证当时海陆交通网络之广袤及网点联络之紧密。瘟疫最早在1331—1332年暴发于中亚，随后通过贸易从克里米亚的热那亚商站卡法传入黑海和地中海。继君士坦丁堡和开罗之后，西西里的墨西拿于1347年10月暴发疫情。黑死病继而被带往欧洲各地。1348年，比萨、热那亚、威尼斯、马赛、巴塞罗那和佛罗伦萨沦陷。1349年，疫情扩散到不列颠群岛，从英格兰西南海岸直通苏格兰；通过汉萨商路，加来、卑尔根、科隆、哥本哈根、吕贝克和诺夫哥罗德等城市也相继遭受感染。[17]

3. 海上丝绸之路

南海常被视为印度洋的附属海，两片海域由马六甲海峡、新加坡海峡和巽他海峡相连；东北有日本列岛，南有印度尼西亚群岛。被陆地与海岛环绕的南海，可以算作一片内海。

中国渔民和商人常用的航线有两条：一条经过菲律宾群岛、摩鹿加群岛抵达爪哇岛；另一条沿着中国和越南海岸，开赴泰国湾、马来半岛、苏门答腊岛或爪哇岛。[18] 14世纪，中国的航海与贸易由三部分组成：一是非法的私人贸易，二是由官员和使节出面的官方贸易，三是与邻国进行的朝贡贸易。尽管中国官方曾多次尝试，但走私等非法商业活动还是屡禁不止，打击倭寇（日本海盗）的行动也鲜有成效，海员和渔民都深受其扰。随着华商加入既有的海上贸易网络，西洋贸易的面貌焕然一新。元末动荡时期，不少华人穆斯林离开了中国（福建、广东、云南），明军进驻加速了移民的进程。如此一来，伊斯兰教盛行的印尼群岛和马来半岛自然就成为移民的首选。[19]

华人移民的到来使当地与印度洋地区的贸易蓬勃发展。他们以东南亚为根据地，同来自印度洋和阿拉伯海沿岸的穆斯林商人进行交易，保持联络。来自福建的汪大渊曾赴马来半岛和印度洋考察，留下了对所到之处的记述：

门以单马锡番两山，相交若龙牙状，中有水道以间之。田瘠稻少。天气候热，四五月多淫雨。俗好劫掠。……地产粗降真、斗锡。贸易之货，用赤金、青缎、花布、处瓷器、铁鼎之类。盖以山无美材，贡无异货；以通泉州之货易，皆剽窃之物也。舶往西洋，本番置之不问。回船之际，至吉利门，舶人须驾箭棚，张布幕，利器械以防之。贼舟二三百只必然来迎，敌数日。若侥幸顺风，或不遇之。否则人为所戮，货为所有，则人死系乎顷刻之间也。①[20]

汪大渊这段文字描写的可能是东西间的贸易中心之一马六甲，也可能是前殖民时代华商与柬埔寨商人云集的新加坡。尽管"龙牙门"的确切地点难以考证，但当年的中国海员和出游的人在向西航行时都借他的记录来导航。[21]

此前，中国商人已到过了西洋，也懂得利用季风扬帆于孟加拉湾与中国海上。公元 1000 年前后，海上丝绸之路就已经十分繁荣了，连接起了中国东海、南海和西方世界。在进口的诸多商品中，被称为"香药"的一系列香料和"药物"尤其大受欢迎，其中包括各类花瓣、没药、丁香、肉豆蔻、檀香、麝香、龙涎香与樟脑。

在东南亚的各类珍品中，中国对龙涎香的需求最为强烈。龙涎香是鲸鱼的排泄物，被鲸鱼排出体外后就一直漂浮在海面上，直到最后被海浪冲上海岸。当然也可以在鲸鱼尸体里找到。龙涎香在中国价格不菲，是制作药材和香料的重要材料。各种海龟的龟甲会被用来制作玳瑁，海藻、海螺也是中国人餐桌上常见的佳肴。珍珠对中国人同样有着强烈的吸引力，它们象征着高雅、富贵及超自然的力量，为中国文人所歌颂。汪大渊就曾赞扬过苏禄群岛（属今菲律宾）的珍珠色白圆润，所以中国的珍珠商会不远万里，到产地来与

---

① 引自汪大渊《岛夷志略》"龙牙门"一节。——译者注。

当地采集珍珠的渔民交易。翠鸟的羽毛同样备受青睐，大多由柬埔寨人谋得、贩卖。中国人还把燕窝当作佳肴，该商品多产自苏门答腊和婆罗洲。[22]

在数百年的时间里，丝绸一直是中国最主要的出口商品。无论是南海沿岸的王公贵族，还是西洋的消费者都为之着迷，受欢迎程度远超本地的各类纺织品。在中国国内，沿海地区也为其他地区供应丝绸。东南亚统治者在向中国皇帝进贡效忠后，通常会获得丝绸等贵重物品作为回报，丝绸由此输出到东南亚地区。

马六甲，一座位于同名海峡的小城，归暹罗统治，定期向暹罗进贡。15世纪初期，它却发展成为一个传奇商埠。这不仅得益于马六甲海峡有利的地理位置，统治家族与当地精英皈依伊斯兰教也吸引了大批穆斯林商人和船主前来。

对于一般的中国戎克船来说，印度洋既是天然的也是认识上的屏障，只有极少数船只——暂且略过郑和船队不谈——会越过马六甲海峡，继续向西航行。马六甲因此成为中国商人与"西方"商人的货物集散地。它又刚好位于不同季风系统的交会处，商人不必等候下一场季风来临，就可以从孟加拉湾驶入南海。因此，阿拉伯、印度和中国的商人，都利用马六甲来缩短货物周转的时间。早在15世纪，这座传奇的商埠就已扬名欧洲。热那亚人吉罗拉莫·达·圣斯特凡诺与博洛尼亚人卢多维科·德瓦尔泰马都在旅行记录中提到了马六甲。葡萄牙人在到达卡利卡特后，也听闻了这里的便利。1511年，葡属印度总督阿丰索·德阿尔布开克终于占领了马六甲，为欧洲人打开了新局面。

13世纪晚期，中国开始扩大海上影响力。蒙古人在统治中国后接触到航海，忽必烈为扩大势力范围，曾两次发动对日本的侵略战争。明朝的统治者们认为，私人贸易会为海上入侵提供可乘之机，需加以禁止，并以朝贡体系取而代之。所以明朝自建朝（1368）以来，一直采取不同的策略。

皇帝派遣官方使团出使东南亚，从爪哇、占婆、暹罗和柬埔寨等地获得胡椒和苏木等贡品。胡椒主要产自印度的马拉巴尔海岸，中国对胡椒的进口量远超威尼斯、巴塞罗那等地中海港口。[23]珠江口的广州是贡品进口的中心，这里不但有朝廷派驻的官员，还有不少商人。

中国官方主导的航海与贸易活动在15世纪迎来高潮。为巩固朝贡体系、宣扬国威，永乐皇帝大力拓展海上事业，下令建造数百艘舰船。1405年至1433年，永乐皇帝和继任的宣德皇帝曾多次派遣船队向西进发，远赴马六甲与东非之间的印度洋西部海域，或是向东南，到达菲律宾与帝汶岛之间的水域。这些远航船队由宦官指挥，其中最著名的就是郑和。[24]

郑和于1371年生于云南昆阳，祖辈与父辈均曾赴麦加朝圣。元明易代之际，郑和之父供职于仍属元朝统治下的云南地方政府。由于反抗明朝占领，郑和之父被处死，他被处以宫刑，成为宦官。在洪武、永乐两朝，中国的水陆势力范围均得到了拓展。被委以海上扩张重任的正是郑和，他依旨沿着古已有之的航线出海，依次经过南海、孟加拉湾与阿拉伯海，在各地宣示中国的崇高地位。[25]

郑和前三次下西洋（1405—1407、1407—1409与1409—1411）途经南海、马六甲海峡，越过印度洋，抵达锡兰，最终到达马拉巴尔海岸。马可·波罗就曾记录过这条已知的航线。郑和第四次下西洋（1413—1415）时越过了阿拉伯海，远至霍尔木兹与东非海岸。这支两万七千人的舰队索取贡品，在印度洋上耀武扬威，既曾在巨港扫除海盗，也曾与锡兰交战。

让我们以郑和第五次下西洋（1417—1419）的经历为例，看看

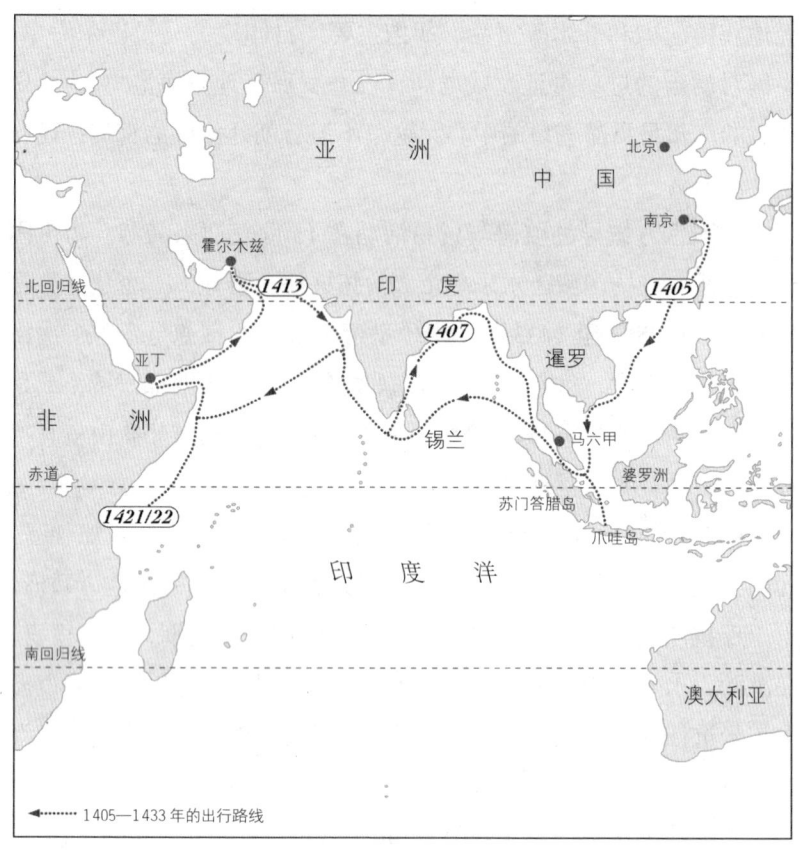

地图 7 郑和的航行

58　　　　　　　　　　　　　　　　　　　　海洋全球史

远航的细节。远航的首要目的是送外国使节回国。他们向皇帝进贡马、象、犀牛等奇珍异兽，皇帝接见后赐予他们丝绸长袍，向他们各自的君主赠送各类布帛。远航的目的地包括占婆、彭亨（位于马来半岛东海岸）、爪哇、巨港（位于苏门答腊岛）、马六甲、古里①和锡兰；此外，文献还提及剌撒、亚丁（位于阿拉伯半岛），以及摩加迪沙、布拉瓦与马林迪（位于东非海岸）等地。除了剌撒以外，其他地名皆沿用至今。根据记载，从古里到剌撒要航行二十个日夜，据此推算，剌撒应该离亚丁不远。那里的物产包括骆驼、乳香与龙涎香。船队在非洲与亚丁获赠长颈鹿，但其实亚丁的长颈鹿可能也来自非洲。这些携礼品前来的"使节"，实际上可能只是一些涉足各类买卖的商人。[26]

1421年，永乐皇帝暂停远航活动；1424年，宣德皇帝长期搁置远航计划。尽管如此，郑和还是在1421—1422年第六次短暂地下了西洋；第七次（1431—1433）也就是最后一次时，他可能率领了一支较小的队伍，最终抵达麦加。

对郑和下西洋的目标与成果众说纷纭，对其评价也褒贬不一。一方面，中国在南海、印度洋与阿拉伯海上大兴远洋贸易，让更多国家加入了朝贡体系，展示了其海事能力。部分历史学家认为，中国有充足的白银和资本来换取西洋货品，所以这种远洋航海和朝贡体系对于贸易双方来说，互惠互利，有利可图。另一方面，也有人认为，究其本质不过是为了进口奢侈品，浪费了宝贵的资源。当皇帝不计成本大兴土木、大动干戈时，大臣们的不满和批判自然是不必言说的。虽然郑和落实了向西洋拓展朝贡范围的圣旨，但对于中国商贸的长期发展来说，却是不合时宜的，尤其是在一个贸易模式

---

① 古里为卡利卡特（Calicut）的古称。——译者注

转变的年代。当时,世界各地的商人们都在以私人经营为主体、不受国家主导地从事贸易活动,所以从大环境来看,中国官方船队的影响力难以为继。

在没有外患的情况下,官方叫停了海上事业,[27]这一点至今仍令研究者困惑不已,分析解读也纷繁多样。这里试列举其中一二:其一,从南京迁都北京,在北方建设新都成了朝廷工作的重心;其二,为加强在蒙古边境上的军事力量,明朝舍弃了海上扩张;此外,文职官僚与日俱增的影响力也被认为与此相关。1436年,官方禁止建造大型海船,小船的建造量也锐减。1500年前后,明水师原十艘战船仅存一两艘了。[28]

直至葡萄牙人、荷兰人相继东来,才再次有人尝试接管东南亚的贸易。或许是郑和在中国民众心里播下了航海与贸易的种子,后来华商大举入驻马六甲,可以看作是郑和远航的回声了。[29]

第四章
地中海

> 在神的眼里,海是美丽的。它一直冲刷着岛屿,同时也在装点着它、守护着它。哪怕是相隔再遥远的大洲,也能通过海洋与彼此联结。它让水手与新知无阻通行。它主宰着远行商人的命运。它让生活稍稍好转,让富庶的人出口他们的富庶,让贫困的人缓解他们的贫困。[1]
>
> ——该撒利亚的巴西流

直到今天,地中海都被视作海洋研究中的典型案例,这要归功于费尔南·布罗代尔和他的著作《菲利普二世时代的地中海和地中海世界》。书中第一次将一片海域作为研究对象,展现了其自然条件在几百年内的变迁与它对人类的制约。布罗代尔和他的追随者在所有的海洋身上都看到了地中海的影子。有人称波罗的海为"北方的地中海",但没人会称地中海为"南方的波罗的海"。须知,海权思想正是发源于希罗多德和修昔底德这些古希腊作家。一提到地中海,人们通常会联想到古希腊、古罗马文明,或意大利的文艺复兴。直到最近,人们才意识到,忽略地中海东侧(如奥斯曼帝国）和北非地区的研究是有缺陷的。现在，跨海联系、商品交易及其参与者成为研究的中心课题，经济开发和地貌碎片化问题也同样重要。[2]

开头的引文讲述了地中海的历史，体现了变革时期它与世界的联系。巴西流（Basilius）是4世纪时地中海东岸该撒利亚城（Caesaria）的一名贵族。尽管他还带有古典时代晚期的"地中海一体"观念，但还是记录了那时地中海经历的巨大变化。罗马帝国的衰败和民族大迁徙使贸易的格局和线路发生改变。西罗马帝国瓦解时，像威尼斯这样的新贸易中心在边陲地带悄然兴起。东地中海则被拜占庭帝国收入囊中。随着穆斯林在北非和近东地区取得节节胜利，亚历山大与泰尔肩负起了新的使命，开罗（福斯塔特）也成为新的贸易枢纽，辐射范围东至大马士革和巴格达，南抵亚丁湾和印度洋，西达凯鲁万和科尔多瓦。

阿拉伯人在征服西西里和克里特岛之后，建立了许多新的据点。尽管拜占庭成功收复了塞浦路斯和克里特岛，但它的海上势力却再也没能扩展到东地中海和黑海以外的区域。

穆斯林的占领并没有使地中海的贸易陷入停滞，而是使它发生了结构性的改变。古典时期，北非为罗马提供粮食；但罗马与君士坦丁堡都失去了对地中海南岸的控制权后，南北航线大幅衰落。其间，拜占庭的贸易网络覆盖了从黑海、爱琴海到亚得里亚海的广大海域。威尼斯开始扮演起联络伊斯兰世界、基督教世界、拜占庭世界的中介。阿马尔菲也同样因此兴起。公元1000年起，北意大利、普罗旺斯和阿拉贡王国的商人阶层壮大，局势再次发生改变。在诺曼人征服西西里岛、收复失地运动和十字军东征等历史事件的影响下，西地中海的城市和国家开始介入航海，向东挺进。导航技术的革新（罗盘、波特兰海图）和造船技术的改进（帆、桨、大型船只）给海员提供了新的便利。新式桨帆船既能扬帆又能划桨，延长了航程，提高了载量，改良后甚至能驶进大西洋去往比斯开湾，经受风暴和洋流的考验。[3]

1. 海上共和国的兴起

变革的主角是在未来的几个世纪里都深深地影响了地中海的海上共和国。早在 11 世纪早期，热那亚和比萨就开始对西西里和撒丁岛施加影响。这些共和政权实行的是寡头政治，一些从事贸易的名门望族左右着城市的命运，如热那亚的多利亚家族和斯皮诺拉家族，还有比萨的维斯孔蒂家族。十字军东征也为海上共和国带来了盈利的机会，人们利用运兵船和战船与黎凡特地区进行贸易。在 1097 年的第一次十字军东征期间，就有一支热那亚船队支援了安条克围攻战。战后，热那亚人从新的拉丁统治者那里，获得了在安条克、泰尔、阿卡等地区的贸易特许权，阿卡成为他们的主要据点。比萨人也因提供了支援得以扎根阿卡，从东方贸易中分得了一杯羹。

最成功的莫过于威尼斯人。他们从一片潟湖上白手起家，最早以捕鱼和制盐为生，一步步打造出了一座商业中心。在十字军东征时期，威尼斯人斥巨资将战士和朝圣者送到圣地去，单是在第四次东征前夕就为此耗资近四万马克银币。1204 年，拜占庭被十字军占领并洗劫一空，皇宫和教堂里镶有珠宝的圣餐杯、镀金上釉的典籍、圣人遗骨等珍宝都被藏入圣马可大教堂的珍宝陈列馆。[4] 通过与其他十字军一起占领君士坦丁堡、瓜分拜占庭帝国，威尼斯人打入了黑海贸易，但同时也必须面对来自东边的威胁和小亚细亚半岛、巴尔干半岛上的阻力。热那亚一度试图与威尼斯在东地中海争雄，后来还是把经营重点放在了西地中海上。

12世纪，纳瓦拉、阿拉贡和卡斯蒂利亚-莱昂这几个基督教王国在收复失地运动中从西地中海上崛起。阿拉贡王室有意通过外来手工业者和商人来填补穆斯林留下的空缺，巴塞罗那便借此机会大大提高了自身在地中海的地位。比萨人、热那亚人，还有14世纪的威尼斯人、伦巴第人和佛罗伦萨人，都跨海来到这里建立公司。马略卡岛、梅诺卡岛、伊维萨岛这几座阿拉贡王国从穆斯林手中抢来的岛屿，以及瓦伦西亚和比利牛斯山北边的城市（如蒙彼利埃），都为巴塞罗那的商业发展提供了重要的基础。加泰罗尼亚的商人就此参与到了地中海的贸易当中，13世纪时还将贸易范围扩展到了突尼斯和亚历山大。奴隶贸易，尤其是将北非女奴引入欧洲市场，在当时的贸易格局中举足轻重。马略卡人定期和英格兰以及弗兰德斯做交易，把羊毛和布料运到佛罗伦萨、巴塞罗那等城市的加工作坊中去。明矾是一种纺织品加工中必备的辅料，盛产于小亚细亚的福西亚地区。加泰罗尼亚人和意大利人跨越地中海、大西洋和北海，把明矾输送给弗兰德斯布料的制造中心布鲁日、根特和伊珀尔。[5]

贸易扩张的重要前提是12、13世纪商业模式和贸易组织的革新，史称商业革命。13世纪的意大利商人让经营模式更加合理化，效率也因此大幅提高。他们不再在香槟的市场上购买弗兰德斯布料，而是直接在布鲁日等产地驻扎下来。南欧奢侈品贸易的增长使分工变得必要且有利可图，促成了贸易模式的变革。商人不再需要千里迢迢亲自送货上门，坐镇热那亚、佛罗伦萨或比萨，就能管理好公司的贸易活动。他们在商品的产地和销售地分设代理，负责采买与销售，而运输这一环节就交给水手和马夫。14世纪，佛罗伦萨的巴尔迪家族开设的分公司组成了一张巨大的网络，东至塞浦路斯，西到弗兰德斯和英格兰。伴随着贸易扩张的势头，一系列制度创新也随之而来，如无现金交易和保险，以及贸易合伙形式与簿记形式方面的创新。[6]

历史上第一笔有据可查的海运保单可追溯到 14 世纪。一个叫弗朗切斯科·德尔贝内的商人为运向佛罗伦萨的布匹投保。将布匹运向萨莱诺的比萨商人也会通过投保来控制风险。如果随行的人中有怀孕的女奴，登船之前还需要为她们额外上保。这里可以看到 15 世纪一种新型商业模式的雏形。[7]

通过金银的流通，人们可以看到地中海地区的贸易整合过程。同样地，金银的流通还将欧洲其他地区和地中海联系了起来。白银产自中欧山区，是贸易把它们带到了西边和南边。热那亚人和比萨人用白银来支付他们在西西里岛和南意大利的贸易，日益壮大的黎凡特贸易也提高了对白银的需求量。12、13 世纪，热那亚人和威尼斯人在黎凡特地区购买叙利亚的棉麻织物、精糖和玻璃，以及印度的香料，这些货物在运输时总要经过黎凡特。13 世纪末到 14 世纪，意大利人对叙利亚的原材料越来越感兴趣。他们大批量进口原棉，运到伦巴第加工，粗糖则在威尼斯提纯。威尼斯人还在穆拉诺岛上发展起了玻璃产业，他们的产品广泛行销于近东与阿尔卑斯山以北的地区。

自 13 世纪中期起，黑海北部发展出了一条新的商路，经君士坦丁堡、克里米亚半岛的卡法和亚速海边的亚速城流向西亚地区的银锭越来越多，其中还有一部分继而向东，流入印度和中国。

基督教欧洲大量开采银矿、铸银币、出口白银。在中欧白银流入之前，黄金一直是伊斯兰世界的通货。黄金开采于当时的西苏丹地区，即塞内加尔河和尼日尔河的上游地带，然后沿着北线或东线穿越撒哈拉，流入摩尔西班牙、突尼斯、马赫迪耶还有埃及。这些

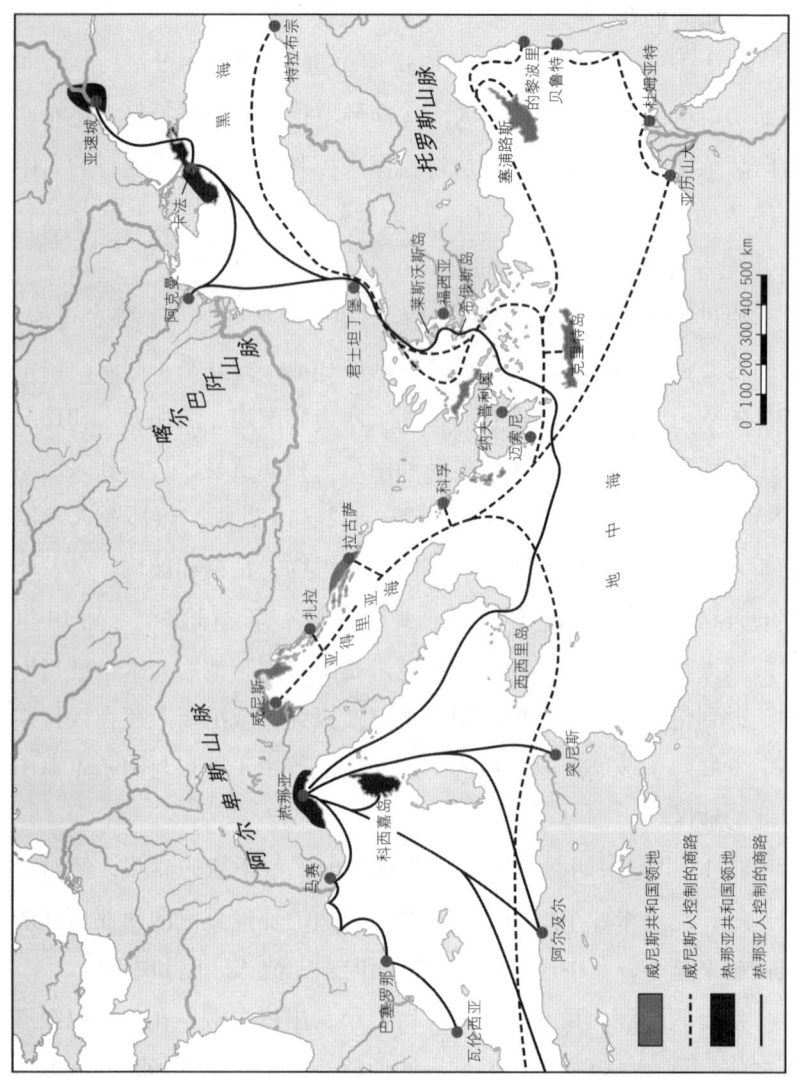

地图 8 威尼斯与热那亚在地中海的商路与航路

66　海洋全球史

金子吸引着西西里岛人、比萨人和热那亚人积极参与到与非洲的贸易当中。

热那亚需要金币。在与南意大利、西西里和西班牙的交易中，金币不可或缺，与马格里布和黎凡特的贸易更是大量吸金，于是这个海上共和国在1252年首次发行了一套金币热那维诺（Genevino）。佛罗伦萨在与西西里的粮食买卖中同样需要金币，同年也发行了在欧洲钱币史上如雷贯耳的金币弗罗林，又称古尔登。[8]

2. 黎凡特的新兴贸易强权

14世纪后半叶起，东地中海区域因马木留克王朝和奥斯曼帝国的扩张，发生了结构性的改变，西地中海的格局也随之动荡。1291年，马木留克王朝占领阿卡城，加上教皇又禁止和萨拉森人贸易，原本主宰西地中海和黑海贸易的热那亚不得不转而开发非洲的航路。尽管13世纪维瓦尔第兄弟的探险不过只是到达北非地区，但这个大洲对于热那亚人来说并不陌生。14世纪时，热那亚人、加泰罗尼亚人和马略卡人探索起了大西洋，可能在1350年之前，他们就已经发现了加那利群岛、马德拉群岛，甚至亚速尔群岛。[9]所以，在1375年的《加泰罗尼亚地图集》上，黑海、地中海和大西洋的距离和海岸线就已经非常准确了，人们可以根据这些地图来进行导航。[10]

起初奥斯曼帝国对海洋并没有野心。从安纳托利亚半岛西北部的一个小酋长国开始，奥斯曼人步步为营，占领了布尔萨等拜占庭在安纳托利亚半岛上最后的领土。14世纪50年代，奥斯曼人挺进巴尔干半岛，首都也从布尔萨迁至哈德良堡（埃迪尔内旧称）。在奥斯曼人相继占领索菲亚、尼什和塞萨洛尼基等城市之后，著名的科索沃战役爆发，他们在这场战役中的胜利也为塞尔维亚王国画上了句号。此后，巴尔干半岛上还能维持独立的，只有贸易中心拉古萨与匈牙利的属国克罗地亚。得益于威尼斯的保护，达尔马提亚沿海城市与东地中海上的一些岛屿也未受波及。奥斯曼人最终于1453年攻破了拜占庭。之后，他们继续向黑海进军，热那亚人的常驻港口阿克曼随即沦陷，黑海成为伊斯兰商人的地盘。不久后，在西地中海遭到驱逐的塞法迪犹太人也来此扎根。[11]

虽然奥斯曼帝国的扩张使热那亚人蒙受损失，但他们顺应变化，最终化险为夷。他们把制糖产业先后转移到了西地中海和大西洋区域；损失了福卡的明矾产地，却又在意大利托尔法发现了明矾矿。在此期间，欧洲商人和黎凡特的贸易往来不曾中断。除威尼斯以外，新兴的阿拉贡对此也十分积极。占领那不勒斯不仅保证了阿拉贡人对南意大利商贸的控制，也提高了海事及贸易法庭所在地瓦伦西亚的地位。在伊比利亚半岛上，与剩余穆斯林地区（格拉纳达）的贸易往来变得更为重要。热那亚、佛罗伦萨和加泰罗尼亚的商人都到这里来和穆斯林及犹太人做生意，换取丝绸、干货和陶器。[12]

1492年格拉纳达易主后，这样的贸易往来也难以为继，穆斯林和犹太人或被迫皈依基督教，或被驱逐逃亡。犹太人先是流亡到南意大利和葡萄牙，被再次驱逐后，终于在北非和东地中海地区找到容身之处。在奥斯曼帝国，塞法迪犹太人作为商人和手工业者大大丰富了当地的经济产业。

在奥斯曼帝国占领叙利亚（1516）和埃及（1517）之后，地中海四分之三的海岸都在伊斯坦布尔的控制之下，地中海几乎成了一片属于奥斯曼帝国的内海。[13]

奥斯曼帝国振兴了疆域内的经济与贸易。布尔萨成为贸易中心，骆驼商队把东方的香料、染料等商品，连同朝圣者一起，从麦加载到这里来。尽管16世纪时，葡萄牙人就已经将海上贸易（特别是以黄金支付的买卖和非洲的奴隶贸易）的重心转向了大西洋，但奥斯曼帝国的高歌猛进还是用东方商品重新敲开了西地中海市场的大门，比如安纳托利亚的棉花就从伊兹密尔运向西方。此外，奥斯曼帝国也通过其附庸国摩尔多瓦和瓦拉几亚与俄罗斯和波兰立陶宛交易，以满足当地市场日渐增长的对东方商品的需求。15世纪末期，一位布尔萨商人的生意就是出售阿拉伯的肥皂和姜，买进瓦拉几亚制的刀，他死的时候，家产有逾11000把刀。[14]

奥斯曼帝国的商人在其他港口城市的生意也做得十分红火。从占领伊斯坦布尔，到把它建设成首都，商业重心也从被意大利人垄断的国际商路转移到了首都的供给上。直到18世纪，奥斯曼帝国内部贸易的规模都要远远大于外贸。从贸易的角度来说，奥斯曼帝国再造了拜占庭帝国。事实上，当地的基督教商人，尤其是希腊人和亚美尼亚人，从意大利人的撤退中获利多于他们的穆斯林同行。[15]

多方面因素共同造就了伊斯坦布尔发达的经济和文化。多德卡尼斯群岛的居民接管了亚历山大和伊斯坦布尔之间的海运。奥斯曼的商人在17—18世纪时也进驻了埃及的海滨城市。塞萨洛尼基成为一个主营埃及商品的重要港口，大部分咖啡都从这里买进。安科纳则成了一个和意大利人交易纺织产品的地方。1532年，安科纳并入教皇国，但贸易并不随之停歇。黑海一带依旧是奥斯曼商人的地盘，这里希腊商人尤其多，他们主要从事与俄罗斯的皮货生意。17世纪末，哈布斯堡王朝抵挡住了土耳其人的进攻，巴尔干半岛的贸易随之繁荣起来，希腊商人把粮食、皮货、肉类、油、蜡、棉、烟草和木材销往这里。此外，法国、荷兰和英国的商人也在奥斯曼帝国获得了贸易特许，在伊兹密尔、塞萨洛尼基和达达尼尔海峡沿岸都设立了领事馆。

通过贸易，荷兰等西欧的海上强权将地中海和世界其他地区联系起来。费尔南·布罗代尔将荷兰在地中海的活动戏称为"北方人的入侵"。16世纪末，西欧和南欧作物歉收。垄断了波罗的海粮食出口生意的荷兰人趁机扩大业务范围，加大对南欧的投资。他们进驻威尼斯，将地中海和北海、波罗的海联系到了一起。[16]随着南边这头的生意越做越大，荷兰销往波罗的海一带的商品也逐渐丰富起来。运到这里的不再仅仅是盐、鲱鱼和葡萄酒，还有香料、糖、热带水果和布料等贵重物品。

同一时期，荷兰人也开始和黎凡特开展贸易。1595年，第一艘荷兰船来到了叙利亚港口。它满载价值10万杜卡特的白银去阿勒颇收购香料和丝绸。对于这位竞争对手的突然闯入，黎凡特的威尼斯人、法国人和英国人都大为光火。一开始，荷兰人还威胁不到威尼斯作为老牌居间贸易商的地位。渐渐地，荷兰人接管了海运行业：他们把西班牙的盐和羊毛运向意大利，把东印度群岛的胡椒和香料运至地中海地区。在荷兰人走好望角航线之前，胡椒和香料都只能在黎凡特地区买到。此外，他们还进口棉花和波斯的生丝。在1648年的《威斯特伐利亚和约》之后，西班牙羊毛、土耳其骆驼毛、山羊毛的贸易都落到荷兰人手中，为生产莱顿面呢和羽纱提供了原料保障。这些产品继而又运回地中海区域销售，在奥斯曼帝国也很有市场。直到17世纪末法国商品占领奥斯曼帝国的市场，荷兰人才失去了在地中海区域的经济统治地位。[17]

地中海的客运交通主要依赖于西欧的船只。根据舒夫（今黎巴嫩）埃米尔法赫尔丁二世的游记，他曾乘坐一艘弗兰德斯的船只前往意大利，路上却遇到了两艘马耳他海盗的盖伦船。[18]

18世纪俄罗斯也跻身海上强国之列。当所有的西欧海上强国都谋求和奥斯曼帝国开展贸易合作时,沙皇俄国则提出了更进一步的要求:开放黑海贸易,允许达达尼尔海峡自由通行。为此,叶卡捷琳娜大帝在1770年前后派出俄罗斯波罗的海舰队,经直布罗陀海峡进入地中海,封锁达达尼尔海峡,从西面进逼君士坦丁堡。奥斯曼帝国对达达尼尔海峡和黑海的垄断随之土崩瓦解。根据《库楚克开纳吉和约》(1774),俄国和奥斯曼帝国的商船都可自由通航。随后,其他的欧洲国家也依次为本国商船争取到了自由通行权:奥地利(1784)、英格兰(1799)、法国(1802)和普鲁士(1806)。

对于欧洲的强权国家来说,东地中海和黑海区域的物流依旧至关重要。贸易数据显示,直到18世纪末期,大不列颠和荷兰的首要进口区域才从地中海转为亚洲。[19]尽管法国一直将地中海——尤其是西地中海,看作自家的贸易和航海地盘,但希腊商人和奥斯曼帝国的船长仍一如既往地在这里发挥重要作用。七年战争期间,他们作为私掠者周旋于各国之间,大不列颠是他们主要的雇主。俄罗斯和奥斯曼帝国之间的冲突也为他们提供了可乘之机。18世纪70年代,地中海上活跃着约400只希腊船只。与此同时,在阿姆斯特丹、利沃诺、威尼斯、维也纳和的里雅斯特等地,也有希腊和亚美尼亚商人的身影,他们垄断了奥斯曼帝国和西欧之间的贸易和金融往来。[20]

3. 桨帆船:安全而昂贵的运输工具

威尼斯的"阿森纳"是中世纪欧洲最大的造船厂,该词来源于阿拉伯语的工厂、作坊,后来被许多欧洲近代早期的武器和弹药库用来命名。阿森纳因其可媲美现代流水线作业的精密分工区别于普通作坊,能高效地将各种标准化的预制部件组装到一起。这种制造方式直到17世纪荷兰人造福禄特船时才再次出现，难怪它会让15世纪多次到访过威尼斯的卡斯蒂利亚人佩德罗·塔福尔赞不绝口：

> 威尼斯有个阿森纳，堪称天下无双，无论是火炮还是其他航海需要的东西（它都能造出）。它就建在海边，装配完防御器械，船就能直接出海。他们告诉我，不算其他船类，这里光桨帆船就有八十艘，包括战船、商船、水里的、岸边的。有一天，我参加完弥撒，到圣马可广场来，看见广场上已经有约二十个人。有的扛着板凳，有的带着桌椅，还有一些人背着大袋金子。然后，有人吹号、敲钟——他们管它叫集会钟。不到一个小时，广场上就挤满了男人，他们领了工钱就进阿森纳干活。走进大门，只见中央一条水道与海连通，两边各有一条长路。见到桨帆船被一艘小船牵引出来，路边房子的窗户就一扇一扇地都打开了。这扇窗户递了索具，那扇递了面包，这扇递出武器，那扇又递出炮弹和臼炮。船上必需的东西，就这么一点一点备齐了。当桨帆船到达通道尽头的时候，工人们就一起上船，从前到后给船装桨。就这样，上午九点到下午三点之间，阿森纳能出厂十艘全副武装的桨帆船。我不知道该如何描述我看到的一切，无论是造船技术还是组织调度，很难相信世界上还有比这更好的了。[21]

这一时期，威尼斯的商用桨帆船迎来了最后的辉煌。据威尼斯总督托马索·莫琴尼格估算，1423年威尼斯有45艘桨帆船，配备11000名船员；300艘圆船[22]和3000艘小型船只，又配有25000名船员。照这个数据，威尼斯潟湖区的15万人口中，有四分之一为海员。15世纪，投入使用的桨帆船数量还持续攀升，最多达到

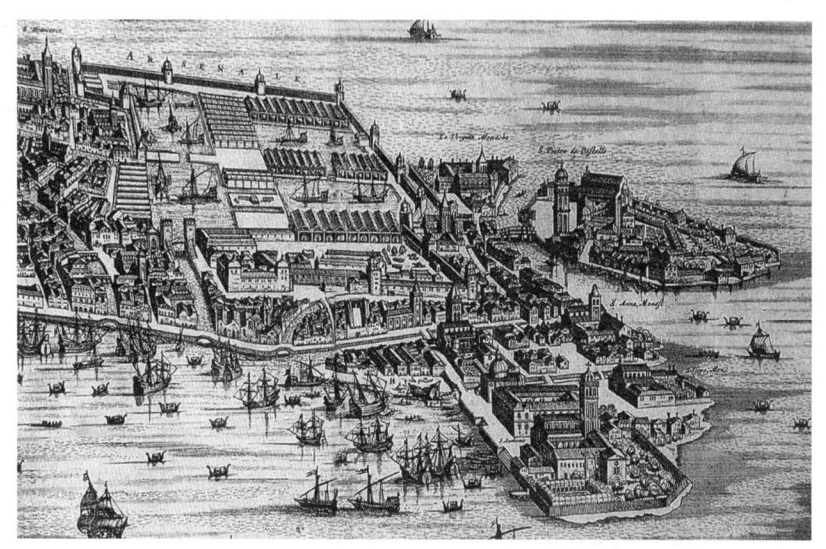

图4　一幅1724年的地图上的威尼斯造船厂

了180艘。最大的货船能载重250—300吨，它们的活动由威尼斯元老院亲自管辖。武装的桨帆船是一种安全的运输方式，然而也相对昂贵，只有运送较贵重的货物才有利可图。去埃及港口亚历山大进口东方香料，对桨帆船来说最是一本万利。往东方的去程照例满载银锭、金币、银币，每艘船上的财物价值可达10万[23]杜卡特，一趟下来的交易额之大可见一斑。香料运输是特许给桨帆船的业务，只有当桨帆船不够用时，圆船才能作为替补派上用场。为了缩短往返周期、保证船只能在圣诞集市开市前重回威尼斯，元老院规定桨帆船在到达亚历山大后不得逗留超过20天，且载货时间不准迟于11月20日。政府拍卖指定航线的大船使用权，经元老院批准后，竞价高者会获得桨帆船的租船契约，成为经理，对投资人负责，[24]同时要负责装载货物、保障安全作业以及发放船员的工资。运费费率由元老院规定。既然东方航线如此有利可图，让承包商集团也为之明争暗斗，那么元老院就不得不提出足够有吸引力的条件，才能鼓励人们投身西方航线（如弗兰德斯航线）。透明、固定的运费规避了经理欺骗金主的行为。管理船上大小事务的是船长，他既要负责发号施令，也要仔细管理装载的货物。[25]

　　虽然威尼斯的航运在地中海和西欧声名远扬，但海难的风险依旧不可小觑。地中海和大西洋的气候与洋流条件各不相同，即便是专门设计的船只也极易遭遇海难。威尼斯人彼得罗·奎里尼曾详细记载过他经历的海难。1431年4月25日，他搭乘名下的克拉克帆船"奎里娜号"从克里特岛的港口出发，要将葡萄酒和柏木运到布鲁日去。在6月2日到达加的斯之前，这艘船就已经搁浅过一次了，维修耗费了较长的时间。为了避免和热那亚人发生武装冲突，他们离开了停靠的海岸，1431年8月底到达里斯本，10月底到达穆罗斯。11月，帆船的桨耳（即划桨的桨架）坏了，帆船在风暴中无法掌握航向，大幅偏离了航线。北大西洋的恶劣天气肆意折磨着这艘帆船，无论船员们怎么祷告都无济于事。在主船倾覆沉没之前，全体船员分为两组，疏散到划桨的救生艇上去。其中，搭载了21人的小船不见踪影。奎里尼只好带领剩下的47人，努力保证大船不偏离航线。到了年底，人们基本已经放弃希望了，这艘船却在1432年1月靠近海岸，停靠在了挪威北部被白雪覆盖的岛礁上。在接下来的几周里，剩下的16个人只能靠船上的压缩饼干和海里的贝类充饥。接连有人死亡之后，一座渔屋给剩下的人带来了一线生机——他们终于可以生火了。腾腾升起的炊烟让勒斯特岛的渔民发现了他们。渔民们接济了一些险些饿死的船员。直到1433年5月，他们才在当地居民的帮助下恢复过来，踏上返程（他们曾惊讶于这里的居民也是基督教徒）。他们乘船到达特隆赫姆，再上岸步行，经过瓦斯泰纳，到达瑞典波罗的海沿岸，有人从那里经罗斯托克，有人经勒德瑟、伦敦，再骑马跨越大陆回威尼斯去。这些威尼斯人在挪威接触到了鳕鱼干，来年他们便做起了将鳕鱼干进口到意大利的生意。[26]

1500年前后，在多重因素的作用下桨帆船的光辉岁月走到了尽头。圆船的改进，特别是克拉克帆船和盖伦船在索具上的革新，为它们赢得了价格优势。此外，开往巴尔干半岛、君士坦丁堡以及黑海地区的桨帆船航线，都因奥斯曼帝国对东地中海的垄断而停运。

奥斯曼帝国对君士坦丁堡和巴尔干半岛的统治还阻断了斯拉夫和鞑靼奴隶的供给，[27]威尼斯对非洲奴隶的需求相应增多，前往北非的航线随即发展了起来。威尼斯人能够供给的香料越来越少，弗兰德斯航线逐渐没落。自从葡萄牙人在里斯本和安特卫普出售马拉巴尔海岸的胡椒以来，威尼斯商人与亚历山大的贸易垄断便不复存在。为确保香料供应，1514年元老院批准克拉克帆船也能运载香料。1524年，克拉克帆船"科内拉号"劫走了一艘桨帆船的香料，桨帆船借此重获专属特权。就在威尼斯内部为贸易特许权之争进退失据之时，别国商船却正在源源不断地奔赴亚历山大进口香料。1564年，桨帆船最终失去贸易特权，克拉克船也能将香料运回威尼斯。同时，贸易流向也发生了变化，当时整个东地中海都在供养新的区域中心伊斯坦布尔，威尼斯自然也就无人问津了。[28]

4. 贸易点与贸易网络

发现于开罗犹太藏书阁的书信，是我们了解公元1000年前后地中海、阿拉伯海与印度洋其他地区航海与贸易的重要渠道。它们记录了亚历山大商人在地中海区域的活动，使我们可以一窥他们的

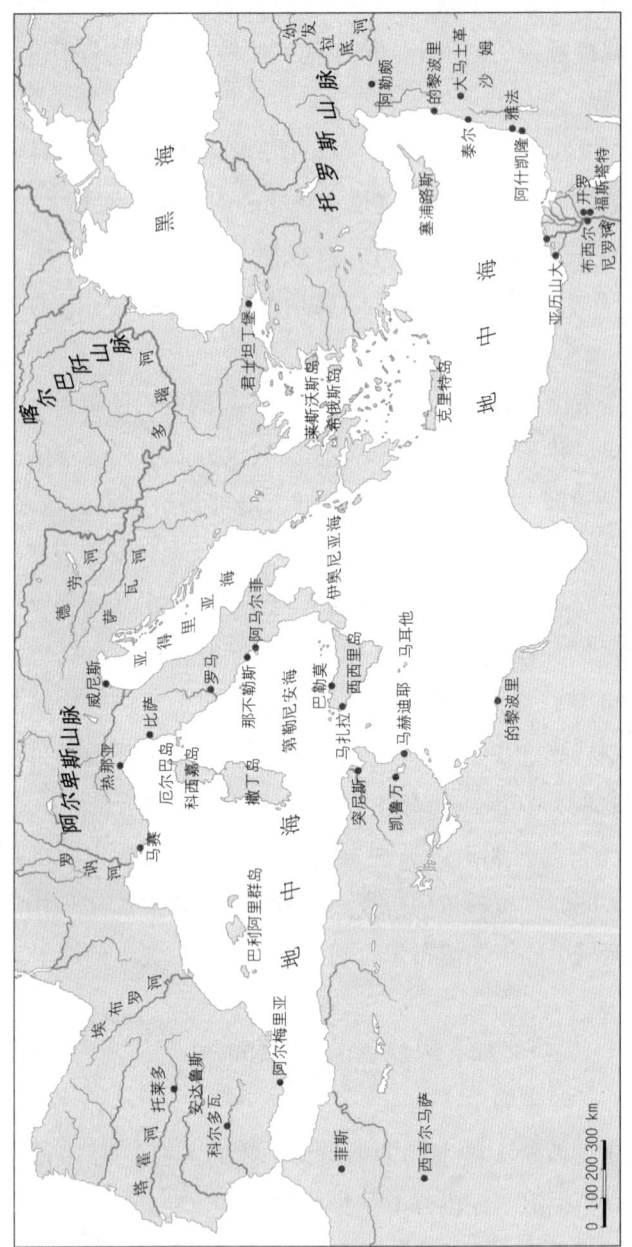

地图 9 藏书阁信件中记载的贸易地点

生平。

杰西卡·戈德堡的研究让我们认识了一位叫阿布·伊姆兰·穆萨的商人，他的朋友管他叫穆萨。他出生于突尼斯的凯鲁万。1045年，年轻的他定居亚历山大，入赘埃及犹太家庭后，成为当地埃及犹太商会及犹太社群的重要成员，逾60封书信都提到过他。1107年时，还有穆萨执笔的信件，那时他应该已经很老了。他的贸易公司应该是在1040年到1070年建立起来的。我们可以根据信件，复原他的部分旅程。他曾到处出差，了解各地的人与市场，积累了大量的人脉资源。他不仅去过埃及各港口和产地，还去过突尼斯、阿拉伯人统治下的西西里岛以及沙姆（今巴勒斯坦）等地。

作为商人，去哪些地方出差，自然是与特定的买卖紧密相连。在事业初期，穆萨曾在马赫迪耶和福斯塔特之间两头跑，为别的商人提供汇兑服务，也曾在西西里岛的马扎拉出售胡椒与一种药用树胶。穆萨定期往返于多地之间。一般来说，他会在年初离开亚历山大，经突尼斯去往西西里岛，根据天气决定何时返程，最后在埃及过冬。如果时间紧迫，他就会在西西里岛把货卖了，或者把货留给他的商业伙伴处理[29]。在巴勒斯坦，他通常会买进一些纺织成品，主要是阿什凯隆或泰尔的衣物，还有内陆的地毯和坐垫。如果他从西方买入的商品在福斯塔特和亚历山大没有卖完，他也会在巴勒斯坦继续出售。在埃及，他主要会去福斯塔特、拉希德、布西尔等地出差，买入亚麻。亚麻也是他的主打商品之一，他会定期将其贩售到西地中海区域。实际上，当时的商人们把航段划分得比这里所描述的细致得多。福斯塔特到凯鲁万，福斯塔特到巴勒莫，凯鲁万到安达卢斯，凯鲁万到巴勒莫，这些他们常走的航线都可分为若干的小航段。在东地中海，商人们常走福斯塔特—大马士革路线，其间常在中间站泰尔与的黎波里停留[30]。

过去，历史学家们总想从藏书阁的书信中找到著名商人留下的蛛丝马迹，还原胡椒、珍珠、黄金、香料等奢侈商品在地中海的伊斯兰世界流通的原貌。然而，从穆萨等商人的事迹中可以看出，11世纪时，相当一部分资本都流向了农产品，特别是亚麻作物。农业对商业运转和航海贸易的影响可见一斑。[31] 12世纪时，局面发生改变。红海航线开始为中等消费阶层带来大量物美价廉的胡椒、姜和肉桂等香料。根据藏书阁书信的记录，商人们的贸易重心也转向了红海和印度洋。[32]

弗朗切斯科·迪马尔科·达提尼是意大利的一位著名商人，前人对他生平事迹的研究已非常透彻。他生于普拉托，曾在佛罗伦萨和阿维尼翁学过经商。1373年时，他在阿维尼翁拥有了自己的公司，先后将地中海到弗兰德斯、德意志、北非和黎凡特等地区纳入业务范围。回到意大利后，他又在比萨、佛罗伦萨开了新公司，还在热那亚等地入股了一些贸易公司。14世纪90年代时，热那亚公司在巴塞罗那、瓦伦西亚和马略卡等地建立起分公司，达提尼的贸易触角又随之伸向加泰罗尼亚。

达提尼生于布料产地普拉托，因此格外留意与纺织业相关的买卖，比如购进羊毛、卖出成品布料。除了部分羊毛进口自英格兰以外，他的大部分羊毛都来自巴利阿里群岛，因为当时的意大利布料生产十分依赖西班牙的羊毛运输。[33] 另外，达提尼也承接一些托斯卡纳银行式的汇兑与借贷业务。

达提尼在加泰罗尼亚的分公司收益极好。1396—1408年，公司盈利30276盾，年收益率高达投资额的24%。公司把生意做得很活络，在地中海和西欧各处做转手贸易，广开财源。其中威尼斯是他们最重要的进口港，因为这里北通德意志，东靠黎凡特。他们向巴塞罗那出售银、铜、纸、棉花、大黄和香料，往布鲁日运丝绸、棉花、明矾和染料，再买进弗兰德斯面料、袜子、麻布、茜草和锡，运回西班牙销售。他们将丝绸、棉花、绛蚧虫和鸵鸟毛运到蒙彼利埃，再从那里将货物推销到别的地方。

"很高兴你给我们寄来了鸵鸟毛，虽然不多，但着实美丽。"瓦伦西亚分公司的主管卢卡·德尔塞拉在1397年给马略卡同事克里斯托法诺·卡洛奇的信中如是写道。柏柏尔海岸的鸵鸟毛在欧洲市场是一种奢侈品。它柔软、脆弱，须小心保管。人们喜欢用鸵鸟毛来装饰帽子和头盔，军队对此有很大需求。鸵鸟毛从北非的阿尔库迪亚和赫奈因出发，经海运到瓦伦西亚和马略卡，再被运往西北欧及意大利。仅在1396—1398年，达提尼的马略卡分公司就以每根8第纳尔的单价出售了36200根鸵鸟毛。皮革同样属于北非特产。在绵羊革、山羊革、小牛革和公牛革中，最受欢迎的是山羊革。绛蚧虫更是一种珍贵的物产，雌虫风干可制成染料，调出从猩红色到紫罗兰之间的各种颜色，给丝绸等织物上色。这种虫寄生在橡木上，在北非、西班牙南部和普罗旺斯都有分布。达提尼的瓦伦西亚分公司和马略卡分公司分别从诺尔恰附近地区和柏柏尔海岸采买绛蚧。对于绛蚧市场的行情变化，达提尼的反应总是很快。1397年，有流言称布鲁日的绛蚧价格要大涨。达提尼担心东地中海的货源会被海上封锁切断，于是令公司一切以染料为重，其他货物的运输暂时为绛蚧让路，避免出现供不应求的情况。

弗朗切斯科·达提尼在1410年去世时没有子嗣，他在遗嘱中宣布要建立"切波"养老院。从达提尼漫长的商业生涯、留下的丰富通信记录中，我们可以看出他旗下公司的商业活动同整个欧洲市场间的紧密联系。[34]养老院的监理由普拉托城四位身居高位的人负责，他们和身着猩红色长袍的投资者达提尼一起，作为"义人"被画家菲利普·利皮画进了圣母像中。[35]

像达提尼这样买卖遍及整个地中海地区的托斯卡纳商人还有许多。法国布尔日的大商人雅克·科尔也是一位商场豪杰。他出身于一个小商贩家庭，日后成了法国中世纪晚期最重要的商人和银行家。[36] 1438年起，他担任查理七世的供货商及财务大臣，负责宫廷的财政及后勤事务。科尔的商船从艾格莫尔特或是马赛启航，途经大西洋发往波尔多、拉罗谢尔和布鲁日，或是向东发往罗得岛和亚历山大，带回的东方商品再经陆路运向法国全境。他与阿拉贡王室、教皇还有佛罗伦萨的银行家都走得很近，这大大减少了他在贸易中遇到的阻力。然而，资金的筹集问题却常常困扰着他，他旗下每艘开往东方采购的货船都得装载价值3000—4000马克的白银。为满足国家铸币厂与自己私人生意的需求，他在里昂内地区开设工厂，试图从含银铅矿中提银。此外，他还收集银币、首饰和银器来铸银条。当有人诟病他让法国的贵金属外流时，他的辩护词与两百年后的托马斯·孟不谋而合：他会向世人证明，他输出的每一马克白银，都会换成黄金回到祖国。[37]

尽管在西班牙遭受迫害，犹太商人依旧在早期近代的地中海地区发挥着举足轻重的作用。弗兰切斯卡·特里维拉托的研究向我们呈现了埃尔加斯和西尔韦拉两大犹太家族的地位。1594年，族长亚伯拉罕·埃尔加斯迁居利沃诺，并在那里振兴家业。同时，一些族人留在伊比利亚半岛上，皈依了基督教，另一些人则在阿姆斯特丹和汉堡安顿下来。18世纪时，以斯帖·埃尔加斯嫁给了大卫·西尔韦拉，一个贸易范围远达阿勒颇与印度洋沿岸的家族企业就此诞生。

两个家族的主营商品均为珊瑚和钻石。红珊瑚是地中海之宝，在北非海岸、利古里亚、科西嘉岛、撒丁岛、西西里岛、卡拉布里亚以及托斯卡纳的珊瑚礁上都能采得。每年秋天，数以百计的珊瑚采集者带着他们的"猎物"（珊瑚枝）来到利沃诺，珊瑚被送进作坊切块、打磨、抛光，加工成珊瑚珠项链。像埃尔加斯与西尔韦拉这样的公司会把珊瑚用纸包装好，运到威尼斯和阿勒颇的传统珠宝市场上销售，或是转手到更遥远的东方。大部分地中海珊瑚最终都流入了印度和喜马拉雅山脉地带，那里的人们会把珊瑚加工成传统饰品。

与香料买卖不同，葡萄牙王室在钻石和宝石的贸易上没能一手遮天。塞法迪犹太人（包括皈依了基督教的前犹太人）也有机会直接参与其中。得益于跨国网络，他们往往消息灵通，还能建立起跨区域的信贷体系。和亚美尼亚人一样，家族内部的保密性也为生意提供了便利。[38] 埃尔加斯-西尔韦拉家族和里斯本的亲戚一起做钻石生意，这些亲戚又与果阿联系密切，所以又能和印度商人搭上线。这张贸易网的组成伙伴中，有二十名在利沃诺，十名在里斯本，此外还有四五个果阿家族成员，他们之间的关系也甚为紧密。利沃诺的塞法迪犹太人还与在伦敦的教友密切合作。继安特卫普之后，阿姆斯特丹和伦敦也发展为最主要的钻石交易市场。因此，他们运往伦敦的钻石越来越多。在巴西发现了钻石矿之后，里斯本成了一个备受青睐的货源地。同时，钻石贸易的流向也在悄然改变。可能是因为英国东方航线日益成熟可靠，所以利沃诺的塞法迪犹太人逐渐放弃传统的里斯本—果阿航线，转向马德拉斯—伦敦航线。[39]

在钻石贸易中，亚美尼亚商人与犹太商人棋逢对手。他们盘踞在波斯的新朱利法（伊斯法罕郊区），一面将利爪伸向印度洋海岸，一面深探地中海、大西洋及北海地区。焦勒法商人楚瓦扎·米纳斯和大不里士代理阿迦·迪马图斯之间的一份合同，足以证明他们的商业规模。1673年，迪马图斯受米纳斯委托，将钻石运往伊兹密尔、君士坦丁堡和更靠西的市场。离开威尼斯后，他于17世纪

80年代在利沃诺安顿下来，且在当地的亚美尼亚人教区中享有很高的声誉，常在对外交涉中担任代表。

萨非王朝衰落后，新朱利法的好日子也到了头。1722年，阿富汗占领伊斯法罕，1747年，伊斯法罕在纳迪尔沙阿统治下遭毁，亚美尼亚人社群或迁往地中海，或迁往印度洋沿岸。失去新朱利法，则失去了东西贸易的交点，对于亚美尼亚人的跨区域贸易来说，是个不小的打击。[40] 就连专注钻石和珊瑚市场的塞法迪犹太人也因此而蒙受损失。[41]

相比之下，希腊人的关系网展现出了更为顽强的生命力。他们由海员、水手和掮客组成，大多是奥斯曼帝国的臣民。自16世纪起，他们就垄断了东方和威尼斯之间的贸易。他们和英国人、法国人合作，为后者充当私掠者。在俄罗斯占领克里米亚半岛之后，希腊人作为船主和商人愈加频繁地活跃在黑海上，准备接手19至20世纪的国际航运业。[42]

5. 海盗：抢劫与赎金的生意

很少有人能像乔万尼·薄伽丘在《十日谈》中那样，淋漓尽致地展现地中海对于航海来说有多险恶：第二天的第六个故事里，白莉朵拉夫人在从利帕里群岛去那不勒斯的海路上遇难，漂流到了第勒尼安海北部的孤岛蓬扎；第七个故事则讲述了开罗苏丹的女儿阿拉蒂在去马略卡岛完婚的途中经历了怎样的颠沛流离。到处都埋伏着海盗，商人和海盗之间的界限也非常模糊。在第二天的第四篇故事里，主角兰多福·鲁福洛在塞浦路斯赔得倾家荡产后，就摇身一变做了海盗。[43]

早在古典时期和中世纪，海盗就已经让地中海十分不太平了，奥斯曼人在16世纪挺进地中海，无异于火上浇油。海盗们披着宗教外衣，行劫掠之实，把海上抢劫做成了一桩大生意。利沃诺港在美第奇家族的建设下，一跃成为地中海的重要港口之一，不但吸引了外地的商人和船只，还吸引了骚扰奥斯曼帝国航运的英法海盗来此安家。与此同时，另一些英国海盗却不时与穆斯林结盟，在北非海岸落脚，洗劫托斯卡纳船只。他们为奥斯曼帝国的商人提供保护，防止他们的货物被马耳他"十字军骑士团"那样的基督徒海盗劫走。荷兰海盗同样以利沃诺为巢穴，在地中海上兴风作浪，并总是用"正与北非交战"当作借口为自己辩解。无论是法兰西还是奥斯曼的船只，他们都不放过，有时还会折磨船长和船员，逼迫他们自称来自北非。像阿卜杜勒拉赫曼船长就在从克里特岛前往班加西的航程中，被荷兰船长雅克布·范德海登截获，连同船员、乘客和货物（大麦、小麦和蜂蜜）在内的整艘船都被劫到了威尼斯领地扎金索斯岛上，后来又被押往利沃诺。在长达一年的监禁之后，阿卜杜勒拉赫曼船长才终于在荷兰驻利沃诺领事的干预下重获自由。[44]

要是碰上海盗，商人多年辛苦打拼的心血便会在顷刻间化为乌有。1608年，海盗雅克·比埃截获穆斯林商人阿迦毛麦提计划运往北非的东方商品。同年，阿迦毛麦提亲赴比萨海事法庭申诉不公。根据他的陈述，他的商品包括180巴伦靛蓝、69巴伦头巾、12巴伦布料、2巴伦其他染料和29巴伦丝绸。他从印度将货物运出，途经麦加运到大马士革，然后计划继续发往北非；英格兰驻西顿领事帮他将货物装上了一艘英国船只，并记在领事的名下运输。然而，阿迦毛麦提的陈述并没有打动陪审团。判决认为，船上的英格兰货物，如棉花、浆果和大米，本就属于英格兰商人，应当连同船只一并归还；而船上那些本来属于"基督教仇敌"的土耳其货物，则被看作雅克·比埃船长的合法所得。[45]

哪怕没有热战，基督教和伊斯兰教之间"永恒的"宗教冲突也严重威胁着海上交通的安全。地中海西部一直充斥着海盗行为、奴隶买卖和赎金交易。据统计，从1450年到1850年，共约有300万西地中海穆斯林和基督徒，在海上或陆上被劫持，沦为奴隶。除去在西班牙本土、巴利阿里群岛和加那利群岛出生的，单算从奥斯曼帝国、摩洛哥与非洲其他地区获得的，就有超过100万奴隶落入葡萄牙人和西班牙人手中。另有50万人在意大利被奴役。马格里布也有超过10万基督徒难逃此劫。由此，海上的人口买卖便发展成了一桩大生意，有自己的利益网络和专业分工。有人负责绑票，也有人负责奴隶买卖、赃物变现以及赎金交易，无论是国家、教会还是个体，都有机会参与到链条当中去。沦为奴隶的基督徒海员来自欧洲各地，因此这张利益网可谓是覆盖了包括地中海、大西洋甚至北海和波罗的海在内的广大区域。

沃尔夫冈·凯泽看到了奴隶买卖与赎金交易的积极面。他认为，"赎金经济"是一种可以调解宗教暴力冲突、将跨宗教的贸易行为理性化的手段。[46]凯泽还提出，尽管在俘虏交赎和奴隶买卖之间很难做区分，但这种区分还是有必要的。俘虏是鲜活的战利品，往往能以比奴隶高得多的价格被赎回去。俘虏交赎的形式很多，如根据休战协议进行交换。俘虏交赎有时由外交官促成，比如法兰西、英格兰和荷兰的外交官会给马格里布的统治者施加政治和军事上的压力，敦促对方释放俘虏。伊比利亚半岛等地的一些骑士团或教友会专门从事赎回俘虏的工作。类似的还有汉堡等地的奴隶保险公司，投保的海员一旦被俘，就可以从这里筹集赎金。此外，也有商人在经营其他业务之余，将赎金交易作为副业。这些商人一方面手握海外人脉，另一方面又和本地的信贷机构有长期的合作关系，一旦有需求，就可以周旋于各方之间，筹措赎金，打通赎身渠道。[47]

在北非的部分俘虏为改善生活便皈依了伊斯兰教。他们改叫穆斯林名字，行割礼，去清真寺，改变饮食习惯，在被俘或为奴期间融入了伊斯兰世界。即便后来赎回了自由身，他们也常常会选择留在这边。1629年，法国人托马·达科被突尼斯海员劫持，被俘期间仍旧与外界有着密切的书信往来，其中与普罗旺斯学者及古玩商尼古拉-克劳德·法布里·德·佩雷斯克的通信尤为频繁。[48] 佩雷斯克与许多人保持通信，搜罗到了地中海方方面面的信息。他想通过达科了解北非，便承诺帮助他赎身。虽然达科重获自由与佩雷斯克并不相关，但他还是给佩雷斯克寄去了礼物，并请求他协助搭救其他俘虏。获释后，达科皈依了伊斯兰教，获得了穆斯林教名"奥斯曼"。他继续与外界保持联系，却并不着急回法国。他绞尽脑汁想找一本拉丁语或是意大利语版本的《古兰经》，还寄了许多奇珍异宝给佩雷斯克，包括古硬币、陶灯、剑柄、化石以及基督教和摩尔人风格的便鞋等。值得注意的是，在与法国的联系中，他对皈依伊斯兰教这一敏感话题几乎只字不提。穆斯林身份让达科在突尼斯的社会地位有所提高，但他在法国的身份依然是一名基督徒。他的笔友佩雷斯克为他辩护，将他新冒出来的穆斯林习惯归咎于被俘时的艰难处境或为情所困。达科的故事体现出认同的可变性，而认同的可变性又促进了地中海区域多族群及多元文化之间的交流和融合。[49]

威尼斯的贝亚特里切·米基耶经历了更为曲折的命运。1559年，奥斯曼的海盗抓走了她一家。她和母亲、姐妹被赎回，兄弟却无法脱身。他们被阉割后皈依了伊斯兰教，作为宦官在奥斯曼行政部门供职。贾费尔死于1582年，加赞费尔步步高升。他同威尼斯的亲戚以及威尼斯的官方代表保持着联系。1591年，贝亚特里切离开了她的孩子和第二任丈夫，迁居伊斯坦布尔。此前，她母亲已经来这里投奔了兄长。加赞费尔说服贝亚特里切改变信仰，之后她有了"法蒂玛·哈通"这个教名，并与感情破裂的威尼斯丈夫正式离婚。1593年再婚，但与在威尼斯的孩子们一直保持联系。有时她会在信中辩解自己皈依伊斯兰教是被逼的。1600年冬天，加赞法尔派人将法蒂玛的儿子贾科莫拐到了伊斯坦布尔。贾科莫改名"穆罕默德"，事业上只能算是小有所成。加赞费尔在一次叛乱中受到牵连，被苏丹处决，但法蒂玛仍有权继续生活在宫里。虽然她人在奥斯曼深宫，她的思想仍在基督教和伊斯兰世界之间来回穿梭。她把遗产留在了威尼斯和弗留利，一部分捐给了圣方济各会，一部分给了一座女性庇护所和一座威尼斯的孤儿院。[50]

西欧人和北欧人同样成为穆斯林海员或巴巴利海盗的俘虏，后者主要活跃在大西洋上从事劫掠。据估计，在17世纪就有12000名英国海员以及受雇于荷兰船队的15000名海员被抓。[51]他们的俘虏经历促成了一种新的文学体裁的诞生——"囚禁叙事"。这种体裁之所以广受喜爱，是因为它们提供了了解伊斯兰世界风土人情的"一手材料"，使奥赛罗这样的舞台形象在人们的脑海中更加丰满。[52]17世纪末，英国一手向巴巴利海岸的国家施加军事压力，一手致力于取得海上护照，降低英国船只被劫掠的风险。

由于风险过大，汉堡和吕贝克等汉萨城市暂时关闭了地中海航线。其实和南欧人比起来，他们还算是比较幸运的。因为他们几乎只遭受了海上劫掠，而且大部分俘虏都赎回了自由权，相反，南欧人有很多是在大陆上被俘，他们临了都还是奴隶。

和北欧国家一样，汉萨城市也设立了"奴隶保险"，船长和海员需在出海前付一笔保险费，以备赎身之需。此外，相关机构会在教堂放一些身披铁索的木雕，向民众宣传在地中海和大西洋航海的危险，唤起他们的同情心，获得捐款。北欧的奴隶保险公司向威尼斯派驻专员负责赎金交易。1737年4月9日，一艘弗伦斯堡船只在从汉堡到波尔图的途中，被阿尔及利亚海盗截获。船主马蒂亚斯·瓦伦丁纳曾在一家哥本哈根奴隶保险公司为他的船投保，保险费高达2000泰勒。事发后，他要求公司为船员支付赎金。保险公司一开始怀疑船主骗保，并以船上装载了汉堡商人未上保险的货物为由，拒绝支付赎金。经过数月，船长才争取到了自己的合法权益。1738年1月25日，保险公司派驻威尼斯的代理人约翰内斯·波默启动交赎程序。同年8月1日，根据波默的报告，他们以8000泰勒的价格只赎回了船员中的七人。一名舵手仍被扣押，因为阿尔及利亚人表示他们还需要他。直到1742年，他才重获自由之身。[53]

1746年，阿尔及尔同丹麦签订了一份条约，承诺给丹麦船只提供优惠待遇。此后，丹麦又和突尼斯、的黎波里、摩洛哥和奥斯曼帝国（1756）签订了一系列条约，整个丹麦王国（包括挪威和石勒苏益格－荷尔施泰因）的船只都因此获益，取得了海上护照。海上护照制度可使船只免遭劫掠，为它们经地中海和大西洋驶向东、西印度群岛的航行创造了优渥条件。[54]

第五章
北海与波罗的海

  吾妻格蕾特如晤：今我请克劳斯·弗罗林在吕贝克将两铁罐付运予你。钥匙已托菲特尔克带给你。罐内有38长串与5短串珊瑚……望霍伊曼把它们卖掉；如不能，请尽力将其处理掉……尽力处理掉这些珊瑚，霍伊曼可在格赖夫斯瓦尔德集市上相助……此外，棉花还在斯勒伊斯；看在上帝的分儿上，要不是上了维尔克·范多库姆的船，这批棉花都已运抵汉堡了……此外，普鲁士的格温·马谢德也将两施特罗① 蜡装载于马夸特·施图贝的船上付运予你。他说船上还有其他货物。感谢慈爱的上帝，阿门。顺颂安好。1420年仲夏圣约翰尼斯之夜，于布鲁日手书。[1]

——希尔德布兰·维金胡森

  虽然通信双方是夫妻，在布鲁日的丈夫希尔德布兰·维金胡森

---

① 施特罗（Stroh），古代重量单位，各地不统一，以不来梅的标准，1施特罗合100千克。——译者注

写信给身处吕贝克的妻子，但不难看出，这是一封就事论事的业务书信。北海与波罗的海间的贸易往来也可见一斑。15世纪初，维金胡森贸易公司不仅操纵着布鲁日、安特卫普、科隆、吕贝克、但泽、里加、雷瓦尔与诺夫哥罗德之间的贸易，也是法兰克福和威尼斯交易会的常客。把"姐妹海"[2]北海和波罗的海连接起来的，就是这样在不同城市生活、工作的家族，以及像维尔克·范多库姆和马夸特·施图贝那样的船长。希尔德布兰·维金胡森常年出差，他来自里加商业名门的妻子玛格蕾特①则坐镇吕贝克管理企业。这种家族的分工实际上反映了汉萨同盟的区域范围，正因为汉萨同盟，北海和波罗的海才前所未有地紧密连接。

1. 强大的城市联盟：汉萨同盟

汉萨同盟及其城市的成就，建立在中世纪早期至中期就已经存在的水运与流动贸易系统之上，但它们首次赋予了北海和波罗的海地区一个新颖且稳固的组织结构。汉萨同盟最初只是一个由商人组成的商会，在13世纪逐渐发展成一个强大的城市联盟，并在接下来的三百年里左右着北海与波罗的海地区的商贸、水运以及政治形势。"汉萨"（Hansa）一词，基本和小队、同僚同义。12世纪时，用来指代联合起来远途贸易的同乡商人。在"德意志汉萨同盟"于13世纪第一次登上政治舞台之前，就已有许多地方性的"汉萨"同盟存在。最早成立同盟的，是在伦敦经商的科隆商人，他们于1175年获准在伦敦市政厅一带居住，国王也承诺给他们的货物提供特殊的保护。[3] 12—13世纪，吕贝克的修建，德意志人向东迁

---

① 信中"格蕾特"为"玛格蕾特"的简写或爱称。——译者注

徙过程中的城市建设，以及德意志商人在哥得兰岛的合作社成立，这些都对汉萨同盟的历史产生了深远影响。

吕贝克的建立（1143—1159）为德意志远途贸易商人提供了居所，同时打开了波罗的海的大门。自此，来自下萨克森与威斯特法伦的陆商，不必再通过斯堪的纳维亚或斯拉夫的中介，就可以直接打入波罗的海和俄罗斯地区的市场。对俄罗斯地区的贸易在此之前一直被亦农亦商的哥得兰岛民垄断，直到德意志商人介入，他们才碰到了强劲有力的竞争对手。德意志商人资本雄厚，组织严密，受过良好的经商培训，驾驶的柯克船运载力也优于哥得兰人的船只。1161年，萨克森公爵狮子亨利特许哥得兰人可以在他管辖的萨克森境内经商，前提是德意志商人在哥得兰岛上享有同样的经商特权。此举大大促进了德意志商人在哥得兰岛上的贸易发展。

1252年，在佛兰德女伯爵玛加蕾特颁发的一封特许状中，首次提及哥得兰岛德意志商人合作社。据悉，哥得兰岛德意志商人的航行范围横跨东西欧，他们把维斯比的据点当作打入诺夫哥罗德的跳板。像哥得兰商人那样，德意志人也在诺夫哥罗德建立了商馆，日后汉萨同盟将这里作为在俄罗斯地区的办事处，称作彼得霍夫。诺夫哥罗德因其能直抵白海的广袤腹地，成为皮货交易中心。维斯比在哥得兰岛上监管着彼岸的贸易。在贸易季节过后，商人会把余钱存在维斯比。但从13世纪末开始，吕贝克在对俄罗斯的贸易中逐渐掌握主导权，赢得了越来越多城市的支持：一旦在诺夫哥罗德发生法律纠纷，人们既可以在维斯比伸张正义，也可以请吕贝克主持公道。这预示着，在未来德意志对俄罗斯的贸易中，波罗的海沿岸的吕贝克将要扮演一个"庇护者"的角色。[4]

在吕贝克及其城市法的刺激下，一系列城市应运而生。1201年，一位前不来梅的教士会成员在道加瓦河河口建立了里加。里加作为一个远途贸易港口，获得了吕贝克的支持。此后，在13世纪又兴起了一系列贸易城市，它们像珍珠一样，点缀着波罗的海南岸，如维斯马、罗斯托克、施特拉尔松德、格赖夫斯瓦尔德、埃尔宾、柯尼斯堡和雷瓦尔。德意志商人也在斯堪的纳维亚地区置业。斯科讷海岸的鲱鱼群有很强的吸引力。德意志商人与手工业者迁入勒德瑟、卡尔马和斯德哥尔摩等城市，矿工搬进了铜矿和铁矿产区。此外，挪威作为一个重要的贸易伙伴同样不可或缺，挪威人常用鳕鱼干对外换取粮食和谷物。卑尔根是最重要的货物集散地，其中布吕根（意为"德意志桥"）便成了汉萨同盟在此处的商站会馆。在对斯堪的纳维亚地区的贸易中，吕贝克人无疑是呼风唤雨的龙头老大。

德意志商人不仅仅和俄罗斯、斯堪的纳维亚以及波罗的海南岸等地区进行贸易，在科隆的领导下，他们也开始越过北海和英格兰做生意。继1175年特许状之后，英王爱德华一世于1303年又颁布了《商业特许状》。为了弥补关税提高给外国商人带来的损失，该特许状出台了不少措施，如免除贡品，保证居住自由，保证外国商人的权益免于国王钦差的侵犯，保证未来不再增加新的款项等。最后一条后来成为最为关键的特权。14世纪中叶，英法百年战争爆发。爱德华三世为筹集战费，决定提高布料出口关税，汉萨商人通过援引《商业特许状》得以免于增税——英格兰商人与其他外国商人则必须多缴税款。本来适用于所有外国商人的《商业特许状》独独被汉萨商人利用，成为特权。他们以伦敦市政厅为办事处，后来又在附近专门建立了名为"斯塔尔霍夫"的汉萨商站。[5]

还有一群贸易伙伴不得不提，那就是对于德意志商人来说最重要的佛兰德商人。佛兰德地区大量生产精品布料。因为交通便利，布鲁日发展成了西欧最重要的商品交易市场，商人们可以从这里购得佛兰德布料。1252年，玛格蕾特伯爵通过一份特许状，为德意志商人减税；隔年，又为他们免除了战斗裁判法、债务罪行连坐制和海难法。其中，海难法的废除尤其重要。此后，佛兰德沿海居民不得再打劫抢掠遇险或搁浅的汉萨船只。这些特许权为贸易提供了诸多法律保障。

1356年，为了有效保障佛兰德现有的特许，原本独立的布鲁日商站开始隶属于汉萨同盟的掌事机构——汉萨议会。自此，决定贸易政策的不再是各地的商人，而是派代表出席汉萨议会的各个"汉萨城市"（这一提法于1358年第一次出现）。

实践证明，在国外的贸易中心，联合起来的汉萨城市同盟比各自为战的地方商人团体更具行动力。自13世纪起，各个城市争相为其在海外经商的商人争取特许权，为他们提供法律上的便利和保护，城市在各商人团体中的影响力逐渐增大。以各地方商人团体为单位经营的趋势至此告一段落。现在决定北海与波罗的海地区航海与贸易政策的，是出席汉萨议会的各城市代表。议会按需求召开，代表们齐聚商量重要议题。在对外事务中，吕贝克作为汉萨城市的翘楚，代表汉萨同盟。[6]

14世纪下半叶，汉萨同盟在波罗的海迎来了新的挑战，城市联盟在此证明了它的行动力。从1360年开始，丹麦国王瓦尔德马四世意欲在波罗的海上建立丹麦霸权，不但成功收复了之前被瑞典侵占的斯科讷地区，还占领了哥得兰岛。丹麦提高关税，索取更多贡品，汉萨商人对斯科讷地区的贸易遭受损失。对于吕贝克和东欧的汉萨城市来说，这不啻一种开战的理由。第一次战争以汉萨联盟的失败告终。随后，丹麦开始阻挠须得海的汉萨城市以及荷兰城市通行厄勒海峡。切断北海与波罗的海的航路，无疑威胁了汉萨同盟的生命线。1367年，西起西兰、东至雷瓦尔的所有汉萨城市，结成"科隆联盟"来反抗丹麦霸权。在借助军事手段施压后,汉萨同盟与丹麦于1370年达成了《施特拉尔松德条约》。丹麦向汉萨同盟支付战争赔款,恢复其在贸易中的特许权,特别保障了汉萨成员在丹麦的领土和水域上的畅通无阻。《施特拉尔松德条约》的签订,标志着汉萨同盟的权利巅峰。它在波罗的海贸易中的主导地位得到印证。[7]但它仍然是一个由商人组成的利益共同体,只有在维护其贸易优先权的时候,才会诉诸政治及军事手段。

自东向西,汉萨同盟的贸易商路将以下城市串联在一起:诺夫哥罗德—雷瓦尔—里加—维斯比—但泽—施特拉尔松德—吕贝克—汉堡—布鲁日—伦敦。北欧、东欧的粮食和原料,西北欧的手工业品,得以靠这条航路流通。汉萨商人不满足于仅仅充当东西欧的贸易中介,还力图出售汉萨城市出产的手工业制品,同时向南挺进内陆市场。沿着易北河、奥得河深入波希米亚和西里西亚腹地;或是沿着维斯瓦河逆流而上,经克拉科夫抵达上匈牙利(以及斯洛伐克)的铜矿产区;通过利沃夫,还可以连接起和黑海地区的贸易。[8]

一个地区的产品和当地的市场需求,决定了汉萨商人会不会找上门来。他们经营的商品繁多,货色齐全,既可满足普罗大众的大宗日常需要,也可满足小部分富裕的商人阶层对奢侈品、工艺品的苛刻需求。他们最主要的商品包括皮毛、鲱鱼、鳕鱼干、盐、蜡、谷物、大麻、亚麻、木材、林产品(如灰、沥青和焦油)、啤酒和葡萄酒。其中,皮货、蜡、谷物、亚麻、木材和啤酒主要是自东向西流动,而布料、盐、葡萄酒、金属制品、香料和一些奢侈品则是自西向东贩运。渔产在整个汉萨同盟的贸易范围内都备受欢迎。

当时的东欧有两大经济区:其一是拥有皮货交易中心诺夫哥罗德的俄罗斯地区,其二是拥有雷瓦尔、塔尔图与里加,囊括盛产麻类植物的道加瓦河腹地的利沃尼亚城市群。不管是名贵的紫貂皮，还是廉价的松鼠皮，整个欧洲市场对皮货的需求都十分旺盛。同样备受青睐的，还有用于照明的蜡。大麻可以用来制作麻绳，亚麻可以用来制作帆布，因而汉萨同盟的海港对它们有着广泛的需求。从西欧运往东欧的主要货物以佛拉芒布料和海盐为主。条顿骑士团和普鲁士的汉萨城市如但泽、埃尔宾与托伦，通过维斯瓦河与尼曼河把立陶宛和波兰腹地的货物引进汉萨市场，如谷物、木材及其他林产品。木材等林业产品在造船业（桅杆和船舱板）、鲱鱼渔业、酿造业和盐业（木桶）中都有着广泛的应用，沥青、焦油和草木灰也在众多手工业中有广大的需求。但粮食才是普鲁士汉萨城市的主要出口产品，供应了西欧一些城市化程度很高的区域，如尼德兰。不得不提的是琥珀，条顿骑士团垄断了这种产自波罗的海桑比亚半岛的奢侈品，将它们出口到吕贝克或布鲁日。在那里，琥珀被加工成更贵重的宝物，比如神父的玫瑰念珠。盐、鲱鱼和布料则是普鲁士最重要的进口货物。

在波罗的海西岸，瑞典为汉萨贸易提供铜、铁、黄油、牲畜和牛皮；但瑞典在除了金属以外的出口产品中都不敌丹麦。丹麦最主要的特产是斯科讷地区的鲱鱼。据说14世纪时，鲱鱼密集到伸手就能捉到的程度。15世纪晚期至16世纪，波罗的海鲱鱼产量下降，北海产量上升，荷兰鲱鱼产业随之崛起。同样兴起的还有挪威和冰岛，主要出产鳕鱼干产品。人们在北海捕捞鳕鱼，在挪威与冰岛的崖岸上风干，制得的鱼干是出海或斋戒期间必不可少的储备。

与英格兰的贸易，早年还只是莱茵兰与威斯特法伦商人的业务之一，逐渐对整个地区产生了深远的影响。这些汉萨商人向英格兰出口莱茵红酒、金属以及茜草、菘蓝等染料，再从那里进口锡矿和羊毛，包括后来产自英格兰的布料。波罗的海沿岸的汉萨城市向英格兰出口斯堪的纳维亚的鱼、金属和一些典型的东欧货物，如皮货、蜡、谷物和木材；英格兰则为佛兰德与布拉班特地区的纺织业提供了羊毛。当时，西欧最重要的市场，就是佛兰德和后来兴起的布拉班特。两地皆是布料产地，也是连接地中海地区的贸易枢纽。汉萨商人主要在这两个地区的城市中购买中高档的羊毛布，布鲁日生产的裤子，还有南欧的无花果、葡萄干和香料。市场上还有产自法国的油、葡萄酒以及所谓的"湾盐"，这种产自大西洋沿岸的海盐逐渐成为食品腌制的重要辅料。普鲁士与尼德兰的海船定期往返比斯开湾，把海湾盐作为压舱货运往波罗的海，再带上粮食和木材返回西欧。他们借此方式打破了吕贝克对中转货物的垄断。除了对波尔多的葡萄酒贸易，以及试图打开威尼斯皮货市场的维金胡森家族以外，汉萨同盟在南欧就只剩零星的业务了。

汉萨商人通过成立公司来组织贸易活动。其中大多数公司的形态较为自由，一般能维持一到两年，其间投资双方按照投资比例分红。为了降低运输和买卖中的风险，同时丰富自己经营的商品种类，从事跨国贸易的大商人一般会加入若干个公司。公司合伙人往往是亲戚，这种不可分割的亲缘关系为横跨东西欧的贸易活动提供了信任基础。

船舶的股份制运营也是一种规避风险的手段——一艘船的所有权被分为若干股份，每次出海后，股东们按所占股份赢利。

除了风险规避，相关的法律保障对于航海来说也至关重要。为此，人们曾多次尝试制定统一的海洋法。一边有佛拉芒语的《达默律令》，借鉴了法国的《奥莱龙律令》（这里对向北运输波尔多葡萄酒的航运业做了一些规定），确定了船长的责任与指挥权；另一边，吕贝克也颁布一些条例，确定了船长在船主与货主面前的权益，也规范了对犯罪海员的处罚规定。[9]

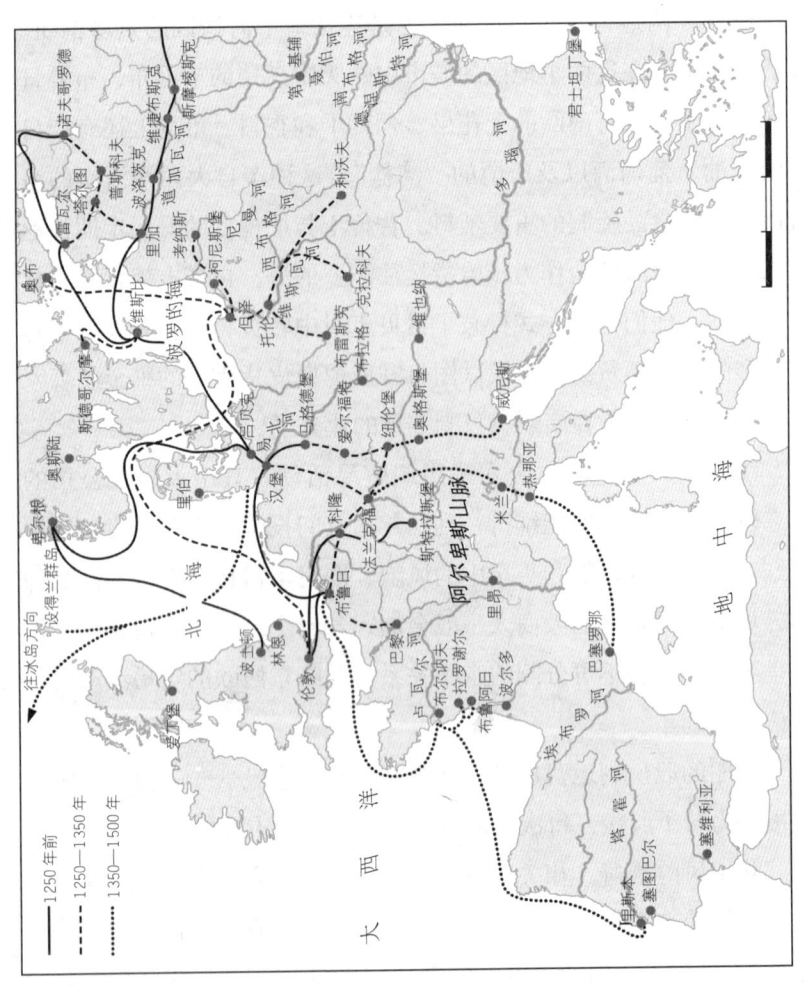

地图10 汉萨同盟的商路与航路

位于诺夫哥罗德、卑尔根、伦敦与布鲁日的四大商站是汉萨同盟组织贸易活动的高级机构。那里的德意志商人只在固定的范围内活动，如诺夫哥罗德的彼得霍夫、卑尔根的德意志桥，伦敦的斯塔尔霍夫甚至还有围墙。只有在布鲁日，德意志商人才住在当地房东的房舍里。商站结构森严，每年通过选举产生一位首长，各商站分别拥有一定的章程、账目、印章和仲裁权，在争取和维护特许权方面起着重要作用。在汉萨城市的庇护下，各商站在所在国贵族和城市面前维护汉萨商人的利益。商站为日常的贸易活动提供帮助，比如建立信差制度，方便商人与家乡通信，此外还在公证、记账与借贷方面提供服务。最重要的是，通过商人们申报货物，商站试图协调汉萨商人在所在国的买卖活动，以此来限制内部竞争。

自15世纪末以降，汉萨同盟的贸易开始四处碰壁。建立在过往特许权基础上的贸易系统已经逐渐不能适应整合中的新兴大国的竞争了。比如，为了本国商人的利益，斯堪的纳维亚的国王们开始限制汉萨同盟的贸易；同时，汉萨商人还必须和尼德兰商人竞争。在这种形势下，汉萨城市经常通过海战，甚至是私掠来参与斯堪的纳维亚的权力斗争，以期能继续享有地方经济特许权。1494年，莫斯科大公伊凡三世关闭了诺夫哥罗德的汉萨商站。尽管东欧贸易重心在15世纪时就已经转移到了利沃尼亚的港口城市里加和雷瓦尔，促成了两地的繁荣，但汉萨同盟的利益还是受到严重冲击。

英格兰的布料进出口形势也有所转变。汉萨同盟的内部矛盾由此激化：一方面，吕贝克死咬古旧的特许权；而另一方面，科隆和普鲁士的汉萨城市却已经做好了向英格兰妥协的准备。1474年，汉萨同盟终于和英格兰达成《乌得勒支和约》，重新确立了在英格兰的特许权，迎来了对英贸易的最后一段繁荣期，持续到了16世纪中叶。[10]

荷兰和西兰崛起，改变了北海和波罗的海地区的贸易及海运形势，诸多汉萨城市（如吕贝克、维斯马、罗斯托克、施特拉尔松德和格赖夫斯瓦尔德）都面临严峻的挑战。尽管吕贝克再次借助军事与非军事手段，成功限制了荷兰人在波罗的海上的活动，但柯尼斯堡、托伦、埃尔宾与但泽这几座普鲁士汉萨城市的贸易仍然格外依赖荷兰的运输船只。[11]

从1460年起，安特卫普就已经在布鲁日承担起了商站的职责。布拉班特交易会每年都会吸引大量商人来到贝亨奥普佐姆，以及安特卫普这座斯海尔德河畔的城市。

16世纪时，汉萨同盟的衰落迹象已经很明显了。历史学家对此给出了许多不同的解释，如德意志邦国与北欧王国的兴起，来自南德的家族的贸易竞争，以及新兴的尼德兰带来的挑战等。[12]无论原因如何，汉萨同盟的衰落已成定局，和当时欧洲贸易的繁荣昌盛形成了鲜明的对比。尽管当时汉萨同盟的经济也有所增长，但支撑它的传统特许权制度却在发展的洪流中分崩离析。创新，一度是汉萨人在海运与贸易竞争中让半农半商的哥得兰岛岛民黯然失色的法宝，如今尼德兰也凭借创新，改良造船技术，拓展委托贸易，发展无现金支付方式，在航海贸易中一骑绝尘。

从欧洲的贸易发展中受益的，不再是布鲁日、卑尔根、吕贝克或是诺夫哥罗德，而是但泽、汉堡和阿姆斯特丹——欧洲的明日之星。

但泽在16世纪发展成了波罗的海沿岸最重要的港口城市。通过维斯瓦河，但泽可以方便快捷地把波兰腹地的粮食运送出去，满足了尼德兰不断增长的对于粮食和林产品的需求。16世纪下半叶，拥有4万人口的但泽成为波罗的海地区最大的城市。它不仅吸引了东西欧的商人和水手，也吸引了其他沿海地区的手工业者和内陆的搬运工人。不仅如此,这里的年市对犹太商人和亚美尼亚商人来说同样充满魅力。[13]

汉堡也在很大程度上参与了大西洋与北海的经济繁荣。它垄断了易北河流域的粮食出口,并把自己建成北海与波罗的海之间的贸易枢纽。[14] 相较于吕贝克和不来梅,坐落于易北河口的汉堡拥有更加广阔的腹地。尼德兰、葡萄牙(塞法迪犹太人)和英格兰商人不断迁入,给易北河流域带来丰富的人脉,使汉堡的信贷业务一跃达到了西欧的先进水平。其中,1601年及1603年出台的兑换条例,1619年仿照阿姆斯特丹建立的汉堡银行,都是汉堡在信贷领域进步的体现。[15] 欧洲各国都在汉堡有经济利益,加上城市的永久中立政策,使汉堡在三十年战争中毫发无伤。此外,低廉的港务费也是汉堡在17—18世纪保持吸引力的重要因素。

一开始决定汉堡对外贸易关系的是外来移民,他们专注于对英格兰、尼德兰、西班牙与葡萄牙的贸易。到了18世纪,法国与英国成了汉堡最主要的贸易伙伴。汉堡一方面从伦敦进口羊毛制品和殖民地货物,如烟草、大米、印花布、糖与染料,另一方面又从法国进口葡萄酒和西印度种植园的产品,如咖啡、糖和靛蓝等,再把它们投放到欧洲市场上。汉堡把糖精炼加工成礼帽状糖块,再转手卖到中欧地区。汉堡的出口产品则主要是麻布、金属和造船的材料,18世纪70年代后,从汉堡运往法国与英国的粮食也越来越多。[16]

2. 北海之都:布鲁日、安特卫普与阿姆斯特丹

布鲁日和安特卫普是连接南欧、东欧与西欧的贸易枢纽。[17] 早在14世纪,布鲁日就已经是一个贸易大都市了,在这里人们可交易的商品纷繁众多,佛兰德与布拉班特布料、南欧皮革、东欧

的皮货与蜡、来自地中海和亚洲的香料（藏红花、肉豆蔻、胡椒、姜、肉桂、茴香、糖）一应俱全。欧洲各地的商人都拿着特许状来布鲁日经商，包括热那亚、佛罗伦萨、威尼斯、卢卡、加泰罗尼亚、卡斯蒂利亚、葡萄牙和英格兰等地，自然也少不了汉萨商人。他们共同造就了布鲁日长达一个半世纪的繁荣，使它成了西北欧最重要的贸易中心。由于战争原因，当时从意大利到尼德兰的陆路交通严重受阻，而海路交通安全又便宜，成为理想的替代方案。在此背景下，布鲁日与安特卫普从繁荣的海上贸易中获利颇丰。[18]

15世纪初，布拉班特交易会每年便会在安特卫普与贝亨奥普佐姆举办两次，这里成了英格兰布料的主要集散地。英格兰的"海外商人"把半成品布带到布拉班特染色、贴花，再将成品卖给汉萨同盟及南德的商人。对布料的需求驱使纽伦堡与奥格斯堡的商人前来进货，南德的银、铜与芭尔辛特绒布源源不断输入斯海尔德河流域，正好满足了尼德兰对白银的需求。除英格兰商人以外，南德商人也和葡萄牙人接洽。葡萄牙人带来亚洲的香料，以及非洲的黄金和象牙；换来南德的银、铜及金属产品，再出口给非洲和印度。布匹、金属和香料，这些都使安特卫普在16世纪一举成为欧洲的世界市场。[19]

在葡萄牙失去了对香料的垄断后，安特卫普逐渐将贸易重心转向西班牙、意大利、法国与英格兰。通过出口尼德兰的手工业产品、转销英格兰的纺织品，安特卫普迎来了又一个繁荣期（约1540—1565年）。

安特卫普在尼德兰革命时期逐渐衰落。西班牙于1585年占领了安特卫普，其加尔文派的居民逃亡到北方。此消彼长之间，许多欧洲港口城市从中获利，阿姆斯特丹最终取代了安特卫普，成为新的贸易中心。阿姆斯特丹的经济命脉主要由波罗的海的货物（谷物、木材、大麻、亚麻）与大西洋的产品（渔产、盐）构成。[20]

由于自然环境限制了农业的发展，尼德兰人不得不在15世纪开始发展商业。为了守住土地，尼德兰人一直在与北海做斗争。不断建造并改进堤坝和运河，疏通排水，防止内涝。然而，土地的质量却在不断下降，不再适合耕种谷物，只能勉强蓄养牲畜。为此，荷兰人积极寻找其他的生计方式，比如传统的备选方案：从事渔业或海运业。为了平衡粮食的大宗进口，他们也开发出了自己的出口产品，并逐渐在啤酒、布料和北海鲱鱼的市场上占据了一席之地。荷兰也提供一些佛兰德和汉萨城市驰名商品的替代品或仿制品，相较而言，价格更为低廉。[21]

此外，荷兰人和西兰人还凭借他们出色的造船及航运技术，打开了波罗的海的海运市场。波罗的海的船只运载容量较小，随着粮食出口数量的上升，荷兰及西兰的船只备受欢迎。早在1475—1476年，尼德兰船只就已经包揽了但泽四分之一的海运，同时荷兰和西兰的市场份额还在不断增长。到1580年，但泽一半的进出口运输都靠荷兰人完成。17世纪时，其所占比例已经达到六七成。荷兰人在波罗的海地区主要运输大宗廉价货物，如粮食和木材；在西欧与南欧市场中，特别是在伊比利亚半岛到尼德兰的这段航线上，则主要运送高端奢侈品。他们通过将商品分摊在众多船只上来规避风险，降低成本，得以开出比西班牙和安特卫普船长更低的要价，后者每艘船上每次只运载一种商品。[22]

3. "荷兰人是世界的马车夫"

荷兰的崛起不仅在当时令人刮目相看，至今，历史学家们还对此啧啧称奇。17世纪，一个危机四伏的时代，荷兰这样一个资源贫乏、人口不到两百万的小国,究竟如何一跃成为领先的海洋国家?

同时代的见证者给出了一些解释,其中不少是眼红的英国人。1728年,丹尼尔·笛福在《英国商业方略》一文中写道:

> 荷兰人是世界的马车夫,贸易的中间商,是整个欧洲的掮客与海外经销商;对他们来说,买入就是为了卖出,进口则是为了出口;从全世界拿货,再给全世界送货。于是便有了他们庞大的贸易体系。[23]

笛福可谓是指明了荷兰崛起的本质。在海运、贸易与金融业的共同作用下,荷兰在世界贸易竞争中拔得头筹。阿姆斯特丹成了大货仓,是世界各地货物的存放点和集散地。荷兰人从产地购进货物,再输送到对货物有需求的市场上去。

16世纪末,荷兰人在造船技术上取得了一系列进展,并在接下来的一个半世纪中,保持了在欧洲的领先地位。比如新式的福禄特帆船就广受好评,它有多方面优势:制船木材质量较轻,按照统一的设计大批量生产,还能满足各地区的运输条件。标准化的建造流程降低了船只的生产和运营费用。阿姆斯特丹城北的赞河区兴起了规模巨大的船舶制造产业,大量加工来自波罗的海地区的原材料,对社会分工与机械化的发展产生了巨大的推进作用。[24]

荷兰的船只不仅比竞争对手更快,而且也"更干净、更便宜、更安全"。[25]善于管理的船长,给养充足的船员,都有助于提高海运的效率和速度,降低风险和保险的费用。荷兰海运因此能为国内外的商人和产商提供优势明显的低廉运费。随着海运的发展,船只的吨位也不断提高(1670年达到约40万吨)。船舶的股份制运营也降低了风险和开销[26]——一艘船的股东有时可超过60名。以一位阿姆斯特丹的船主为例，他在1610年去世的时候，手中还握有22艘船的股份，其中持1/6股的船只有13艘，1/32股的7艘，1/17股及1/28股的各一艘。通过这种方式，风险和收益得以有效平衡。即便是中产阶级，也有机会参与到船舶业的投资中。

荷兰船只在国际海运中的价格优势不仅可以打败汉萨同盟城市，在贸易劲敌英国面前，优势同样十分明显。从波罗的海运往英国的货物中，超过半数都由荷兰船只运来。不仅如此，英国由于水手紧缺，海船吨位不足，在与北美洲、西印度殖民地的贸易中，也非常依赖荷兰海船。然而荷兰的外贸根基，则在于西欧和北欧之间牢固的货物运输网，覆盖范围南起直布罗陀，西至不列颠群岛，一直延伸到北边的卑尔根和西北的芬兰湾。运至波罗的海的货物包括比斯开湾的盐、法国的酒，还有北海的鲱鱼——年景好的时候，荷兰渔民一年能捕获超过两亿条鲱鱼。而瑞典的铜和铁，特别是谷物、木材、林产品，以及一些手工业原料（如大麻和亚麻）则出口到西欧。16世纪下半叶，荷兰人通过低廉、快捷的大宗货物（谷物、木材、鲱鱼、盐）运输，逐渐将汉萨城市挤出了西欧市场。[27]最终，在波罗的海贸易的基础上，荷兰人也在对其他地区的贸易中站住了脚。16世纪末，当粮食歉收给西欧与南欧带来巨大打击时，垄断了波罗的海粮食贸易的荷兰人终于能大显身手，并开始打入地中海市场。[28]

紧接着，荷兰人拓宽了对黎凡特地区、亚速尔群岛和马德拉群岛的贸易。17世纪初时，荷兰人已经成功挺进非洲和东、西印度群岛的贸易中——这里本是西班牙与葡萄牙的地盘。[29]

荷兰人对大宗货物与奢侈品空前绝后的垄断，为他们掌握世界贸易奠定了基础。荷兰的手工业受益于几乎取之不尽的原料货源，

图5　亨德里克·弗罗姆：厄勒海峡克龙堡宫前的荷兰船，1620年

如染料木、化学制品和其他稀有原料；也正是由于手工业技术的遥遥领先，荷兰人才得以主导奢侈品市场。邻国只能通过军事手段或是补贴之类的重商主义手段拉平差距，可见荷兰人的价格优势之巨大。但即便是17世纪中晚期与英国的几次贸易战争，也没能动摇荷兰的优势地位。[30]英国于是在1651年出台了第一部《航海法案》，法案规定进口商品只能由英国或是出口国的船只直接运送至英国。但是，《航海法案》根本没有可行性，定居海外殖民地的本国国民的需求尚不能充分满足，更何况要扮演贸易大国的角色。结果，战争结束后，荷兰的贸易额马上恢复到了战前的水平。但从长期来看，重商主义国家出台的贸易保护措施，如进口禁令与提高关税，还是对贸易和手工业的发展产生了负面影响。

英国海运在常年的积累下，提高了行业竞争力。荷兰商人在对英贸易中也常常利用英国海运。为避免开空船，英国船主和海员开展了三角贸易：他们把煤炭与谷物出口到鹿特丹，把那里的手工业

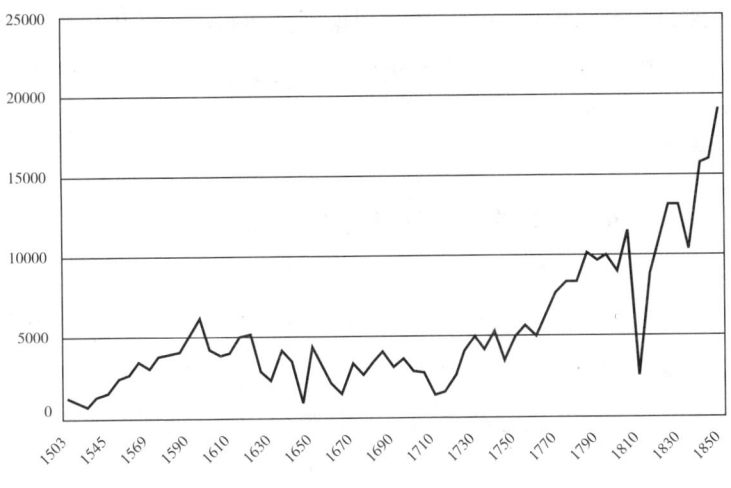

图表　1503 至 1845 年间通过丹麦海峡的船只数量

产品和殖民地货物运往挪威，再把挪威的木材运回英国，以供发展造船业。这种三角贸易模式后来也开展到了汉堡和不来梅，提高了英国在北海航运中的地位。[31]

尽管有英国和斯堪的纳维亚各国的积极参与，但18世纪的波罗的海，依然是荷兰人的天下。从上图可知，除了波兰王位继承战争中但泽之围带来的短暂低谷以外，通过丹麦海峡的船只数量在整个18世纪里一直保持增长趋势。总体来讲，波罗的海地区的贸易虽有短期波动，但长期来看是稳步增长的。

丹麦海峡在此期间可能是全世界最为繁忙的水道。在1730年前后，每年都有大约2000艘船，运载着大约40万吨货物，从这里进入北海；到了1750年前后，货运量超过了50万吨，约合大西洋奴隶贸易的四倍。[32]

英国人与斯堪的纳维亚人从波罗的海市场的需求结构转型中获益——纺织品与殖民地货物成为比盐和鲱鱼更受欢迎的进口商品。

第五章　北海与波罗的海　　105

英国船只为新兴的俄国港口圣彼得堡带去纺织品，转售从殖民地出口的糖、咖啡和茶叶。瑞典和英国逐渐接手了将波罗的海的木材和林产品运往大不列颠的业务。[33]

4．尼德兰文化对波罗的海地区的影响

北海和波罗的海之间日渐繁荣的航海与商贸带来了多样的文化转变。变革中的社会和经济结构同时也改变了文化环境。自16世纪下半叶以来，尼德兰移民和文化带来的影响在波罗的海地区随处可见。移民大致可分为以下四种：农民、手工业者、商人和海员，以及艺术家。[34]

移民中的农民，主要由弗里斯兰的门诺派教徒构成，他们自16世纪中叶开始移居普鲁士王国。普鲁士的王公贵族和大地主们看重他们围海造地的技术，便把他们招募到自己在维斯瓦河畔的领地上居住。他们和地主签订长期的佃农合同，享有人身自由。他们组成了一个独立自主的农民群体，并一直在波兰地区寻找与自己志同道合的人。[35]

第二类移民是手工业者。尼德兰南部的加尔文派织布工有的移民去了尼德兰北部，还有很多去了波罗的海城市。他们织造出更加轻薄的羊毛面料，发展染色工艺，为莱顿、柯尼斯堡和但泽的布业都带来了技术革新。此外，丝织和织花手工业也随着荷兰移民的迁入迎来了春天。其中织花手工业从业者多为门诺派教徒。[36]

商人、银行家、海外经销商也扮演着重要的角色。他们在波罗的海的港口城市或长居或暂住，部分获得了所在地的公民权。作为波罗的海的贸易中心，但泽成了尼德兰商人移居的首选。17世纪中叶，光是被阿姆斯特丹母公司派到这里管理交易、信贷和汇兑业

务的经销商就有四五十人，之后又上升到了 75 人。甚至有移民尝试效仿阿姆斯特丹，在这里建立一家汇兑行，但遭到了但泽市议会的反对，最终以失败告终。[37]

荷兰企业家还在瑞典大展身手，路易斯·德海尔便是其中的佼佼者。三十年战争时，枪炮的铸造导致了市场对铜的需求激增，他便专注于法伦的铜矿开采。1627 年，他移居瑞典，在诺尔雪平及其周边地带建立起了自己的钢铁帝国，主营铸铁、炼铜和制造武器。他在阿姆斯特丹的市场上兜售自己的产品（枪炮和弹药），并在瑞典加入三十年战争后，为瑞典军队提供军事装备。[38]

1643 年，德海尔甚至为瑞典雇用了一支荷兰支援舰队来攻击丹麦。影响更加深远的是一些尼德兰海军军官移民至瑞典。17 世纪中叶，在瑞典的船长和海军少尉中，近半由荷兰人组成——不可多得的专业技能使他们出类拔萃。而一般的水手和海员，在瑞典和芬兰当地就能招募。[39] 丹麦和勃兰登堡 - 普鲁士为了实现他们雄心勃勃的亚洲或非洲商业梦，也都重用了来自荷兰的专家们。[40]

除了人力资源以外，荷兰的地图集和航海教材也被广泛使用。最值得一提的，是克拉斯·亨德里克松·希特马克所著的《航海明灯，或导航人的艺术》（1659 年出版于阿姆斯特丹），以及克拉斯·德弗里斯的《宝藏，或导航人的艺术》（1702 年出版于阿姆斯特丹）。直到 18 世纪末，在北弗里斯兰漫长的冬夜里，群岛上的航海学校还使用希特马克的书当教材，给舵手们上导航课。1802 年时，丹麦和但泽还使用着这两本书。因此，用来传授导航知识的语言往往是荷兰语，哪怕在德国的菲士兰 - 达尔斯 - 青斯特半岛上也一样。北德人、丹麦人和瑞典人在荷兰手册的指引下，进入北冰洋水域，之后又向加勒比海和印度洋挺进。[41]

最后，尼德兰建筑师、艺术家和手艺人也是波罗的海移民的重要组成部分。在这些手工艺者中，有的以代尔夫特陶器为样板制作法恩扎陶器，促进了陶器制造业的发展；有的制作家具，给市民和贵族阶级提供服务；还有来自南尼德兰的壁毯纺织工。在此定居的，多为建筑师、雕塑师以及画家。

不管是在宫廷、贵族还是市民的收藏里，都有不少尼德兰画作。尼德兰艺术家与艺术品的受欢迎程度可见一斑。哥本哈根和但泽的买主们委托艺术家们创作。[42] 其中，建筑家和艺术家包括来自梅赫伦的安东尼·范奥伯根以及威廉·范登布洛克和亚伯拉罕·范登布洛克；画家有来自吕伐登的扬·弗雷德曼·德弗里斯和伊萨克·范登布洛克；铜版雕刻家有来自海牙的威廉·洪迪厄斯和人称"渔夫"的克拉斯·扬松·菲斯海尔等。

生于安特卫普的老汉斯·范斯滕温克尔就是其中的杰出人物。在尼德兰革命中，他便随父亲搬到埃姆登，父亲为当地市政厅的设计建造者。1587年，他作为安东尼·范奥伯根的助手，参与了修建丹麦海峡上的克龙堡宫。后来成为克里斯蒂安四世的王家建筑师，主管丹麦和挪威海岸的防御工事，于1599年建造了新的海防重镇克里斯蒂安努珀尔。日后，他的儿子们还参与了哥本哈根的城市改造工程。[43]

1611年，扬·迪尔克森绘制过一幅哥本哈根全景图，图中展现的尼德兰特色山墙屋如今已经十分罕见了。当时的公共建筑，如孤儿院、交易所、海员宿舍和织布工宿舍，都遵循着这种"先进"的建筑风格。

荷兰的建筑师也在瑞典和但泽活动。瑞典哥德堡（1603年、1607年）和卡尔马（1613年）的防御工事就有他们的功劳。[44]

第六章
印度洋

> 不论东方还是西方,不论是在葡萄牙还是在其他国家,人们消费的香料和珠宝都来自卡利卡特或者上印度。姜、胡椒和肉桂等特产都可在卡利卡特找到。尽管距它八日行程的锡兰岛所产的肉桂更佳,卡利卡特还是各类肉桂的交易市场。丁香则来自一座名叫马六甲的岛屿。麦加商船把这些香料从马六甲运往麦加城市吉达去,顺风的时候需要50天。他们在吉达卸船,向大苏丹上缴关税。之后将货物装上一种较为狭长的船只,经红海运往苏伊士……再次缴纳关税。商人们在这里换骑骆驼……将货物载往开罗,十天后到达开罗,再次缴税……[1]
>
> ——无名氏

这段文字出自瓦斯科·达伽马的航海日志,未署名的作者记录了印度洋上香料贸易的细节。他接下来便讲到威尼斯和热那亚对香料的需求旺盛,两地的商人会乘桨帆船来亚历山大购买香料,而大苏丹便可以从中抽取丰厚利润。说到这里,葡萄牙人、荷兰人和其他欧洲人争相进入印度洋的动机就已经昭然若揭了：香料贸易。

1. 逐鹿印度洋：葡萄牙人、荷兰人与英国人

15世纪时，葡萄牙人就致力于寻找一条通往印度的航线了，他们在大西洋上的扩张，就和这个目标紧密相关。无论如何，相距40千米的马德拉群岛与圣港岛都是这两条航线上的重要站点。

古时人们对于这些岛屿的了解已经不得而知，马略卡人在大西洋上的探索和发现也被岁月抹去了痕迹。葡萄牙王子恩里克（后来被称为"航海家"）将它们纳入殖民地，并任命意大利人巴尔托洛梅乌·佩雷斯特雷洛担任总督，这位总督后来成为克里斯托弗·哥伦布的岳父。随后，人们开始以殖民者的身份在此定居，种植甘蔗和葡萄。1427年，葡萄牙人发现了亚速尔群岛的部分岛屿；1439年，恩里克王子下令开发其中部分岛屿。马德拉群岛与圣港岛对于后来开发的南大西洋航线来说有着重要意义。[2] 1433年，吉尔·埃亚内斯通过了博哈多尔角，迈出了开辟这条航线的第一步。此前的传言，例如赤道附近有怪物出没，越过赤道会翻到地球背面去，那里的高温足以致命等，都不攻自破，被证明是无稽之谈。到1448年时，已经有超过50艘船越过了博哈多尔角，还带着非洲的奴隶和黄金凯旋。一个兴起的贸易帝国初具雏形，疆域囊括阿尔加维、亚速尔群岛、马德拉群岛，并一直延伸到非洲海岸的佛得角群岛。在阿尔金岛上（今毛里塔尼亚海岸附近），葡萄牙人还开设了一家经销商行。

葡萄牙人继续沿着非洲海岸向南挺进。航海家恩里克于1460年去世后，费尔南·戈梅斯接过了开拓新领域的使命。1468年，他接到贸易许可中每年探索100里海岸线的指标。若昂·德桑塔

伦和佩德罗·埃斯科巴尔因此到达了今天的加纳地区，此后不久，费尔南·多波又到达了今尼日利亚和喀麦隆地区。同时，圣多美、普林西比、安诺本等几内亚湾的岛屿也被发现。海员们用当地特产来命名发现的新地带：胡椒海岸或谷粒海岸（今利比里亚）、象牙海岸（科特迪瓦）、黄金海岸（今加纳），以及奴隶海岸（今多哥和贝宁）。[3]

1482年，迪奥戈·康发现了刚果河河口；又在1485—1486年的一次航行中，抵达了现在的纳米比亚地区。这里距离好望角已经不远了。1488年，巴尔托洛梅乌·迪亚士成为绕过好望角的第一人。他意识到自己已经成功抵达非洲的最南端，并找到了一条通往印度的坦途。仅仅十年之后，达伽马就到达了印度。平行进行的，还有对非洲内陆的探索。人们在非洲大陆上寻找金矿、香料，还有基督徒，特别是传说中非洲之角的那位祭司王约翰。

为此，若昂二世于1487年任命佩罗·德科维良与阿丰索·德派瓦率领一批传教士出访非洲。一年前，他曾派过两位神父出访，他们虽抵达耶路撒冷，但碍于语言不通，只能无功而返。德科维良此前多次出访北非，有一定阿拉伯语基础，完全能够胜任出访任务。他和德派瓦乔装打扮成摩尔商人，途经亚历山大和开罗，于1488年抵达亚丁。德派瓦从亚丁前往埃塞俄比亚，却意外死在了那里。德科维良则乘船去了印度的坎纳诺尔，并造访卡利卡特和果阿。返程时，他途经霍尔木兹和亚丁，最后抵达开罗。他在开罗遇见了国王派来寻找他和德派瓦的两位犹太商人，还把旅行报告交给了他们。他在报告中详细描写了香料贸易的细节，以及从几内亚到马达加斯加的航海路线。若昂二世是否收到了这份报告，我们不得而知。但与此同时（1488年），一位埃塞俄比亚祭司途经罗马到达葡萄牙，在葡萄牙宫廷里受到款待。德科维良自己则继续远行，拜

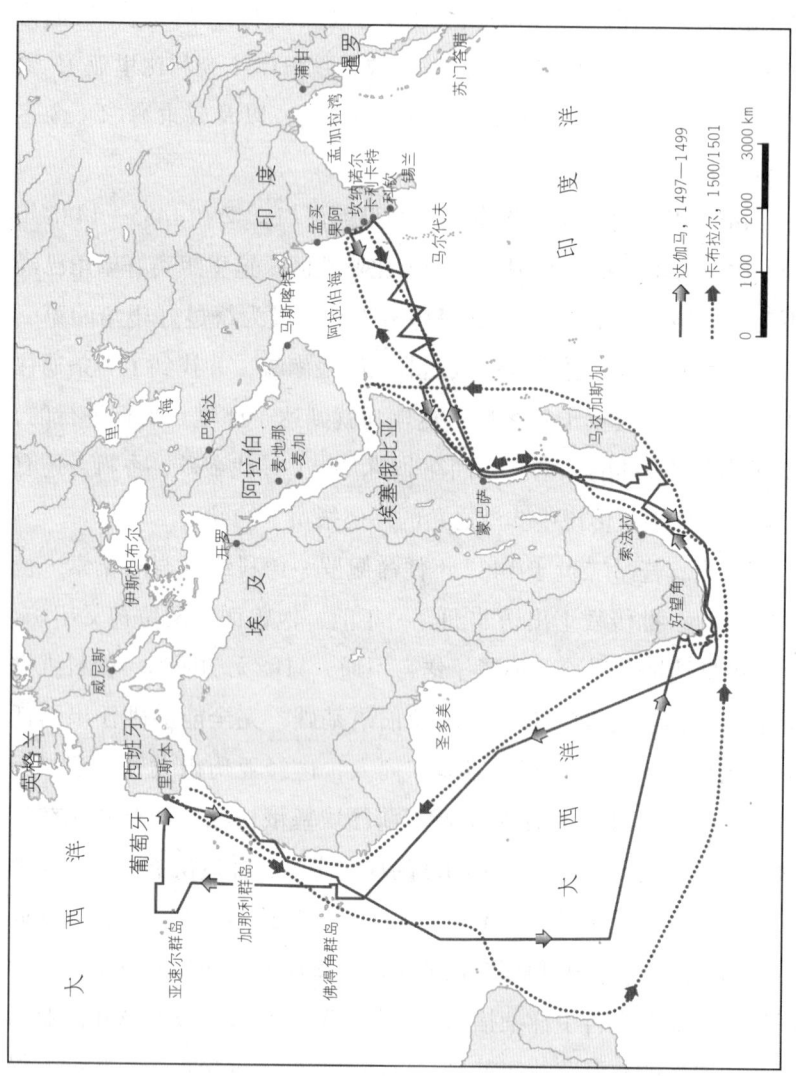

地图 11 达伽马与卡布拉尔的航行

访过吉达、麦加、麦地那和埃塞俄比亚。他认为埃塞俄比亚就是祭司王约翰的国家，最终于 1526 年在那里去世。[4]

不同于克里斯托弗·哥伦布，瓦斯科·达伽马选择走一条已知的航线前往印度。1497 年 7 月 8 日，他离开贝伦。圣诞节期间，他到达了好望角另一侧的某个港湾，于是把该地命名为"纳塔尔"①。在一位阿拉伯领航员的帮助下，他穿过了阿拉伯海，并于 1498 年 5 月到达了马拉巴尔海岸的卡利卡特。

然而，达伽马在这里并没有受到热烈的欢迎。[5]葡萄牙人还没有意识到，他们到达的卡利卡特，是当时最重要的贸易中心之一。远东和中东的商人都带着各自的奇珍异宝前来交易。当地的帮王住在奢华的宫殿里，见惯了各式各样高级精美的黄金或象牙礼品，达伽马在匆忙中准备的礼物[6]自然无法打动他[7]。阿拉伯商人控制着这里的香料贸易，达伽马的出现让他们嗅到了竞争的气息，他收集香料的过程由此也变得十分艰难。为了回避竞争，达伽马一行人去了北边的果阿试水，后来这里成了葡萄牙人在印度最重要的据点。

达伽马只为里斯本带回了少量香料，却给欧洲的香料市场带来了一场大地震。1502 年的第二次航行，主要目的就在于建立亚洲据点和经销商行，以及打压阿拉伯竞争对手。葡萄牙人发挥军事优势，通过计划周密的恐怖活动，给了阿拉伯商人一记下马威。他们劫掠阿拉伯的商人和麦加的朝圣者，最后连人带船一起烧掉。斩获的胡椒数目巨大，引得南德和西欧的商人像潮水一样涌向里斯本。为了能长久地经营和管理对印度的贸易，葡萄牙国王在 1505 年成立了葡属印度，任命弗朗西斯科·德阿尔梅达为总督，负责建立和

---

① 纳塔尔（Natal），葡萄牙语中为"圣诞"的意思。——译者注

巩固果阿以及东非海岸上的葡萄牙据点。此外，德阿尔梅达还试图通过封锁红海，来切断胡椒贸易的传统路线。尽管这个计划以失败告终，但德阿尔梅达还是在有生之年，大大提高了葡萄牙在印度的地位。1508年，他因为在开普地区偷窃牲畜，被当地的布希曼人打死。1511年，他的继任者阿丰索·德阿尔布开克占领了马六甲，这里的同名海峡是从印度洋通往印度尼西亚群岛和中国南海的咽喉要道。[8] 1515年，葡萄牙人到达帝汶岛，一年后又抵达广州；但直到1554年，澳门才成为他们在中国的长期据点。随着葡萄牙人在日本九州岛的平户和长崎落脚，在肉桂的产地锡兰岛建立起经销商行，一张由武装据点和经销商行结成的网络已经大致建成。[9]

葡萄牙人试图通过葡属印度颁发的特许权，来打压贸易中的竞争对手。大约自16世纪中叶开始，葡萄牙人便会定期派出克拉克帆船在印度洋和中国南海活动，将经过的地区连接起来——郑和之后便没有人这么做了。葡萄牙船只的活动路线为果阿—马六甲—摩鹿加群岛—澳门—平户。在最后的这段航线中，将中国的商品出口到日本，利润颇为丰厚。[10]

葡萄牙国土太小，难以为其殖民地提供足够的人力和物资。只有少数女性敢去亚洲，所以葡萄牙男性在亚洲留下的子嗣大多不合法。德阿尔布开克意识到，光靠年复一年地把葡萄牙男人送到亚洲去，是远远不够的。比起将女孤儿也送过去，支持他们和本地受洗过的上层女性结婚，才是更加行之有效的办法。[11]

尽管如此，男性的数量还是太少（仅有12000—14000人），葡属印度只能从印度洋沿岸征揽奴隶来维持殖民体系的日常运作。为维持在亚洲的贸易和军事地位，本地王公贵族的支持也必不可少。一旦和本地贵族的合作破裂，或是遭遇竞争对手挑衅，这张过分膨胀的贸易网便不堪一击。[12]

在接下来的超过 400 年的时间里，葡萄牙及其他欧洲国家都在不断尝试垄断亚洲商品的进口，把主导贸易的本地或外来商人统统挤出市场。但无论是葡萄牙人、荷兰人还是英国人都没有得逞，他们的活动反而使贸易变得更加开放，让世界上各个地区的人都有机会参与进来。

最成功的莫过于荷兰人在印度和东南亚地区的贸易。最初是冒险家们唤起了人们对亚洲的兴趣，扬·惠更·范林索登就是其中一员。他曾经在葡萄牙和西班牙都学过经商，1581 年担任果阿大主教的秘书。在果阿期间，他对与亚洲的商品贸易产生了兴趣，了解扩张中的葡萄牙海上帝国，甚至还有机会接触当时被视为机密的海图。大主教去世后，他启程返航，途中遭遇海难，被迫在亚速尔群岛上停留了两年，途经里斯本，最终回到了荷兰，并在须得海沿岸的港口恩克霍伊曾定居下来。他在那里认识了另一位涉外商人，迪尔克·格里斯特松·蓬普，人称"中国通迪尔克"。

蓬普也曾在里斯本学过经商，在果阿做过生意，去过日本和中国。范林索登将他和蓬普通过海图所得的经验知识和旅途见闻写进《航路》（1596）一书中。书里的插图展现了人们在果阿、马拉巴尔海岸和中国的生活，这些异域图景吸引着众多荷兰人前往亚洲。[13]

1595 年，第一支荷兰舰队在科内利斯·德豪特曼的率领下抵达爪哇。1602 年，所有参与东印度贸易的荷兰与西兰公司，即所谓的"前公司"，合并成立了一家垄断企业——荷兰东印度公司。[14]

东印度公司是一家股份制公司。荷兰国会特许其自主权，包括建立要塞、征募士兵，以及和外国统治者签订条约的权力。它由六个分部组成，分别设立在阿姆斯特丹、西兰、鹿特丹、代尔夫特、

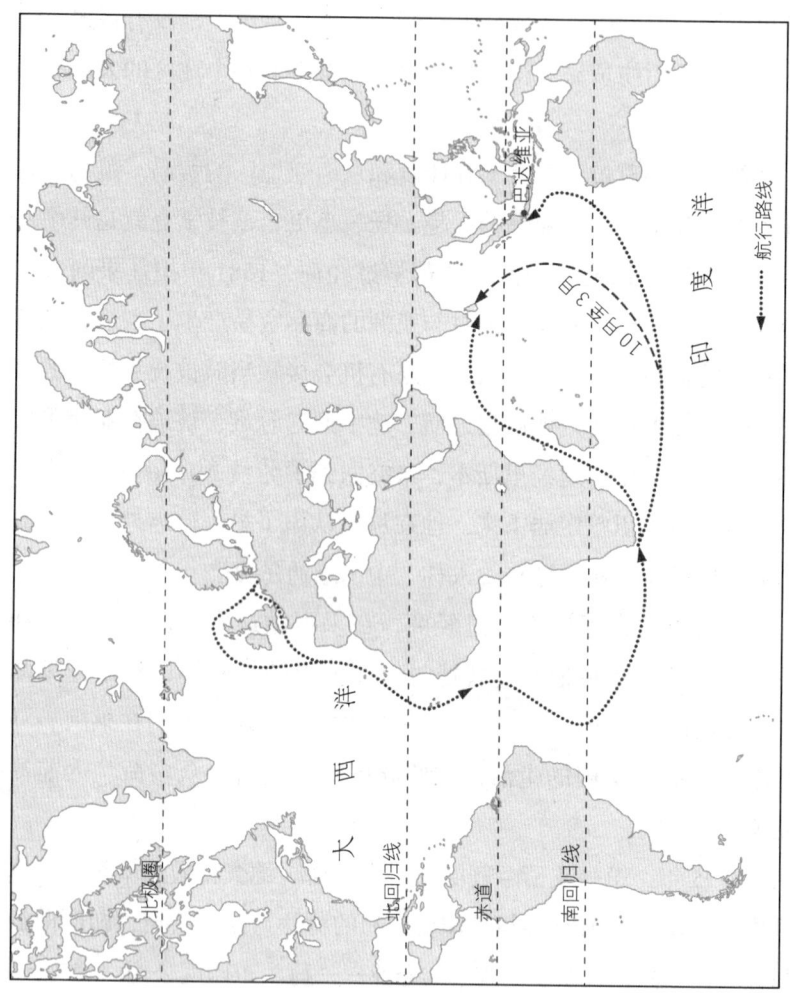

地图 12 从荷兰开往亚洲的航线

霍伦和恩克霍伊曾六个城市，每个分部自行建造、装备船只，各自销售进口商品。[15]公司的股票很快就远远超过了发行价，在一个世纪的时间里，投机客纷至沓来。分部由董事们领导，实行终生任职制，从中再选出公司的常任理事会"十七绅士"。1609年，新设总督一职来管理亚洲事务，确保荷兰对香料的控制万无一失，无论是以和平的方式还是以战争的手段。[16]

爪哇和苏门答腊岛盛产胡椒，而丁香和肉豆蔻又产自摩鹿加群岛，东印度公司需要在此处建立一个据点，以便控制该地区的香料贸易。这个计划最初由海军上将科内利斯·马特利夫·德容提出。他曾经于1606年包围了马六甲，但无功而返。后来总督扬·彼得松·库恩实现了这个计划，他在爪哇岛的雅加特拉旧址上建立了巴达维亚城（即今印度尼西亚首都雅加达），此处毗邻胡椒出口港万丹。不同于马六甲，临近巽他海峡的巴达维亚，对于船只来说，全年友好易达。[17]

虽说库恩不得不和英国人竞争，但后者的投资数目和贸易额度均处于下风。攫取亚洲内部贸易中的巨额利润，才是荷兰东印度公司的目标，显然葡萄牙人、西班牙人和英国人都想从中分一杯羹。荷兰人试图通过与供应商签订独家送货合同，来保证对丁香和肉豆蔻的垄断；如果供应商毁约，东印度公司会动用武力报复。为了维持货物在欧洲市场的高售价，荷兰人会杀死或奴役生产商，甚至不惜摧毁一些产地。

东印度公司力图入侵葡萄牙在印度的据点体系，目标其实是锡兰的肉桂，以及乌木海岸和孟加拉的纺织品。1658年，他们成功将锡兰拿下。17世纪末，棉纺织品和丝绸取代了胡椒的地位，一跃成为东印度公司的主要货物。[18]与日本的贸易向来利润丰厚。荷兰人早在1641年就将商站从平户迁至长崎港内的出岛，而两年前，葡萄牙人刚被禁止在长崎进行贸易活动。东印度公司将丝绸、纺织品、木材和糖输入日本，再从日本输出在印度和印尼群岛交易所需的贵金属，如银、铜和大判金币（Kobangs）。[19] 1668年，日本禁止出口白银，东印度公司与日本的交易额下降，导致公司的白银库存也骤然下跌，只能越发依赖欧洲的白银。随着亚欧贸易的不断增长，越来越多贵金属流入这场贸易中。比如欧洲人对纺织品及新潮饮品（咖啡和茶）的消费热忱，就只能在亚洲通过大量白银来满足。

由于东印度公司详尽地记录了每一次进货和出货，所以我们对荷兰与亚洲之间贸易利润的了解是最为详尽的。根据账本可知，货物在荷兰的售价比在亚洲交易时的进价高出了将近三倍。但到18世纪时，利润空间缩小，而投资额度却在上升，加上高达36%的股息，东印度公司陷入了赤字。[20] 从亚洲贸易中获利的，一方面是收取股息的股东，另一方面是将亚洲货物转手到欧洲其他市场或美洲的荷兰商人。所以，同时参与东、西印度贸易，对于当时阿姆斯特丹的大商人来说是不足为奇的，其中包括赫里特·比克尔和赫里特·雷因斯特。此外，东印度贸易还给公司的许多职员提供了社会阶层上升的渠道，当然前提是他们能从艰辛漫长的海路之旅和热带地区的考验中活下来。

荷兰人在新建的巴达维亚碰上了中国的戎克船。这里不仅有来自欧洲和东南亚的商人，还有大量士兵和奴隶。从数量上说，荷兰人其实是这里的少数群体（见表1）。

表1　1679年巴达维亚人口中各族群所占比例[21]

族　群	人　数	百分比
荷兰人	2227	7.0
亚欧混血	760	2.4

续表

族群	人数	百分比
华人	3220	10.0
马尔迪吉基尔人	5348	17.0
爪哇人	1391	4.3
马来人	1049	3.3
巴厘人	1364	4.2
奴隶	16695	51.8
总计	32054	100.0

荷兰殖民地的人口由公司职员和所谓的"自由公民"组成，后者往往也以商人或者士兵的身份服务于东印度公司。男性通常会纳本地女性为妾，与之一起生活，之后再和混血或者来自亚洲其他地区的女性结婚。早在荷兰人之前，雅加特拉就已有中国商人和手工业者的身影，一些华人还拥有地产，以制糖为业。马尔迪吉基尔人以前是奴隶，现在是受洗过的自由身。葡萄牙人让他们重获自由，所以他们说葡语，有了葡式的名字；部分在受洗时得到荷兰语教名。巴厘人是荷兰人在发生武装冲突时倚赖的部队。马来人则是穆斯林商人或船长。在奴隶贸易中，荷兰人、华人、马尔迪吉基尔人、马来人与巴厘人互相竞争。奴隶来自印尼群岛和印度洋沿岸的诸多区域，经由海路运抵巴达维亚，[22]或其他东印度贸易公司的据点，如好望角。通常从称呼中就能知道奴隶的老家在哪里，比如"孟加拉的萝塞塔"或"望加锡的皮特"。

尽管马六甲作为一个大型的货物集散地吸引着葡萄牙人，但他们的占领引发了贸易重心的巨大位移。穆斯林商人搬去爪哇和苏门答腊的海港，福建籍华商则迁去了北大年和暹罗。而马尼拉才是华商最重要的货物集散地，因为漂洋过海而来的美洲白银就是从这

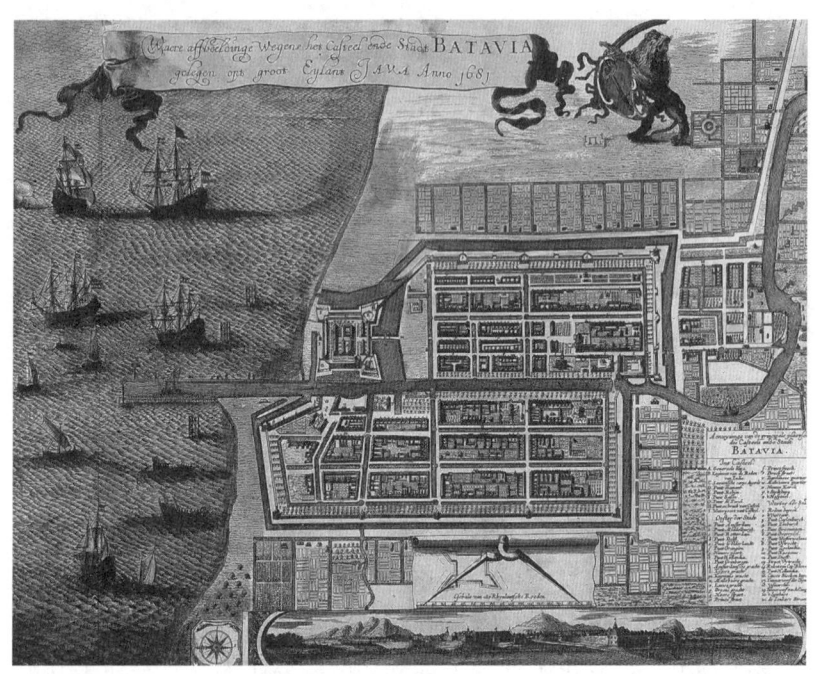

图 6　巴达维亚城及其防御工事俯瞰图，1681 年

里进入亚洲的。在葡萄牙统治期间，马六甲变成了一个说葡语、信仰天主教的亚欧合璧的城市。虽然马六甲的经济地位下降，但荷兰人并没有放松警惕，依旧把它视为劲敌；多番进攻之后，终于在1641年占领了马六甲。经过长时间的围困，这里的经济遭受进一步的破坏。荷兰人对通用的葡萄牙语和天主教信仰实施宽松的政策。多年休养生息之后，马六甲才真正成为荷兰人在印度市场的货仓，乃至在整个印度洋地区的战略重镇。[23] 当年的城市风貌至今仍保留在人们的集体记忆中。这部分归功于市政厅建筑，部分归功于英国人在1795年接管马六甲及东印度公司其他属地时留下的画作——尽管当时英国的统治及其贸易的重心在槟榔屿和新加坡。

英国东印度公司甫一成立（1600年），就开始装备船只，建立据点，开设经销商行。爪哇岛的万丹是他们第一个据点，那里的苏丹允许他们在此落脚。之后莫卧儿帝国的苏拉特和印度南部乌木海岸的默苏利珀德姆也对他们开放。毗奢耶那伽罗王朝摇摇欲坠，东印度公司从一位封疆大吏那里获得了建造堡垒和要塞的许可，于是他们便在这里建造了一座安全的海港马德拉斯，为印度南部的贸易奠定了基础。1622年，英国人和萨菲王朝联合赶走了霍尔木兹海峡的葡萄牙人，建立据点，收取关税。

在荷兰人的猛烈攻击下，英国人狼狈地撤出爪哇和安汶，在其他地区建立了许多新的据点。像荷兰人1651年占领好望角那样，英国人也在非洲黄金海岸修建了科尔曼丁堡，自1673年起又长期占领大西洋上的圣赫勒拿岛，为通往亚洲和美洲新大陆的航线建立补给站。孟买也是航线上的补给站之一，它是葡萄牙公主布拉甘萨的凯瑟琳嫁给英王查理二世时，葡萄牙赠送给英国的嫁妆。尽管那时人们还不太看重这座"可怜的小岛"（塞缪尔·佩皮斯语），但它却是日后英国东印度公司不断扩张的基石。东印度公司在孟买和马德拉斯都建立了行政和司法机关，确立了公司在殖民地的权威。将来不论是总督、士兵、教士、商人、普通移民，还是囚犯或奴隶，也不论他们身处何方，都有一套统一的司法体系来约束他们。[24]

除了英国东印度公司的官方贸易以外，不少个体商人以及公司的职员都有自己的私人买卖。这种私人买卖也是英国在印度洋地区贸易的一大重要组成部分。像马德拉斯总督伊莱休·耶鲁，走马上任后不久就把20万英镑装进了自己的腰包。1716年，他将一小部分财产捐赠给了康涅狄格大学学院，学院从此更名为"耶鲁大学"。英国对孟加拉的贸易也是从个体买卖的层面上发展起来。一开始，英国对孟加拉贸易的主要港口是胡格利和巴拉索尔；1690年，加尔各答建成后，便逐渐成为该地区的贸易重心和英国人进入印度的口岸。

英国商人通过水路，把印度商人卖给他们的纺织品从孟加拉运到苏拉特、波斯湾以及红海。英国的贸易不限于南亚次大陆上，商人会从孟加拉湾出发，与勃固（缅甸）、普吉、亚齐和阿瑜陀耶进行贸易。马尼拉和广州也不在话下，但对华贸易要到1760年之后才有较大的增长。

在此期间，英国东印度公司成了孟加拉的统治者，他们和当地居民以及英国个体商人的紧密联系，使得贸易的净收益率显著提高。孟加拉的鸦片和孟买的棉花为他们向中国的贸易拓展提供了基础，而与中国的贸易又对英国在印度洋及中国南海上的海运事业产生了深远的影响。加尔各答和孟买的船只垄断了该地区大部分贸易，马德拉斯逐渐衰落。同时，他们还不断挑战荷兰东印度公司在东南亚的贸易垄断。在亚齐和阿瑜陀耶，他们把从印度洋各地区买来的鸦片、纺织品、大米和奴隶贩卖给华商，再从华商那里买入茶叶。中国最主要的产品就是茶叶，商人可以从前来贸易的戎克船上买到，但越来越多的商人会直接去广州购买，那里也对孟买的棉纺织品和孟加拉的鸦片有着旺盛的需求。[25]

对其他国家而言，利润的诱惑同样是巨大的。在1719年法国成立专业从事东西印度贸易的"印度公司"之前，早已有法国商人在这些地区进行个体贸易。

印度公司是约翰·罗为解决法国国债而建立的综合企业的一部分。尽管该企业已在1720年的投机风潮中瓦解，但印度公司还是在短短几年之内恢复了业务，开通了驶向本地治里的航线。最大赢家大概是公司成员，他们从中揩了不少油。法国人最终在本地治里站住了脚，直到1954年才退出。

真正为法国对印度的贸易打开局面的是约瑟夫·弗朗索瓦·杜

布雷。他和荷兰人、本地商人，以及奥地利东印度公司的前职员合作，于1731年在孟加拉的金德讷格尔成立了一家经销商行。他们共同投资贸易和航运事业，经营驶向苏拉特、巴士拉、马尔代夫、东非、阿拉伯半岛、亚齐、马尼拉和广州的航线，运输业务受到亚美尼亚和穆斯林商人的青睐。

然而，英法两国的冲突给法国人在印度洋的活动造成了负面影响。继欧洲和北美之后，英法冲突也从18世纪40年代起波及了南亚次大陆。18世纪末时，法国在印度洋地区的贸易点就只剩下本地治里和毛里求斯两地了。[26]

2. 白银换棉花

贵金属和纺织品，这两种商品是将印度洋和其他海域连接起来最主要的纽带。中欧和后来从美洲出产的白银，使欧洲在亚洲、欧洲与亚洲的贸易成为了可能。除武器这样的紫铜和黄铜制品以外，欧洲的手工业制品在亚洲基本无人问津。在1660—1720年，包括钱币和非铸币形式的贵金属出口占英国出口总额八成左右；在荷兰东印度公司，该比例常常超过九成。

贵金属主要沿三条航线流入印度洋地区：第一条经由地中海、黎凡特、阿拉伯半岛、红海或波斯湾；第二条为大西洋航线，绕过好望角进入印度洋；最后一条则是乘着马尼拉盖伦船，从墨西哥和秘鲁远道而来。印度商人在近东和中东的白银运输中扮演着重要角色，欧洲贸易公司则主要承担好望角航线的贵金属运输。

基于荷兰和英国翔实的贸易数据，我们得以掌握经好望角航线运输的贵金属数额，由此也能对跨太平洋的运输得出可靠的推测；然而经由红海和波斯湾，或者因私人贸易牵涉进来的贵金属，其数额则难以量化。

18世纪末期，随着对华贸易的兴起，白银流动量进一步提高。在大西洋、印度洋、中国南海与太平洋的纺织品贸易中，印度扮演着至关重要的角色：品种繁多的棉产品绝大多数都来自乌木海岸、孟加拉和古吉拉特。印尼群岛、马来半岛、泰国、缅甸、红海沿岸、波斯湾沿岸和东非对印度纺织品的需求，保证了印度纺织业的高水准和高就业率。

从生棉花到成品，中间有一道道复杂的工序，细致的分工在纺织业必不可少。几十万纺纱工为织布工供应纱线，织布工将纱线织成原色棉布，大商人再为印染、刺绣等其他行业提供布匹。18世纪的大部分时间里，印度在手工业的加工技术方面都遥遥领先于欧洲。欧洲的甚至连印度本地的出口商，都无法直接左右棉布的生产。处在这一环节的，是本地的中间商，他们从织布工和染布工那里收货，并根据出口商的需要对产品进行调整。如果市场对产品的需求量增大，劳动力的数量也随之上升。所以，欧洲各个贸易公司在紧盯世界各地贸易市场的同时，还要竞相拉拢这些中间商，和他们合作。实际上，市场对各类布匹的需求，并没有因为欧洲人的到来而发生巨大的改变。日本、东南亚、东非、萨菲王朝和奥斯曼帝国都青睐高档的布料，这些布料大多经历了印染、印花或刺绣等精细的加工；但欧洲人的兴趣逐渐转向价格低廉、做工粗糙的布匹。18世纪时，欧洲开始生产并出口印花的卡利寇棉布（*Calicos*）。西非有自己的纺织工业，那里的人尤其喜欢靛蓝色的布匹。红蓝相间带有条纹或棋盘图案的布也备受欢迎。[27]

商品的生产制造是本地、区域和国际等诸多因素共同作用的结果。例如古吉拉特的商人，会将"他们的"布匹卖到阿拉伯半岛、波斯湾、万丹和亚齐去。如果一个商人想从印尼群岛购买香料、檀香和锡的话,那么除了银子,往船上再装些布料是不会错的。孟加拉人则是把食物、生丝和平纹细布(*Musselin*)带去苏拉特,再从那里带烟草和原棉回来。随着欧洲人的到来,长期经营内陆市场的孟加拉人,也开始了海外贸易。他们和欧洲人成为贸易伙伴,促进了孟加拉纺织业的发展。此前,这里的纺织业一直处于古吉拉特和乌木海岸的阴影下。[28]

18世纪时,英国要求孟加拉提高鸦片产量,而这一切都与茶叶贸易有关。茶叶一度改变了整个印度洋地区的生产和贸易格局,使广州成为对欧洲来说最重要的贸易口岸,之后又使广州在美国商人那里获得了同样的地位。1800年前后,平均每个英国人每年消费茶叶2.5磅,伴随白糖消费17磅。只有白银、武器和鸦片才能支付他们对于茶叶的狂热消费。因此,当时的欧洲贸易公司会将货船的大部分空间都留给茶叶。荷兰东印度公司此前一直从巴达维亚进口廉价茶叶,但光靠这一渠道已经无法满足不断增长的需求了,公司不得不安排从阿姆斯特丹直通广州的航线。通过种种措施,荷兰东印度公司保住了大约两成的市场份额,而英国东印度公司则掌握了约三分之一的茶叶贸易。此外,还有一些国家也在广州设立了站点,小规模地向英国输送茶叶。[29]

3. 商人的王朝与海上生活

近代早期,印度洋上的活动日益频繁。自中世纪起,人们就已经对从中东到印度和中国的商路十分熟悉了,如今这条航线也越发热闹起来。商人、水手、士兵、使者、朝圣的人和奴隶都在越洋迁移。海上贸易的增长刺激了印度洋地区旧港口的复苏以及新商站的建立。不仅沿海的居民能从中获益,内陆迁至海边的移民,也可从繁荣的经济中分得一杯羹。[30]

欧洲商人来到亚洲从商,置身于本地商人统治的贸易王国中。比如在苏拉特,当地商人不仅有从事船运和进出口贸易的,也有为欧洲人做中间商和代理人的。帕雷克家族就是一个在苏拉特为英国公司工作的世家。18世纪中叶,贾甘纳特·拉勒达斯·帕雷克一边进口英国货物,一边为英国公司采买纺织品等印度货物。他为此与无数织布工和承包商签订了契约。后来,他的儿子们接替了他的角色。作为当时最富有的商人之一,他为大英帝国在18世纪50年代的强盛贡献了一份力;还保障了儿子们作为中间商参与英国公司与当地的贸易的优势。[31]

古吉拉特商人的贸易网络也延伸到了国外,到达波斯和印尼群岛的亚齐。而另一张网,我们已经在关于地中海的章节中对其有所了解,那就是新焦勒法的亚美尼亚商人的网络,[32]同样覆盖了印度、东南亚和整个印度洋沿岸地区。

亚美尼亚人之所以能让在印度的欧洲人既羡慕又嫉妒,是因为他们总能以更低的价格买到印度的纺织品。比如通过印度中间商进货的英国人,他们的进价就比亚美尼亚人拿到的高出不少。因此,英国公司为保证从孟加拉地区获得稳定的产品供应,和亚美尼亚商人签订了许多供货合同。作为交换,欧洲人则给亚美尼亚人和他们在孟加拉的商馆提供机会,允许他们在胡格利、加尔各答和卡西姆巴扎尔拓展业务。赫瓦贾·瓦吉德是其中的佼佼者,18世纪上半叶时,他在孟加拉的经济领域扮演了领导者的角色。他既参与内陆地区的买卖(如贩卖硝石、盐和鸦片),也从事海外贸易,业务范围包括苏拉特、波斯湾以及红海沿岸地区。

同时,瓦吉德还与法国人、荷兰人和英国人保持着密切的联系。法国对印度的贸易中有很大一部分掌握在他的手里。他垄断了盐和硝石的贸易，独家为欧洲各贸易公司供货。

此外，瓦吉德还组建了一支商业舰队。舰队从胡格利出发，把大米、糖、纺织品和丝绸运到苏拉特，再从那里拉回原棉、玫瑰花水、珊瑚、杏仁和瓷器。为方便古吉拉特地区的事务，他在苏拉特开了一家分店。然而他和法国人的密切联系却使他成为英国人的眼中钉。1757年，英国人攻下胡格利，烧毁了他的仓库，并以悬挂法国旗帜为由，劫掠了他名下的一艘货船。瓦吉德的生意没能挺过此劫，他失去了对盐务的垄断，就失去了欧洲公司供货商的角色。[33]

一个商人王朝的兴起往往要以另一个的衰落为代价。商人破产提供的众多史料，让我们得以一瞥当时的商业生活风貌。

在巴达维亚，商人的成功与失败也彼此相连。一份1798年的拍卖会报告显示了破产的亚美尼亚商人，科索洛普·彼得鲁斯的资产状况。他身后留下了大量马德拉酒和富丽堂皇的家具物件，最后被包括荷兰人、华人和穆斯林在内的各族群居民收购。一位名为沈琛阁的华人似乎就是冲着装饰品去的。他买了一张大幅的油画（疑似源自荷兰），多张价格不菲的床、座椅、茶几、牌桌，还有铜制台灯和铜制痰盂若干。其他人买了装在玻璃柜里面的昂贵挂钟。由此可见，侨商群体在器物文化方面，已经跨越了族群和社会差异带来的此疆彼界。

在东南亚，不同族裔商人间的合作尤为紧密。华人是其中最大的群体，到处都有他们的身影。他们沿着河流，来往于内陆的生产区域和港口城市之间，为海外的消费者提供所需货物。例如荷兰市场热销的瓷器、丝绸，后来还有茶叶等，皆由华商供应。中式戎克船在海运领域也有一席之地。不仅是巴达维亚，阿瑜陀耶、马六甲和会安的华人社区规模也不小。马尼拉是华人与太平洋[34]以及西属美洲建立联系的重要窗口。还有部分日本商人住在这里，他们在日本官方的监管和许可下，把华商提供的货物发往日本。[35]

福建人在长达几个世纪的时间里主导着南海的贸易。尽管明朝试图限制航海与贸易，依然有数以万计的家庭打着海外探亲的幌子，以非法的货物交易为生。爪哇岛是福建人的主要落脚点，他们与当地的爪哇人和穆斯林商人住在一起。16世纪时，福建商船获得了对东南亚的贸易许可，马尼拉就在其中。戎克船一般在春节前后（1月或2月）扬帆起航，三四周之后便能到达东南亚的目的地，然后于6月初返航。与受季风影响极为强烈的印度洋不同，南海海域可全年通航。海岸线漫长，岛礁遍布，必要的时候可以为船只提供落脚点。如印度洋港口受制于季风，每年有数月无法通航，南海也受气候条件制约：每当台风来临，人们避之唯恐不及。无论是航海的水手海员，还是荷兰东印度公司海船的负责人，都会尽量在台风频发的时候躲在家里。[36]

美洲的白银吸引着大量华人到马尼拉落脚。他们接管了当地的零售业，为本地人和西班牙人供应食品。

爪哇岛上的贸易集中在万丹。以前常有华商拜访，久而久之，这些为整个印尼群岛供货的华商就在这里形成了自己的社区。

在欧洲人到来之前，华人主要为万丹的居民提供各类生活必需品。葡萄牙人到来之后，华人才开始出售丝绸、瓷器等贵重的中国商品来换取白银。此外，他们还出口在爪哇和苏门答腊岛种植的古吉拉特胡椒。

荷兰东印度公司在巴达维亚扎下根之后，对荷兰的贸易猛然间变得炙手可热。福建和巴达维亚之间，也有戎克船定期往返，进行贸易。华人供应的商品主要包括丝绸、瓷器、糖、伞和纸，他们从巴达维亚拉走的货物则包括檀香木、牛角、燕窝、象牙、贵金属以及胡椒等香料，后来还新增了锡和布料。[37]

此外，华商也活跃于居间贸易领域，在东南亚生产者和全球贸易网之间架起桥梁。例如东南亚清漆市场的发展，就有华商的功劳。当紫胶虫在树枝上安家时（常见于孟加拉榕树），会形成一种猩红色的树脂。人们将这种树脂风干磨碎之后，会运往中国和日本。那里的手工艺人会以它为漆，涂抹在柜子、箱子和屏风等木制家具表面，起到防虫和美化的效果。中国和日本的漆器在印度洋沿岸以及欧洲备受欢迎，这也反过来促进了漆器制造业的繁荣。[38]

巴达维亚和日本之间定期会有两三艘戎克船往返，台湾和长崎都是该航线的目的地。福建人也跟台湾人、定居日本的华人做生意。直到17、18世纪之交，荷兰人才开始对中国茶叶产生兴趣，此前他们对茶叶并不感兴趣。

18世纪时，海运产业几度停滞，但东至长崎、西至马六甲的福建商业网却毫发无伤。究其根本，宗族纽带是不可忽略的因素。[39]

华人和欧洲人在印尼群岛的贸易伙伴主要是马来人、苏拉威西岛的武吉斯人以及来自乌木海岸的穆斯林——他们在文献中被称作"丘利亚人"。在葡萄牙人攻占马六甲之后，大量丘利亚人避走至亚齐和柔佛等地，但他们依旧保持着与乌木海岸的联系，因为他们和那里纺织行业的工人还有债务关系。他们专门买卖欧洲人不感兴趣或者缺乏了解的货物，比如一种在印度和东南亚地区颇为盛行的娱乐性产品——槟榔。丘利亚人不仅能够分辨槟榔的品种，还了解各地居民对槟榔的口味偏好，比如勃固人喜欢红槟榔，而中国和马拉巴尔海岸的居民则喜欢白槟榔。此外，他们也是买卖马来象的专家。荷兰人与英国人曾经试图插手这项贸易，但他们缺乏与大象打交道的基本知识，最后只能承认这些印度商人在该领域的优势地位。[40]

马六甲还是泰米尔商人的聚居地。尽管荷兰人试图将贸易往巴达维亚集中，但马六甲的地位仍然不可撼动。每年至少有两艘戎克船从厦门来马六甲进行贸易。马来和爪哇的商人也多在马六甲运筹帷幄，"小规模"的水上交通在这里的港口间独具优势。在18世纪初，这里每年有10—20艘船来自印度，50—100艘来自苏门答腊或马来半岛，以及约40艘来自爪哇。其中，马来人的船只数量超越华人、爪哇人和武吉斯人而位登榜首。在18世纪末到19世纪初，马来船长们把经营重心转移到蒸蒸日上的英国属地槟榔屿，华人很快就给马来人的事业蒙上了阴影。华人移民增多，华人总数上升，加上宗族及家族网络的合作，使他们更能抓住新机遇，如在马来半岛上开采锡矿及农产商业化等。[41]

岛屿上的居民也在贸易与海运中扮演着重要的角色。居住在印尼群岛西部的罗越人就是这样一个族群。他们深谙马六甲海峡和新加坡海峡各种潜藏的危险，许多人给船只导航领路；还有的靠打捞海里的物产为生，海带、珊瑚、珍珠、鱼翅和海龟（玳瑁）都可以打捞上来出售，买家主要是华商。此外，他们还是令欧洲人闻风丧胆的海盗，欧洲人不得不提防他们带来的危险。[42]

从史料的多寡和活动范围来看，荷兰的商人和海员可谓是一枝独秀。从17世纪初到18世纪下半叶，无论是从欧洲前往南非的或是亚洲的航线，荷兰的船只数量和运载人数皆超过了其他欧洲国家的总和。从1600—1795年，曾有大约100万人搭乘超过4700艘荷兰船只前往亚洲，也就是说，平均每年搭载大约5000名旅客。其中三分之一后来乘船回到了荷兰。荷兰东印度公司分部的数据显示，在这里以代尔夫特分部为例，在雇佣的海员中，大约有六成能重回故土，但其中士兵的比例仅占三成。这或许是因为士兵的死亡率极高。在亚洲时，他们长期驻扎在兵营的棚屋里，容易染上各种疾病。[43]

荷兰船只去往亚洲的常用路线如下：首先沿着非洲海岸行驶，之后乘着信风驶向南美洲，到巴西后再借着西风抵达好望角，摸索沿着东非海岸前进，驶过马达加斯加，最后横跨印度洋，直至抵达爪哇岛。这条航线在1620—1629年平均耗时258天。船长们不久就发现，如果不沿着非洲海岸行驶，而是直接从好望角乘着西风驶向澳大利亚，之后再北上前往爪哇岛，只需大约200天，而且随着海图的不断更新，这条航线也变得越发安全。

只有当亚洲各地的货物都到齐了，等待在巴达维亚的舰队才能返航。最迟到9月或10月时，货物就应该到达巴达维亚，这样装载完之后，船队才能在12月准时返航。起东南风的时候，就可以直接朝好望角驶去了。紧急情况下，船只会在毛里求斯停靠。绕过好望角，进入大西洋，经过圣赫勒拿岛，离欧洲就不远了。最后一程或通过英吉利海峡，或绕行苏格兰进入北海。回程一般耗时218—230天。[44]

唯有一支专业的团队才能胜任船上的各项任务。在荷兰东印度公司的船上，押货人是除了船长或船主以外需要对航程和货运负责的重要职位。他们之下还设有两名舵手、一些下级士官，水手长和副水手长各一名，此外还有会计、司务长、厨师、治安员和看守员等职位。一些职位设有副手（二级下士）。船上还需要造船匠、修帆工、桶匠、理发师和外科医生等手艺人。再往下，就是水手、见习水手，以及军官、公司职员的仆人。船上通常还有神职人员，以及一些拖家带口去巴达维亚的散客。最后，船上还有士兵。士兵在一定时间内为荷兰东印度公司效劳。实际上，佣兵的岗位对所有欧洲公民开放。

海员主要来自荷兰，但越来越多的海员来自北欧的沿海地带，如石勒苏益格-荷尔施泰因、丹麦、挪威、瑞典，波兰以及波罗的海东岸地区也有不少人参与。

外籍的水手和船长中,相当一部分会选择留在阿姆斯特丹成家立业,而另一些则会在结束数十载的航海生涯后回到故乡。基于他们丰富的航海经验,就算在波罗的海地区,他们也会受到本国海军军官的器重。

尽管东南亚部分地区的气候足以致命,但荷兰东印度公司还是成功使其在印度洋上的漫长航行越来越安全。这要归功于他们相对健康的伙食安排。17世纪末,荷兰东印度公司的海员几乎和海军一样,每天可摄入4700—5000卡路里的热量,成为当时营养摄入最好的人群。作为参照,当时的莱顿纺织工每人每天最多摄入3500卡热量,远低于海员标准。

荷兰对战船海军的伙食标准有着详细的规定,东印度公司便参照海军的标准提供伙食。早餐是混有李子干和葡萄干的麦片;约12点进午餐,喝绿豆汤或是灰豌豆汤;晚上6点左右则喝中午的剩汤。调味品包括黄油、芥末和醋,有肉的时候还能吃肉。一周有四天可以用鳕鱼干配汤,三天有熏肉或其他肉类。每人每周可获得一定配额的面包、黄油、奶酪和醋。饮品有水和啤酒,烧酒和葡萄酒则有一定配额。军官和贵客自然不能亏待。他们在常规的豆汤之外,还会获得额外的蜂蜜、糖、香料和多种肉类、酒类。[45]

尽管伙食相对丰盛,但缺乏维生素C导致的坏血病依然是一个大问题,它造成大量海员死亡。在17世纪七八十年代,海员的死亡率终于降至9%,而在此前的几十年中,该比例一直高达15%。和陆地上25—35岁的男性死亡率(大约2%)相比,海员的死亡率高得惊人。除了营养不良造成的坏血病以外,工伤和战伤造成的伤口感染,以及沉船海难,都是死亡率高的重要原因。热带地区的传染病也十分凶险。[46]即便到了巴达维亚,海员的健康风险依然很大。1725年到1786年，死在巴达维亚医院的东印度公司雇员大约有95000人，也就是说，每年的死亡人数超过1500人，而每年到达这里的欧洲人也就只有6000人左右。[47]返程的死亡率一般较低，为6%左右；如果没有瘟疫的话，死亡比例会继续下降。[48]

船员们除了伙食好，报酬也高。船长的薪水是舱面职位中最高的，每月可达到60—80盾。水手长收入也较高，每月薪资40—50盾。但所有人中，收入最高的是牧师，每月收入可达80—100盾。木工长和其他手艺人每月可领30—36盾，低级木工每月薪水在24—28盾之间。水手每月收入只有7—11盾，但年收入也可达84—132盾。普通士兵的收入水平与水手大致相当。考虑到他们不必为食宿花钱，而且在船上也没有大笔花钱的机会，所以一次出海下来，他们可以获得一笔可观的收入。[49]

除了固定工资以外，从事非法的私人贸易或多或少都能获利。18世纪时，海员藏进行李箱里的私货可谓五花八门。尽管荷兰明令禁止杜卡特银币出境，但还是有人私自把这种银币带到巴达维亚去，比如丹尼尔·范斯塔登曾于1738年带了231枚，而迪尔克·蓬普于1740年带了195枚。还有一位名叫赖尼尔·扬·埃尔斯菲的船主，他的船就是一个大仓库：船上曾一次运载了19种红酒和啤酒、300只眼镜盒、56支长枪、30支手枪、24顶男帽、12个水晶果盘、400个玻璃灯罩、66只酒杯、320面窗玻璃，以及黑色裤子和绣花束身衣若干件；此外，还有奶酪、黄油、鲱鱼、火腿、熏肉、牛舌和三文鱼等食品。有些船主则专门运送金属制品，如眼镜、镜子、签子、纽扣、刀子、剪刀、剃刀片等所谓的"纽伦堡小商品"。[50]

良好的职业前景是进入荷兰东印度公司工作的重要动机之一。公司的雇佣合同以三年为期。就算有人倒下，他的职位也马上就能由另一个海员、士兵或雇员接替。也就是说,一个人以水手的身份从荷兰出海,回来时,他很可能已经是下级士官了,甚至可能更高。历史上,就出现过几名从见习水手做起的海军上将。因为从欧洲招募的员工数量不足以满足亚洲各商站的需求,公司也在当地招募了大量本地海员、士兵、手艺人以及船坞和港口工人。荷兰东印度公司在亚洲的员工中,仅有六分之一来自欧洲或是欧亚混血儿。例如在锡兰,仅有三分之一员工是欧洲人或印欧混血儿,其余员工和半数士兵都来自本地。由于公司禁止员工把亚裔妻子或情人带回荷兰,许多荷兰人为此决定留在这个热带地区。

正如前面所述,华人、爪哇人和马来人的船运事业都发展得如火如荼。为了运营亚洲内部的航线,荷兰东印度公司招募了许多华人及本地海员。在连接欧洲航线的港口,公司也大量雇用当地海员来满足货运需求:在乌木海岸招募泰米尔基督徒,在孟加拉和锡兰招募穆斯林,在澳门招募土生葡萄牙人,在巴达维亚招募爪哇人和华人。在1790年前后,每年大约有1000名亚裔海员往返于亚洲与荷兰之间。[51]

顺利完成在热带地区的使命后,大多数船长和高级职员会返回故乡;但下层水手和士兵中,则大部分会选择在"殖民地"再熬上一阵子,期许能碰上不错的发展前景。

公司对人力资源的巨大需求,经常能给前雇员提供重操旧业的机会。胡贝特·胡戈的故事,就是一个引人入胜的例子。他曾在荷兰东印度公司任职长达14年,又在苏拉特成为一名成功的商人,其间还当过海盗。他和朋友劳伦斯·戴维松,一位曾在马斯河海军工作过的海员与私掠者,以及其他六人,共同创立了一家海盗企业。目标是在红海劫掠穆斯林的船只。为了建造船只、招募海员,他们每人投资了8000盾。一离开荷兰海域,他们就把船名从

"七省号"改成了"黑鹰号",并在勒阿弗尔港获得了法国颁发的私掠许可证。许可证授权他们缉拿海盗、巴巴利人、像"野人"一样不信教的人以及法国的敌人,没收他们的货物,并把他们带回勒阿弗尔。

他们于1661年驶入红海,像在印度洋上一般,劫掠、烧毁了多艘船只。他们掠夺了大量现金、黄金、珠宝、货贝、大米、香料、纺织品和家畜。海员被俘,荷兰东印度公司和英国东印度公司的海上护照也被偷。在穆哈,他们使用武力对付抵抗海盗的本地统治者。他们钓到的最大的鱼,是一艘属于比贾布尔王太后的船,船上装有价值连城的黄金、平纹细布、地毯、现金和玫瑰花水,这些货物本来是要运往麦加和麦地那的。海盗们在印度洋上"收割"了一圈之后,又绕过圣赫勒拿岛,驶向加勒比海,在马提尼克群岛和圣基茨岛的附近海域继续烧杀抢掠。

当戴维松回到阿姆斯特丹,正准备和"投资人"分赃时,却被抓个正着。他的货物被没收,本人也以海盗罪被判处死刑。执行前不久,他又被移交给老家多德雷赫特的法庭,重新审理。他这回被判处30年有期徒刑,刑满后驱逐出境,不得再入荷兰和西弗里斯兰地区。但多德雷赫特并没有戒备严密的监狱,他于1663年11月被送往阿姆斯特丹的一家管教所。仅两个月之后,他就从烟囱成功越狱。此后,他可能去投奔了藏匿在勒阿弗尔的胡戈。两年后,他似乎回到了马斯河海军任职,并在第二次英荷战争中(1665—1667),作为船长指挥战船"霍林赫姆号"参战。接下来的几年之内,他一路晋升,最后成为主力战舰之一"海尔德兰号"的指挥官,该舰配备280名船员及36门火炮。在去世之前,他一直担任此官衔。

另一边,尽管胡贝特·胡戈窃取了多份荷兰东印度公司的海上护照，在公司领海上大肆破坏，他还是于1671年重返岗位。胡戈此后的职业生涯便是青云直上了。他一度担任公司驻毛里求斯商站的主管。尽管他不被准许再踏上东印度地区的海岸，但在1678年去世之前，他一直在巴达维亚享有极高的声望。[52]

扎哈里亚斯·瓦格纳（1614—1668）也在为荷兰工作期间跑遍了世界各地。他来自德累斯顿，在萨克森的中学毕业之后，便去了阿姆斯特丹进修，师从地图学家威廉·布劳，1634年作为荷兰西印度公司的职员来到巴西。此时，当地的总督是拿骚-锡根的约翰·毛里茨，他正致力于推进巴西的地图测绘工作。总督任命瓦格纳为书记员兼画师。正是这段经历，让他留下了传世的《动物之书》。回到欧洲后，他尝试过回德累斯顿发展，但还是在17世纪40年代时，成为荷兰东印度公司的职员。之后便一路高升，一度担任巴达维亚总督安东·范迪门的书记员。1651年，他以使团秘书的身份随团出访越南东京和中国台湾。1653年，以使者身份访问广州。1656年，他应该是在日本为荷兰东印度公司服务，作为公司使团一员访问了江户，还在那里亲历了明历大火。1660年，他参与签订与望加锡苏丹国的和平友好条约。由于功勋卓著，于1662年被任命为开普殖民地总督约翰斯·范里贝克的继任者。尽管他并不安于在欧洲静享晚年，但在开普殖民地的五年任期期满之后，他还是回到了阿姆斯特丹。在那里离世之前，也再没有回过萨克森。他留下了一部日记选集：《已故的扎哈里亚斯·瓦格纳先生35年的旅行与活动辑要：在荷兰东西印度公司履职期间在欧洲、亚洲、非洲与美洲的见闻（……）》。[53]

扬·布兰德斯的一生也不同寻常。他1743年生于一个移居荷兰的图林根家庭。在莱顿读完中学和大学之后，他去了格赖夫斯瓦尔德攻读神学，毕业后成为一名在盖尔登就职的路德宗牧师。此后，他应聘了荷兰东印度公司的牧师职位。1778年5月6日，他携妻子特勒，还有15岁的被监护人玛利亚·玛格丽塔·维泽，登上东印度航线的"荷兰号"前往巴达维亚。在开普地区短暂停留后，他们于1779年1月23日到达巴达维亚。同年6月22日，儿子扬切出生，但妻子却在大约一年后去世。布兰德斯在巴达维亚工作到1785年。在1785—1786年的返程途中，他与儿子又拜访了锡兰。他留下了大量的书信、日记和画作，翔实地记载了巴达维亚和锡兰地区多族群聚居的生活环境，使他成为当地最好的编年史记录员。

然而教区议事会却对布兰德斯颇为不满，因为他并没有认真履行作为牧师的义务，反而在写生、作画、制作鸟类标本、经营自家田地等琐事上十分用心。因此，他被总公司召回。返程途中，他又在开普地区短暂停留，以便更好地认识这里，对其风物写生创作。教区议事会的消极评价影响了他作为牧师的前程，他必须另作打算。

瑞典就是一个不错的选项。他曾于瑞典治下的波美拉尼亚求学，对瑞典有一定了解。此外，他在巴达维亚认识了斯文·约翰·维默克兰斯，后者曾负责维护东印度公司的船闸、运河与水厂等设施。维默克兰斯收集稀有鸟类、矿藏和植物，常和布兰德斯交换藏品。1783年，他离开巴达维亚。为了能在斯莫兰地区置地，他先在波罗的海沿岸的施特拉尔松德安顿下来。他成功说服布兰德斯也经行此番操作。于是1787年11月，布兰德斯朝哥德堡出发，后来在维默克兰斯附近的斯卡泽博买房置地。他很快融入了当地的精英圈子，与名门之女结婚，生了两个女儿。儿子扬切虽然熬过了热带气候，却没能在瑞典战胜天花恶疾，于1792年1月不幸夭折，年仅12岁。扬·布兰德斯于1808年去世。他在一生中创作了不少日记和绘本。他的日记如今存放在林雪平。[54]

从瓦格纳与布兰德斯的故事中，我们可以看到荷兰商站已经编织起了一张覆盖全球的网络。尽管偶尔会短暂中断，但保持多年的书信往来在那时并不是一件稀罕事。下面是卡尔·路德维希·沙伊茨，一位来自施泰因贝格并于弗伦斯堡教区任职的牧师，写给他弟弟的信。后者在科钦工作，是荷兰东印度公司的一名会计。他在信件中附了一张家人的剪影（当时的照片），并告诉弟弟给他汇钱的方法：

> 贤弟：来信收悉，知你欲向我汇款。……向以下两家转账，甚为可靠。其一是东印度公司阿姆斯特丹分部会计弗兰斯·德维尔德先生，正是受我所托把此信交付于你者。其二是埃尔德文·柏太德先生。请务必以弗兰斯·德维尔德先生为主要代理人，并在收款人一栏填上他的名字。通过上述二人，款项可安全汇至我处。以上就是我对贤弟的要求。代表母上、内人、犬子向你、贤弟妇、贤侄问好。伏蒙神恩。顺颂安好。勿忘愚兄。[55]

可惜，送信的货船被英国截获，这封信最终没能送到他弟弟手里。现在，信件被存放在英国国家档案馆所谓的"缴获档案"中。

4. 当欧洲遇见亚洲

荷兰人深刻地影响了印度洋地区的文化交流。其范围不仅包括从阿拉伯海到中国东海的各个区域，还包括如大西洋在内的其他海域。荷兰人的成功要归功于他们卓越的适应和融入能力。他们能迅速地适应亚洲各地纷繁多样的文化,并学会每种文化中约定俗成的东西。为了谈成生意,他们会按"规矩"进行一些仪式;精通马来语、波斯语、葡萄牙语和中文,并用这些外语写信;同意行磕头礼(这一点就和英国人、俄国人很不一样);在莫卧儿帝国、康提、马特勒(在锡兰)以及暹罗等国的宫廷里,他们也愿意遵照复杂的宫廷礼仪行事。而另一方面,他们也会有针对性地对当地人使用欧式权术,把自己打造成世界知识的唯一来源。[56]

不同的殖民地社会在进出口货物及合作方式上,都有很大差异。在巴达维亚和开普敦的荷兰人,一般会和众多族群混居在一起;而在日本,他们只能被隔离在出岛上,偶尔接待访客。出岛的商馆必须每年派理事长,带医生和书记员各一名,赴江户朝觐将军。久而久之,朝觐代表团的人数逐渐增加到100—150人,其中包括日本翻译和向导。每次访问大约持续三个月,其间要向将军以及其他达官显贵赠送不凡的礼品。通常,荷兰人会提前得到一份上贡清单。出岛的簿记文件详细记录了这一互利程序,是日荷、日欧之间文化交流的重要史料。朝觐不仅给荷兰人提供了一年一度的离开出岛的机会,也给日本人提供了和西方人打交道的机会。当荷兰人在京都停靠时,便会有日本官员前来,向他们学习西方风俗礼仪。一些日本学者开始从事西方研究,如"兰学"便是关于荷兰的学问;而一些欧洲人,如恩格尔贝特·肯普弗和卡尔·彼得·通贝里,也把日本的科学知识带回荷兰和欧洲其他地方。[57]

无论是在巴达维亚,还是在其他地区,人们都会试图在生活习惯和装饰两方面来适应当地的需求和习惯,比如在建造房屋时考虑雨季的排水问题,以及将本地和原有习俗杂糅在一起的生活方式。所以在巴达维亚,荷兰人、华人和亚美尼亚人欣赏的器物都具有东西合璧的特点,他们的家里既有荷兰的油画、素描、版画,也有中国的水墨画、瓷器、灯笼、鸟笼。人们既欣赏欧式的洛可可坐具，也青睐中式座椅、日式漆器与各式钟表，其中装潢富丽的弗里斯兰钟表是华人的最爱。[58]

值得一提的是早期关于语言和风俗的学术研究。例如弗雷德里克·德豪特曼的著作《语言和词汇书，马来语、马达加斯加语初学与阿拉伯语、土耳其语译文》。德豪特曼是最早来到亚洲的荷兰人之一。1599年时，在亚齐被判处长达26个月的监禁。他在监禁期间学习了马来语，回国后随即于1603年出版了一本字典。字典中不仅列出荷兰语和马来语的对照词汇，还有多段马来语对话，涉及船只到港、觐见国王等诸多场景。书后还附有一些他对天象的观测记录。[59]

一段漫长的知识传播历程由此开始，在18世纪迎来了真正的知识爆炸。其中包括埃弗哈德·伦夫斯所著的《安汶珍宝馆》[60]（1705），可谓一座纸上的珍宝馆；以及弗朗索瓦·瓦伦丁的《新旧东印度》[61]。该著作不仅介绍地理、自然史和各个族群，还介绍了宗教。瓦伦丁作为一位相信进步的新教启蒙主义者，一边和这些"地方迷信"纠缠不休，另一边则忙于推动马来语《圣经》的翻译工作。荷兰人由此形成了自己的印度洋图景，同时也把他们的世界图景传播给当地社会。

然而，对欧洲产生影响的，不仅仅是欧洲人和印度洋地区居民的相遇；欧洲各国力量在这里的纠纷，从长期来看，也促进了国际法的发展，影响了人们对海洋支配权的想象。葡萄牙就曾宣称对海上交通拥有主权，并试图通过发放名为"海报"（cartazes）的海上护照来实现对海洋的控制权。[62]船只一旦被发现没有海上护照，便会被查抄，船员或被杀死，或被卖为奴隶。

荷兰人自然不会承认葡萄牙对海运的垄断。一桩发生在新加坡海峡的案件触发了关于国际法的长期论战。1603年2月25日，荷兰海军上将雅各布·范海姆斯凯克劫掠了一艘葡萄牙克拉克帆船"圣卡塔琳娜号"，船上载有昂贵的中国丝绸和瓷器。这桩私掠纠纷，逐渐演变成了一场政治斗争，目标是削弱葡萄牙在亚洲地区的地位。1604年，荷兰东印度公司委托人文主义者胡戈·格劳修斯撰写辩词。格劳修斯同时也是一名法律专家，他曾于16世纪90年代在荷兰的"泳狮号"于哈瓦那海域劫掠西班牙船只后，为其提供过法律支援。这就是《论捕获法》一书的成书背景，其中《论海洋自由》一章于1609年单独发行。书中，格劳修斯从法学角度，对船只在世界海面上的自由航行权进行了论证。于是便引发了一场笔战：葡萄牙神父塞拉菲姆·德弗雷塔斯在所著的《论葡萄牙在亚洲的正当统治》一文中主张，在与葡萄牙领土相接的水域内，葡萄牙拥有对航船的控制权；但他并没有提出公海也归葡萄牙所有。此外，英国人约翰·塞尔登则撰写了《论海洋封闭》，与《论海洋自由》针锋相对。根据他的主张，英国拥有对北海的主权——这一点直指荷兰鲱鱼业。[63]英国试图通过出台《航海法案》，将法条转化为实践。根据《航海法案》，进口商品只能由英国船只或者出口国船只，从出口地直接运往英国。[64]但英国在印度洋地区有限的运载力，远不足使法案得到贯彻落实。直到19世纪，在接手了一度属于荷兰的南非、马六甲和锡兰之后，英国才有能力贯彻该法案。之后，商人若想派船前往英国的海外领地进行贸易活动，那么海员中英国人的比例必须高于四分之三，且必须开往英国控制下的港口。在印度港口，无论货船来自何方，只要不是英国货船，都要缴纳两倍于英国船只的关税。[65]

与此同时，英荷之间的较量还在继续。两个殖民大国会通过介入当地的冲突，来为自己争取盟友。在1824年的英荷条约中，两国划清了各自在东南亚的势力范围。一条分界线从马六甲海峡与新加坡海峡的主航道中心线延伸到南海。界线以北的岛屿、陆地和水域应属于英国，以南则属于荷兰。荷兰接受英国扩建新加坡港的要求，而英国则答应不再于苏门答腊岛或者新加坡以南的岛屿上建立商站。[66]

第七章
大西洋

　　如形势再次改变,我们这边(塞维利亚)的货仓可能会很满,而你们那边(利马)则不然。如果你们要去大陆省的话,千万不要卖掉在利马的房产。我们正准备成立一家贸易公司,想请你们回到利马,(作为我们的伙伴)在那里管理商站。……如果你们能在那边(利马)多待五六年,或者至少待满公司的起步期,在我看来是再好不过了。具体时间当然以你们自己为主。……

　　眼下我们处境十分窘迫。去年11月4日,有一支船队在卡雷尼奥的指挥下从这里起航,到现在一点消息都没有。而且从那时起,一艘从新西班牙或伊斯帕尼奥拉岛过来的船都没有。[1]

——弗朗西斯科·德埃斯科瓦尔

　　这封1553年的信,是塞维利亚商人弗朗西斯科·德埃斯科瓦尔写给远在利马的贸易伙伴的。从信中可知,当时地处大西洋东西两岸的他们都在等待某支船队的消息。这条航线的危险性和不确定性可见一斑。尽管如此，人们还是在16世纪中期征服了大西洋，在两大洲之间建立起联络。跨越大西洋有多个阶段，在这一过程中，人们对这片海域的认知也随之改变。

当维京人从冰岛横渡到格陵兰岛的时候，他们可能并没有意识到，自己已经成功跨越了一片海洋。对于大多数欧洲人来说，"海格力斯之柱"是一道巨大的屏障。直到克里斯托弗·哥伦布用实际行动证明大西洋并非不可逾越的时候，欧洲人才开始把大西洋理解为一个物理上可逾越、可由若干节点连接起来的空间。后来，水手、商人和探险家才发现，越过这片海还能到达其他海域，比如太平洋。[2]

1. 向新大陆前进

早在古典时代就为人们知晓的加那利群岛，在14世纪上半叶，再度被热那亚人兰扎罗托·马罗切洛和诺科洛索·达雷科发现。

紧接着，葡萄牙便对这片群岛宣示主权。但1477年，天主教双王和加那利群岛的统治者签订了一份购买合同，开始了卡斯蒂利亚对群岛的征服历程。直到1496年，当地的关切人屈服，加那利群岛才完全服从于卡斯蒂利亚的统治。对于新世界的漫漫征程来说，这不过是一次预演。从西班牙南部到达加那利群岛，只需七天的航程，同化关切人并非难事。[3]

占领这里，就像是占领美洲新世界或是任何地方一样，都是经济、政治和宗教性质的。殖民者可以获得或大或小的土地，用以种植粮食、糖料作物及其他农产品。热那亚和尼德兰的商人活跃在港口间，岛上制糖业的发展基本依赖他们的运输和资本。在1516年前后，大约有25000人生活在群岛上，其中四分之一为原住民，剩下的由西班牙和葡萄牙移民，以及专门为了糖料种植被运来岛上的非洲及摩尔奴隶组成。

加那利群岛是新大陆航线上的补给站，在热那亚人哥伦布第一次越过大西洋时便是如此了。他想探索西行前往印度的航线，然而葡萄牙王室却对他的宏图反响平平，之后的一段时间里，安达卢西亚的金主给他提供过不少帮助。1491年秋，他终于说动天主教双王。西班牙王室答应贷款给他，并为他的探险活动提供了"平塔号"与"尼尼亚号"两艘卡拉维尔帆船。他还自费装备了"圣玛利亚号"。葡萄牙在探索印度航线时取得的进展，显然对西班牙产生了强烈的刺激，使他们迎头赶超的愿望格外迫切，所以哥伦布才能从西班牙王室那里获得如此丰厚的条件。

1492年8月3日，哥伦布从帕洛斯起航。他们第一次靠岸于加那利群岛，稍作停留后于9月6日再次西行。10月12日，他们在加勒比海的瓜那哈尼岛登陆，哥伦布称这里为"圣萨尔瓦多"（今巴哈马群岛中的华特林岛）；经过数座岛屿之后，他们沿着古巴海岸行驶；12月6日，在一座小岛前抛锚停靠，哥伦布将岛命名为伊斯帕尼奥拉岛。1493年1月16日，他们起程返航；由于遭遇风暴，中途不得不在亚速尔群岛和里斯本停靠。葡萄牙国王接待了他们，并对新发现的岛屿提出了领土要求。3月15日，他们才回到西班牙。国王夫妇在巴塞罗那接见了他，还有他们抓回来的印第安人。仅数月后（1493年9月25日），哥伦布便带着一支规模更大的舰队出发，开始第二次美洲航行，并在美洲待到1496年才返航。他们再次到达安的列斯群岛，并到达波多黎各、古巴南海岸、海地和牙买加等地，还在伊斯帕尼奥拉岛上建立了拉伊莎贝拉殖民地。在第三次航行中，哥伦布先直抵奥里诺科河河口，登上南美洲大陆，然后才去查看伊斯帕尼奥拉岛。其间殖民地有人向西班牙宫廷告状，指责哥伦布及其兄弟管理不善，当时他弟弟正在拉伊莎贝拉担任长官。于是，新总督在王室的安排下走马上任，并遣人将哥伦布兄弟押送回西班牙。后来，王室为探险家平反，准许他进行第四次探险，以实现在古巴和南美之间寻找一条航道的想法。他沿着中美洲海岸，从洪都拉斯行驶到巴拿马，却不得不因海难、饥荒、疾病和哗变返航。1506年，哥伦布在巴利亚多利德失望地死去。[4]

但人们对大西洋的探索仍在继续。阿美利哥·韦斯普奇介绍了南美洲北部海岸的一些情况。尽管他或许从未到过那里，但这片大陆还是以他的名字来命名。乔瓦尼·卡博托，一位为英格兰服务的意大利人，于1497年登上了北美洲大陆。佩德罗·阿尔瓦雷斯·卡夫拉尔发现了巴西。瓦斯科·努涅斯·德巴尔沃亚则在1513年穿越巴拿马地峡，看到了他称为"南方之海"的那片"太平"的海面。胡安·庞塞·德莱昂开始对佛罗里达半岛进行勘察。胡安·迪亚斯则在1516年到达拉普拉塔河。对欧洲的进一步扩张有着深远影响的，是葡萄牙与西班牙划分势力范围。卡斯蒂利亚的伊莎贝拉和阿拉贡的斐迪南请求教皇亚历山大六世发布诏书，授予他们在已发现和未发现的土地上进行传教的特权。葡萄牙的若昂二世则直接与西班牙进行谈判。在1494年6月7日达成的《托尔德西里亚斯条约》中，两国一致同意把分界线设在西经46°，也就是佛得角群岛以西1200海里处。这使得巴西东北部也成为葡萄牙的势力范围。总体来说，这条分界线一方面保障了葡萄牙在博哈多尔角以南的非洲海岸上的权益以及其亚洲航线的安全；另一方面，又保障了西班牙船只在博哈多尔角以北的大西洋洋面上的顺行无阻。同时，西班牙也可在分界线以西的海域向南航行，使得拉普拉塔河口地区（即日后的阿根廷）成为西班牙的势力范围。

直到费尔南多·麦哲伦，一位为西班牙服务的葡萄牙人，及其船队完成了环球航行（1515—1522），葡萄牙、西班牙两国才因为东南亚再次有了利益纠纷。1527年，西班牙人在菲律宾站稳了脚跟；而摩鹿加群岛被卖给了葡萄牙，纳入了葡萄牙的势力范围。

虽然哥伦布未曾察觉，但他的确是把大西洋从屏障变为通途的第一人。他计算错了欧洲和"亚洲"之间的距离，所以他并没有认识到大西洋的宽广；同样地，麦哲伦也对太平洋的广阔无垠一无所知。随着时间的推移，人们才意识到，大西洋的彼岸不是亚洲，而是一个全新的未知大陆。西班牙人推倒"海格力斯之柱"，建立起"日不落帝国"，用"一往无前"（plus ultra）来作为国家格言是恰如其分的。

西班牙人绘制了海图，纽伦堡制作的地球仪对他们掌握世界的全貌也有所帮助。马丁·费尔南德斯·德恩西索在1519年所著的《地理备览》一书中，为多处海域提供了航海指南，其中包括加勒比海。此书很快就被翻译成英文，并多次再版。另一本航海指南，西班牙人马丁·科尔特斯的《球面精要与航海术》（1551，1554）同样广受欢迎。[5]

除了掌握风向以外，熟悉洋流也对横渡大西洋至关重要。加那利寒流从葡萄牙经加那利群岛流入大西洋，"顺流而下"便能轻易抵达巴巴多斯或南美洲大陆；乘墨西哥湾暖流则可以从加勒比海出发，越过百慕大群岛、亚速尔群岛和北大西洋，进入北海。所以在洋流的作用下，自东向西行驶较为轻松，但反向行驶的话，即便是运用"之"字形的行驶技巧也很难前进。[6]

通过一系列工具，如星盘、十字测天仪、四分仪、太阳赤纬表等，船员可以测算出星辰高度，从而得出船只的纬度，为航行定位导航。

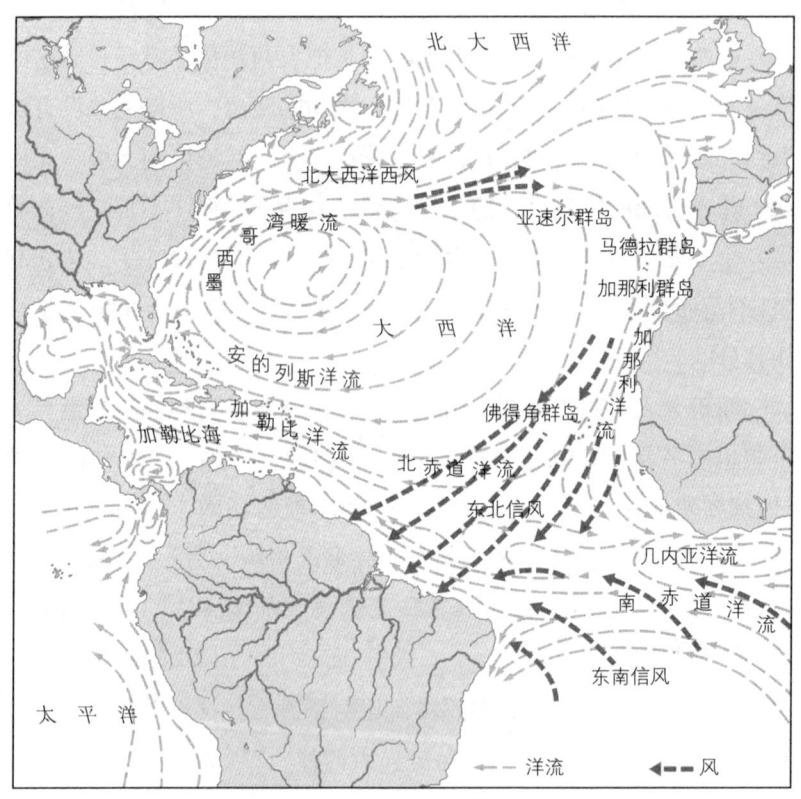

地图 13 大西洋的洋流与风向

航行的起点和路线影响着人们对大西洋的认识。比如英格兰人基于自己的观测角度，把北大西洋称作"西大洋"或北海，把南大西洋称作"埃塞俄比亚海"，晚些时候也出现了"西班牙海"的叫法。[7]

当时的人们并没有将大西洋当作一个整体来看待，而是按照气候、环境、风向和洋流等方面的差异，将大西洋至少分成了三个部分：把北欧、纽芬兰渔场、后来北美东海岸的殖民地，还有一些加勒比岛屿连在一起的北大西洋；包含塞维利亚、加勒比海以及西属中美洲、南美洲的"西班牙的大西洋"；还有从里斯本延伸到巴西与非洲的"葡萄牙的大西洋"。17、18世纪中，几大体系共同繁荣，而其交流和发展的媒介，却是非自愿的黑奴。所以在美洲印第安人的大西洋之外，又分别产生了黑人的大西洋和白人的大西洋。各"大西洋"盘根错节，相克相生。[8]

2．西葡双雄

西班牙人、葡萄牙人从加那利群岛、亚速尔群岛踏上征程，改变了大西洋中部及南部的面貌。对黄金的欲望驱使他们不断扩张。很快，加勒比海的黄金就被淘尽，找到的财富也极少能满足征服者的预期。于是他们继续向墨西哥、中美洲和秘鲁挺进。在反对阿兹特克帝国和印加帝国的印第安盟友的协助下，科尔特斯占领了墨西哥，皮萨罗统治了秘鲁。和印第安国家及当地精英的战略性联盟巩固了征服者们的地位，为西班牙的大西洋体系奠定了基础。

欧洲人带来的疾病使原住民数量急剧减少。1519年时，墨西哥尚有人口1000万至1500万；而100年后，只剩约150万。与此同时，银矿的发现，殖民地城市的建立，驱使着越来越多欧洲人冒险横渡大西洋。至 1600 年时，已有大约 5 万西班牙人移民到加勒比地区，主要是新西班牙和新格拉纳达两地。[9] 入境许可由西班牙王室颁发，[10] 他们倾向于颁发给公职人员和教会人员（特别是修会成员），以便管理新领土，在当地开展传教工作。在新西班牙（包括加勒比、墨西哥及中美洲）和秘鲁（从巴拿马到南美洲最南端的整片区域）两地还设有总督。跨大西洋的贸易与人口流动均由塞维利亚的贸易署统一管辖，但塞维利亚、墨西哥城和利马的商人行会则各自管理地区商业事务。[11]

西班牙的珍宝船队是这一系统的重要组成部分，参与运输的主要是一种叫"盖伦船"的新式大帆船。船队最早从塞维利亚起航，后来改到桑卢卡尔和加的斯。1564 年，船队一分为二。一支为"盖伦船队"，一般 8 月出发，驶往卡塔赫纳和巴拿马地峡上的农布雷-德迪奥斯（后来终点站改为波托韦洛）。船队到达之时，一场远近闻名的交易会就会拉开帷幕。商人们云集于此，争购船队带来的货物，然后再通过役畜、劳力和船运等方式把货物运到南方去。秘鲁白银的流向则与之相反，白银在太平洋海岸的卡亚俄装船，经过巴拿马地峡，最后被船队带回欧洲大陆。另一支为"新西班牙船队"，4 月出发，乘东北信风驶向加勒比海，穿过尤卡坦海峡和墨西哥湾后，到达新西班牙的港口韦拉克鲁斯。回程之前，两支船队先在古巴哈瓦那的锚地集合，进行一番休整与补给；然后顺着西风及墨西哥湾暖流，返回塞维利亚，后来根据船只的不同规模，返回桑卢卡尔或加的斯。平均来说，"新西班牙船队"从加的斯出发的船只，往返各需 75 天，从桑卢卡尔出发各需 91 天。"盖伦船队"的平均航线时长与之相近。以上提到的平均时间仅供参考，实际耗时多有偏差。除了贵金属，船队还将胭脂红、靛蓝、兽皮、糖、珍珠、染料木等货物带回西班牙，在后来的几个世纪中，烟草与可可也成为船队的主要货物。[12]

波托西银矿的发现,以及混汞提银法的应用,带来白银出口的进一步增长。开采出来的白银先由羊驼商队运输,翻越安第斯山脉;再由船队负责,通过巴拿马地峡运往欧洲。通过贸易流通和西班牙的军事活动,这些白银从塞维利亚流向欧洲各地。如若没有美洲白银,欧洲基本无法与亚洲进行贸易,所以对于欧亚贸易来说,产自美洲的白银同样至关重要。阿卡普尔科与马尼拉之间定期往返的船只就是为了给贸易注入"资金流"。[13]

16世纪末,墨西哥商人从事着秘鲁和亚洲之间的贸易,他们用白银交换中国产的丝绸、瓷器以及大名鼎鼎的漆器。17世纪时,美洲对马尼拉的贸易额甚至短暂超过了西班牙在整个大西洋的贸易额。在塞维利亚商人的强烈要求下,王室从船只的大小和数量上,限制了阿卡普尔科和马尼拉之间的贸易规模。尽管如此,西班牙在17世纪的大西洋贸易中,还是总体呈现萎缩态势。荷兰和英国的发展趋势强盛,西班牙无法确保其海运的安全和稳定。[14]

墨西哥的白银产量起初增长较慢,直到17世纪50年代才超过秘鲁。胭脂红是墨西哥的一项重要出口产品,印第安人了解如何从寄生在仙人掌上的胭脂虫体内提取出这种红色染料,于是西班牙王室和官员让他们以胭脂红纳贡。由于提银和工商产业的需要,工作分工逐渐细化:农场庄园分别为西班牙人提供小麦,为其他族裔种植玉米;城市经济和手工业者可获得役畜(如骡、牛、马)来协助生产。

为满足精英阶层的消费,除了原有的陶器制造业以外,一些奢侈品制造业(如金银首饰、高档服装、车驾、家具)也在墨西哥发展起来。于是,墨西哥逐渐成为殖民地中的贸易中心,人们在这里用普埃布拉种植的小麦来交换古巴的烟草。前哥伦布时期为精英阶层享用的可可和巧克力也慢慢流行起来，一跃成为地区贸易中的主要货物之一。[15]今危地马拉一带原是可可的主要产地，17世纪时，"委内瑞拉"取而代之，成为最大的可可种植区，出口到西班牙的可可数量不断上升。

古巴的人口数量和贸易规模在这一时期持续增长。1740年，哈瓦那公司取得了烟草贸易的垄断权。每年，多达三百万磅烟草从这里运往塞维利亚的皇家烟厂。商品交换的繁荣发展不仅反映了公司经营的成功，更标志着西班牙大西洋贸易体系的形成。在这一体系中，原来的边缘地区，如拉普拉塔河地区、智利、委内瑞拉、中美洲等，都通过大西洋和太平洋航线连接了起来。[16]

自筹装备、自负盈亏的船队会得到一定的补助。王室和国王颁布的法律保障了私人船队在母国签署的商务合同，在墨西哥、利马或马尼拉都具有同等的法律效力。

在探索印度航线的过程中，葡萄牙人在南大西洋闯出一片新天地。岛屿，是通往新大陆的前沿阵地。马德拉群岛、亚速尔群岛、佛得角群岛还有圣多美的发现或再发现，都是通往好望角的重要基石。它们不仅为贸易和移民提供了落脚点，更是"葡萄牙大西洋"上航海、通信的驿站——如今这些岛屿在发挥旅游价值之余，仍然在发挥这一功能。为了给居民供给粮食，岛上会种植一些在母国也有市场的农作物。除了欧洲作物，葡萄牙人还培植了一些从美洲或非洲引进的农产品。马德拉岛和亚速尔群岛的居民中，既有葡萄牙的农民和商人，还有一些受雇于南尼德兰企业主的佛莱芒农民。

这些岛屿的主要物产包括树脂、染料、谷物、葡萄、葡萄酒、盐、牛肉。此外，渔业、捕鲸业以及由奴隶从事的制糖业，也是十分重要的产业。

对于欧洲人来说，距离塞内加尔海岸500公里的火山岛佛得角群岛，虽然不具吸引力，却是通向印度或巴西之路上不可或缺的补给站。除本土居民以外，这里还有来自非洲大陆的人；语言则以各种非洲语言为主，后来逐渐发展出了克里奥尔语。这里同样种植着糖料作物；为保证船只供给，还饲养了牲畜。几内亚湾里的圣多美和普林西比二岛，对葡萄牙人来说也很重要：葡萄牙把社会边缘群体发配到这里，从父母手里抢来的犹太儿童也被发配至此。一年两次雨季的热带气候，水域和林地的分布，使这里成为理想的制糖基地，数以千计的非洲奴隶被征召或贩运到这里来劳动。圣多美逐渐发展为奴隶集散地，来自几内亚湾与安哥拉的奴隶被从这里运往美洲。[17]

16世纪时，葡萄牙把利益触角伸向了巴西和安哥拉。最初，刚果统治者和葡萄牙人关系良好，刚果统治者想要获得军事和技术上的支持，而葡萄牙人想要在当地传教。但奴隶贩子很快就泛滥成灾，刚果彻底沦为奴隶和象牙的产地。葡萄牙人重点发展刚果王国南部的恩东果地区，并依照统治者的名号"恩格拉"（*ngola*）称这一地区为"安哥拉"。就像在非洲其他地区一样，他们在恩东果也不得不面对本地相对成熟的统治阶级、社会结构和贸易网络。想要从中获利，只有两个办法：要么和当地的社会网络合作，要么用武力打破局面，强取豪夺。在恩东果地区，他们选择了后者。1571年，葡萄牙人在安哥拉建立殖民地，委任总督，修建据点；但该据点却只能通过武装袭击、惩罚性的征讨、与当地权势的短暂结盟才得以维系。

巴西的发现为奴隶贸易打开了新局面。佩德罗·阿尔瓦雷斯·卡夫拉尔于1500年发现了巴西，并宣称为葡萄牙的领地。他将一名死刑犯流放到土著人中间，无意间为此后的殖民化进程打下基础。在利益驱使下，法国也开始插足巴西航线，法葡之间因此爆发了几场海上劫掠战。在这些因素的刺激下，葡萄牙于16世纪30年代开始从欧洲招揽殖民者。此外，引进非洲奴隶、开展甘蔗种植带来的经济效益，也使葡萄牙对巴西的殖民力度加大。1559年，葡萄牙委任巴西总督，建立了管理财政、法律和军事的中央机构，建立了教会组织，并派耶稣会展开传教活动。这些举措大大加速了殖民化进程。[18]

在此期间，从巴西东北海岸到南部的圣卡塔琳娜，都逐渐成为葡萄牙的殖民地；他们还修建了一些重要的港口如萨尔瓦多、累西腓和里约热内卢。这里最重要的出口产品是糖。巴西的糖和非洲的奴隶构成"葡萄牙大西洋"的两大经济支柱。尽管1630年到1654年，荷兰人打破了葡萄牙人对巴西的垄断，但巴西种植园和淘金所需的劳动力，依旧全部由葡萄牙从安哥拉招募。由此，巴西又进一步成为非洲奴隶在美洲的主要落脚点。一个主要由里约热内卢或里斯本的葡萄牙人主导的三角贸易体系逐步形成，他们主要使用糖、烟草、朗姆酒以及走私的美洲白银与非洲进行贸易。[19]

巴西的糖通过海运流向葡萄牙、尼德兰、英国及其他欧洲国家，换回纺织品等制成品。此外，葡萄牙船只还用糖作为交换，把亚洲香料运回巴西。[20]

巴西金矿的发现与开采对欧洲世界产生了深远的影响。在1693年至1695年，在今天被称为米纳斯吉拉斯的地方，发现了储量巨大的金矿矿床。消息随即引发了一场淘金热，巴西沿海地区，甚至葡萄牙本土的淘金客，纷纷赶赴淘金城欧鲁普雷图，期望从中大赚一笔。而葡萄牙王室则试图通过颁发特许采矿权，来确保米纳斯吉拉斯、戈亚斯或马托格罗索等矿山出产的每一克黄金都归自己所有。18世纪时，每年都有10—15吨黄金通过行政或贸易手段，从巴西流向葡萄牙及其他欧洲国家。其中，英格兰通过向葡萄牙及巴西输送纺织品与奴隶，成为黄金流通的最大赢家。[21]

3. 糖、奴隶与皮货：荷兰、英国与法国

自16世纪末起便投身于大西洋贸易之后，荷兰人很快架起了连接南、北大西洋，大西洋、北海与波罗的海，以及南大西洋和印度洋之间的贸易网络。荷兰人在西印度群岛以及非洲的航海活动和西印度公司密不可分。该公司成立于1621年，即在荷兰和西班牙八十年战争中十二年休战期结束之后。与之前成立的东印度公司相似，西印度公司的目的也是将荷兰的贸易拓展到其他大洲，并结束现存的荷兰各贸易公司之间的内部竞争。西印度公司是一家股份制公司。仅有极少数长期从事加勒比、巴西和几内亚贸易的大商人，为公司的成立投入了大量资金，成为公司董事；在700万盾的启动资金中，相当一部分由"散户"投资入股，而他们并不居住在航线经停的城市。

起初，西印度公司取得的成绩并不显眼。在攻打西班牙、葡萄牙领地的行动中，大量资本被迅速消耗殆尽。若不是1628年皮特·海恩在古巴附近海域劫掠了一支来自墨西哥的珍宝船队，将价值超过1100万盾的赃物充入西印度公司的账目，公司可能早就湮灭在历史长河中了。为了进一步扩张，除了从非洲进口黄金以外，公司还需要从新大陆获得稳定的收益。1630年，荷兰人占领了葡属巴西的制糖中心奥林达，满足了西印度公司的发展需求。[22]

这是荷兰人首次掌管制糖产业与糖业贸易，一并接手相关的奴隶贸易。1644年，巴西的甘蔗种植者因不满荷兰人的压榨，发起暴动，但荷兰人无力镇压，只能黯然退出制糖业。1661年，巴西东北部地区被以800万盾的价格卖回给葡萄牙。17世纪下半叶的

西印度公司长期资不抵债，只能从事一些对本金要求较低的业务，如贩卖黑奴、从非洲输出黄金、给其他欧洲国家的西印度殖民地提供补给等。在加勒比地区，荷兰人的技术和资本促进了制糖业的推广；他们也为当地葡萄牙、西班牙和英国的种植园主提供必要的劳动力和设备。加勒比地区的黑人人口因此急剧上升，如巴巴多斯1645年有黑奴5680人，而1667年已有82023人——越来越多种植园农场主成为荷兰商人的债务人。

无论是直接的，还是通过西班牙间接进行的，与西属美洲的贸易尤其有利可图，因为可以获得在波罗的海地区以及东南亚地区交易所需的白银。西班牙通过英属牙买加逐渐满足了殖民地对奴隶的需求。因此，1679年，荷兰西印度公司失去了在西班牙殖民地奴隶贸易中的准垄断地位。荷属库拉索岛凭借靠近美洲海岸的有利位置，维持着贸易中转站的地位。它可以满足加勒比海域各岛屿以及美洲大陆对麻布、香料、蜡烛、丝绸和纸的需求。[23]

一个偶然的机会让荷兰人在北美大陆落下脚来。1609年，荷兰东印度公司委托英国船长亨利·哈得孙寻找一条可通往亚洲的东北航道。他本该沿着斯堪的纳维亚和俄罗斯的海岸线行驶，但航路被北极海冰阻断，他只能掉转船头，往西北方向驶去。他期望能找到一条进入太平洋的航道，却发现了一片河流三角洲——这条河就是后来以他的名字命名的哈得孙河。他逆流而上，在今奥尔巴尼附近登陆，这里后来成了新尼德兰的中心地带。他的旅行记录于1611年出版，吸引了航海家和商人的兴趣，促成了1611—1612年间阿姆斯特丹海军发起的探险，以及对北美东海岸的测绘工作。1614年，一家荷兰小公司获得了为期四年的专利权，同年，商人们在哈得孙河上游建立了拿骚堡。自1621年起，新尼德兰成为荷兰西印度公司辖地。对于荷兰人来说，这里最诱人的货物是哈得孙河地区产的皮料，尤其是从三角洲阿尔冈昆人还有河流上游的莫霍克人手中购得的河狸皮毛质量最佳。

随着时间的推移，荷兰殖民者也来到哈得孙河流域。1624年，"新尼德兰号"在曼哈顿岛靠岸。为建立殖民地，这艘船带来了种子、鱼苗、牲畜与农具。1626年，西印度公司派来的总督彼得·米纽伊特和几个荷兰殖民家庭一起，建立了阿姆斯特丹堡。后来这里逐渐成为一个生机勃勃的贸易中心，人口多达8000—10000人，这便是新阿姆斯特丹——纽约的前身。[24]

西印度公司对黄金和奴隶贸易的垄断，以及新尼德兰的农产品出口，是荷兰在大西洋地区的两大经济支柱。此外，荷兰商人和种植园主还资助了西属、法属、英属加勒比岛屿的制糖业。在出口方面，各岛的制糖产业也十分依赖荷兰船只，它们把加勒比海所制的粗糖运回荷兰，在阿姆斯特丹的制糖厂加工提纯。1660年，加工出产的精糖可以满足大半个欧洲的需求。[25]

但英国和法国的重商主义政策大大削弱了荷兰在大西洋上的地位。英国首先发难：1651年，英国颁布《航海法案》，引发第一次英荷战争（1652—1654）。之后，殖民地的利益纠纷又酝酿出了第二次英荷战争（1665—1667）。当时英国皇家非洲公司成功打破了荷兰人对西印度群岛奴隶贸易的垄断。1665年，英国宣战，但因舰队经费不足，在战争中落败。荷兰人考虑到日益强大的法国正在南方虎视眈眈，便不得已降低了和谈条款中一些过分的要求。双方努力消除了一些最尖锐的争议点，最终达成共识，于1667年和英国签订《布雷达和约》。荷兰将北美洲的新尼德兰割让给英国，但保有加勒比地区的库拉索岛等一些小岛屿，以及1667年占领的苏里南。[26]

塞法迪犹太商人缔造了一张覆盖加勒比海以及南北美洲的贸易

网络。例如戴维·科恩·纳西就是这批商人中的一个代表。在葡萄牙种植者反抗荷兰的起义中，犹太人受到排挤，于是纳西逃到了库拉索岛上寻求庇护。1659年，他前往卡宴。1667年在荷兰占领之前，他又来到已有一批犹太人定居的英属苏里南。纳西与阿姆斯特丹保持着联系，并建立起贸易公司。尽管"新尼德兰"此时已经变成了"新英格兰"，但他在那里的商业网络却丝毫不受影响。他的贸易伙伴是在波士顿、纽约、纽波特与罗德岛的犹太教友。波士顿、纽约和康涅狄格定期发船，为苏里南送去马匹、鱼和犹太洁食肉类等热销的货物。回程的船只则装载着在苏里南生产的糖；通常这些糖在运抵波士顿和纽约后，会被继续运往阿姆斯特丹。[27]

荷兰在第三次英荷战争（1672—1674）中战败，自此再也无法捍卫在大西洋上的军事地位。在西印度公司的奴隶贸易于1713年彻底转让给英国之前，它与西属加勒比和美洲大陆的贸易往来仍在继续，公司在此区域的驻点就设在库拉索岛。此外，苏里南还发展起种植园经济，主营甘蔗、咖啡和靛蓝染料，加上多伊茨银行发放给种植园的特别贷款，使荷兰在大西洋区域的经济有所增长。1765年至1772年，每年都有约600万盾贷款投放给加勒比海、圭亚那和苏门答腊的种植园。[28]

由此看出，荷兰依然是能左右大西洋经济圈的一支力量。[29]他们对大西洋经济活动的参与度，不论在数量上，还是在质量上，都是其他欧洲国家无法比拟的，更不必说大西洋只是他们覆盖全球的海洋经济网的一部分。荷兰殖民地具多族群、多语言与多宗教的特点。荷兰人、德意志人、胡格诺教徒、犹太人和欧洲各国后裔杂居在一起；此外，殖民地自然还有大量黑奴、麦士蒂索人和原住民。[30]

英国的情况则有所不同。17世纪时，被英国送到新世界的主要是契约劳工和监狱囚犯。理查德·哈克卢特曾于1584年向英女王（伊丽莎白一世）呈上向大西洋扩张、垦殖美洲以壮大英格兰经济的雄略。但他的豪言壮语如石沉大海，未激起太多反响，英国政策的风格依旧是踏实冷静如故。[31]

尽管如此，哈克卢特的宣传还是激励了一系列的垦殖活动，如罗阿诺克岛（16世纪80年代）、弗吉尼亚（1607年在詹姆斯敦）、百慕大群岛（1609），以及17世纪20年代朝圣先辈们在新英格兰的活动。[32] 热情虽高，但英国在美洲的大部分殖民地都很贫瘠，垦殖者在那里完全就是为了生存而战。尽管16、17世纪的英格兰有着人口过剩的问题，但大城市和爱尔兰容纳了大部分过剩的人口，爱尔兰在这场延续了数世纪的进程中，逐渐被迁入的英格兰人、威尔士人和苏格兰人同化；除了向爱尔兰流动，还有不少苏格兰人在17世纪时迁居到波罗的海沿岸；在不列颠各族群中，只有英格兰人迁往美洲，而切萨皮克湾和加勒比海是他们最主要的目的地。[33] 他们往往会像商品一样被卖来卖去，用来换得货物或地产。一位叫约翰·斯托特的乘客于1635年乘坐"猎鹰号"从伦敦赴巴巴多斯，却被扣下承担杂役，在船上一待就是五年，最后和一头猪、一批农具被一同卖掉。

当时的航路还风险较高，发船也不规律。每一位船长、船主或商人都要在航行前面临一个艰难的抉择：是以贸易的需要为重，还是以乘客的需求为重。[34]

企业主与种植园主通过发放广告传单来招募劳动力。在30万英格兰移民中，三分之二到达加勒比海，许多人死于水土不服。当然，他们仅占移民总数的一小部分，绝大部分都是被卖到这里来的黑奴。欧洲移民几乎全是男性，而奴隶中也只有三分之一是女性。这就解释了白人劳工人口停滞，而奴隶的人口也只有在极少数情况下才增长的现象。这就是说,如果没有移民源源不断迁入,殖民地是不可能长期维系的。直到17世纪末,英国才拥有了一些能够自力更生、人口并不完全来自不列颠群岛的殖民地,如宾夕法尼亚。此后出现了从美洲大陆移居到加勒比海的移民,可见美洲内部的人口流动也初见规模。

航海人在新建的众多港口和偏远地区之间建立起了一张巨大的网络。这张网连接了伦敦,使美洲大陆和西印度群岛的利益和英格兰相连。跨越大西洋的移民和贸易活动加强了英国与英属殖民地及欧洲其他国家殖民地之间的联系,而这种联系是通过大洋两岸持续不断的通信及人员流动来维系的。[35]

渔产和皮货是大西洋航路给予英国殖民者的第一份礼物。后来,他们通过发展农业来拓宽经济基础,收获的农产品在欧洲市场上的售价颇高,就算扣除越洋的运费依旧有利可图。靠着出口农产品,"美洲人"逐渐获得了足够的资本和信用,来购买所需的欧洲商品和工具。在此之前,他们在和欧洲贸易中,一直依赖于加勒比地区的产品。此外,1655年占领牙买加之后,英国人通过贸易、走私和抢劫等手段,得以从富饶的西属美洲分得一杯羹。新英格兰的船只对此颇为在行,他们会在货物上面薄薄地铺一层鱼或面粉,用以遮盖底下走私的糖和烟草。不过,由于《航海法案》对货物输出加以限制,贸易也受到了一定影响。

种植烟草为美洲殖民者带来了新的收入来源。17世纪20年代,烟草成为弗吉尼亚的特产。易于种植,无须大量投资,还能在欧洲市场上卖个好价钱,烟草带来的利润非常可观。在切萨皮克湾及其他地区,烟草的种植规模不断扩大,同时也吸引着更多移民前来。欧洲进口烟草的数量显示了该商品的重要性:1660年一千万磅,1730年五千万磅,1770年达到一亿磅,其中转手出口的比例越来越高。在加勒比海地区，烟草大有取代甘蔗的势头。17世纪末，以南北卡罗来纳为主的地区又兴起了另一种农作物：大米。此外，人们还开始了大规模种植靛蓝染料植物。甘蔗、大米与靛蓝这三种作物的种植都十分依赖黑奴，因此黑奴被源源不断地运到加勒比地区及美洲大陆。和南方种植园殖民地相比，北方殖民地并不生产任何在英国市场上具有竞争力的产品，但可以为南方供应谷物、渔产、腌肉和木材。南方和加勒比海地区为开垦种植园摧毁了大量林地，为了获得燃料以及制造木桶、建造房屋的原料，这里不得不依赖北方的木材。[36]

南北方殖民地之间的贫富差距十分明显，许多从事跨区域贸易的商人从中获利颇丰。比如塞勒姆的英格利希，他的贸易伙伴遍布巴巴多斯、洪都拉斯、苏里南、毕尔巴鄂、马德拉群岛、亚速尔群岛、新斯科舍与弗吉尼亚。[37] 18世纪又新增了许多横跨大西洋的航线，航线囊括维哥、毕尔巴鄂、坎佩切、卡宴、休达、考斯和普罗维登斯岛等地。

来自印度洋地区的货物，经欧洲转手，又流入了大西洋地区。亚洲的丝绸、瓷器以及中国的茶叶（自18世纪开始）通过英格兰转手到其北美殖民地。此外，纽约、波士顿和罗德岛均有定期发往印度洋地区的航线。贸易和私掠之间的界限并不清晰，在英国东印度公司看来，凡是私人对其垄断领域的插足都属于私掠；如果碰上了英国战船，"走私犯"丢掉性命也很有可能。但一些美洲商人仍会订购瓷器和漆器，像是纽约的弗雷德里克·菲利普斯和阿道夫·菲利普斯，他们为一艘名为"玛格丽特号"的船配备好装置，雇用船长塞缪尔·伯吉斯从马达加斯加等地搜罗货物。[38]

最早到达大西洋彼岸的法国人是渔民和商人，他们来自法国大西洋沿岸地区，经济活动和殖民地的扩张紧密相连。皮料是最吸引他们的宝物，对于当时的欧洲来说，印第安的皮货可是炙手可热的时髦货。所以法国人在漫长的殖民历程开始之前，便已经和印第安部落有了密切的经济往来。

早在16世纪30年代，法国人雅克·卡蒂埃就在寻找纽芬兰渔场的探险中偶然发现了圣劳伦斯河。但直到17世纪初，萨米埃尔·德尚普兰才使这一地区重获关注，进而刺激了新法兰西公司的诞生（1627）。[39]

前往加拿大以及18世纪再从那里迁往路易斯安那的法国移民只是少数，和英国人的情况相似，大多数法国移民也都选择前往加勒比海地区。在法属加勒比海殖民地，最大的移民群体依旧由黑奴构成。约有80万黑奴被运到圣多曼格（今海地），20万被运到马提尼克，瓜德罗普和北美大陆的殖民地奴隶人口相对较少一些。由于法国王室禁止"非天主教徒"进入殖民地，胡格诺教徒涌向了纽约或者开普这些英国、荷兰的地盘。

不同于北美大陆，法属加勒比海殖民地主要种植甘蔗、咖啡和靛蓝染料，并成为这些作物的种植中心。圣多曼格的咖啡种植业地位突出，种植者们——其中多为自由黑人，在山上开发咖啡种植园。殖民地的种植园经济给法国在欧洲的贸易注入了新的力量：如18世纪中叶，种植园经济就曾帮助法国商人占领汉堡市场。许多殖民计划因为凶煞的黄热病而流产，比如法属圭那亚的库鲁，殖民者大多死于此病，这些殖民地于是也不了了之。尽管如此，库鲁和邻近的魔鬼岛还是作为可怕的流放地，存留在法国人的集体记忆之中。与大多数加勒比海岛屿类似，圣多曼格、马提尼克和瓜德罗普所需的食物与木材需要靠新英格兰供应。船只在回程路上，不管合法与否，往往都会载满糖浆而归。[40]

法属大西洋岛屿上的种植园经济产生了深远的政治影响。在圣多曼格奴隶起义的刺激之下，法国国民议会于1794年在全法国范围内废除了奴隶制。19世纪初，恢复奴隶制的尝试，再次引发海地革命。1804年，海地独立。然而，瓜德罗普和圭亚那的黑人却没能逃脱被再次奴役的命运；至于马提尼克，由于被英国占领，奴隶制自然复辟。海地独立带来两大后果：一是古巴成了糖的重要产地，二是路易斯安那被卖给了美国（1803）。尽管拿破仑刚刚夺回了西属路易斯安那地区的主权，但海地的抵抗运动，还是让他不得不同意杰斐逊总统提出的这项交易案。海地的黑人、白人种植农先逃到了古巴，但随即传来了法国入侵西班牙的消息，他们被再次驱逐，并在1809年迁入路易斯安那，壮大了新奥尔良的人口。由此，废奴思想的火种在美洲大陆上蔓延开来。[41]

4. 非洲人与美洲原住民

非洲人在以上历史进程中扮演的角色，以及"黑人的大西洋"[42]眼下吸引了海洋研究者们的注意力。然而，仍有不少自诩"大西洋史学家"的人对美洲原住民兴趣寥寥。

在欧洲人到来之前，海洋对于非洲人来说，不过是无足轻重的存在。尽管非洲也有一些港口，特别是在印度洋沿岸一带，但真正把非洲与阿拉伯世界、地中海连接起来的，还是跨撒哈拉的贸易。海边自然也存在着渔业、盐业及与之相关的贸易，但西非的大河与潟湖，对于水运来说已经足够方便，没有必要再把船驶入大西洋了。然而，16世纪时，这一状况发生了彻底的改变。在接下来的三个世纪中，约有1200万非洲人以奴隶的身份被押上大西洋运船，其中150万死在了路上，没能到达对岸的美洲大陆。随着奴隶贸易的发展，为之服务的配套体系也日渐成熟，成千上万的翻译、士兵、海员和警卫支撑着它的运作。[43]停靠在海岸线数海里之外的欧洲运船需要靠摆渡船来获得补给，不少非洲人便借着这项差事积累航海知识。曾经的渔村、盐场和集市逐渐发展成大港口，比如今安哥拉的罗安达、卡宾达和本格拉。此外，还有一些属于欧洲人的据点，如埃尔米纳，最初属于葡萄牙，1637年后归荷兰管辖。长久以来，历史学界都把黄金和奴隶看作非洲的主要商品，并强调欧洲人在非洲贸易中的主导地位；然而，近期研究则显示，非洲的商品种类实际上非常多样，而在贸易中占据主导地位的，其实是非洲人。[44]本地统治者长期将欧洲据点限制在沿海地区，好让贸易集中在海岸线及岛屿附近。只有在安哥拉，葡萄牙人才可以获得些许地产。那些所谓的"欧洲的"要塞和经销商行，不如说是一些非欧合资公司，主要目的在于和其他欧洲国家竞争。[45]

奴隶贸易推动了西非的商业发展。专门从事奴隶贸易的商人借此发迹，在内陆地区获得地产，并建立起自己的商业帝国。欧洲人逐渐和非洲人建立起信贷关系，他们大多是贸易公司的代表，或是定期往返于某港口、有固定贸易伙伴的船长。非洲各地的统治者和商人们对于欧洲的需求同样了如指掌，并据此调节自己的产业。科琳·克里格对非洲纺织业与纺织品贸易做了深入细致的研究：早在欧洲人到达之前，这里就已经开始生产加工像"贝宁布"这样的棉织品了。欧洲人把贝宁布转手卖到黄金海岸、安哥拉、圣多美，甚至西印度群岛和巴西；而像印度棉染布、印花棉布这样的进口纺织品，在非洲也有一定市场。[46]

见多识广的西非商人不好对付，和他们交易往往要付大本钱。比如黄金海岸的阿散蒂国国王，他就曾在1706年向英国皇家非洲公司订购了一张黄铜床架并有纯棉床幔的床。英国人百思不得其解，不知他脑子里这些具体的想象到底从何而来。[47]

不同地区的支付偏好各不相同：贝宁湾偏爱印度洋货贝，而奴隶海岸则更喜欢巴西的烟草。除了黄金、象牙、奴隶以外，欧洲人还用以上"货币"购入了皮革、胡椒、蜂蜡、阿拉伯胶、染料木以及棕榈油。

奴隶贸易还导致了非洲人的大流散，他们的信仰和风俗习惯随之传播到了新世界各地。像是巴西的奴隶往往来自西非中部，姆本杜人和刚果人的后裔一直各自保持着其独特的物饰和仪式——旧的族裔归属在新世界中仍然扮演着重要角色。另一方面，全新的、混合的多元文化也在形成。"非洲人"变成"非裔美洲人"的方式各不相同。在哈瓦那、巴西的萨尔瓦多等诸多城市，新的非裔认同逐渐形成，至今在狂欢节等活动中仍清晰可见。

非洲人之于大西洋世界，远比大西洋世界之于他们重要。[48] 这一点可从新世界引进非洲植物和非洲的生活方式中得到印证。到达新大陆之后，奴隶会种植带来的植物。在大规模的奴隶贸易兴起之前，芋头、山药、姜和香蕉等亚洲植物已经被引进美洲。在西非港口，贩奴的船长不仅可以买到引进的印第安品种，如玉米、木薯、花生和红薯，也可以买到传统的非洲食材，如黍米、大米、山药和黑豆。此外，人们常用以兴奋效果著称的可乐果（Kolanuss）来改善船上饮用水的质量。在长时间的远洋航行中，水桶里的饮用水常常会变质发臭；但把可乐果放进水桶里，水又会变得新鲜，可供饮用。到达美洲之后，奴隶会接着种植他们原本就熟悉的作物。种植园主偶尔能在庄园里或者奴隶的锅里，发现一些新奇的植物。直到今天，一些美洲菜肴，如新奥尔良的秋葵浓汤（Gumbo），仍然沿用它们的非洲名字。[49]

在臭名昭著的大西洋中部航线上，非洲人不仅仅有奴隶这一个身份，一些人也以水手的身份活跃在大西洋上。奥罗达·埃奎

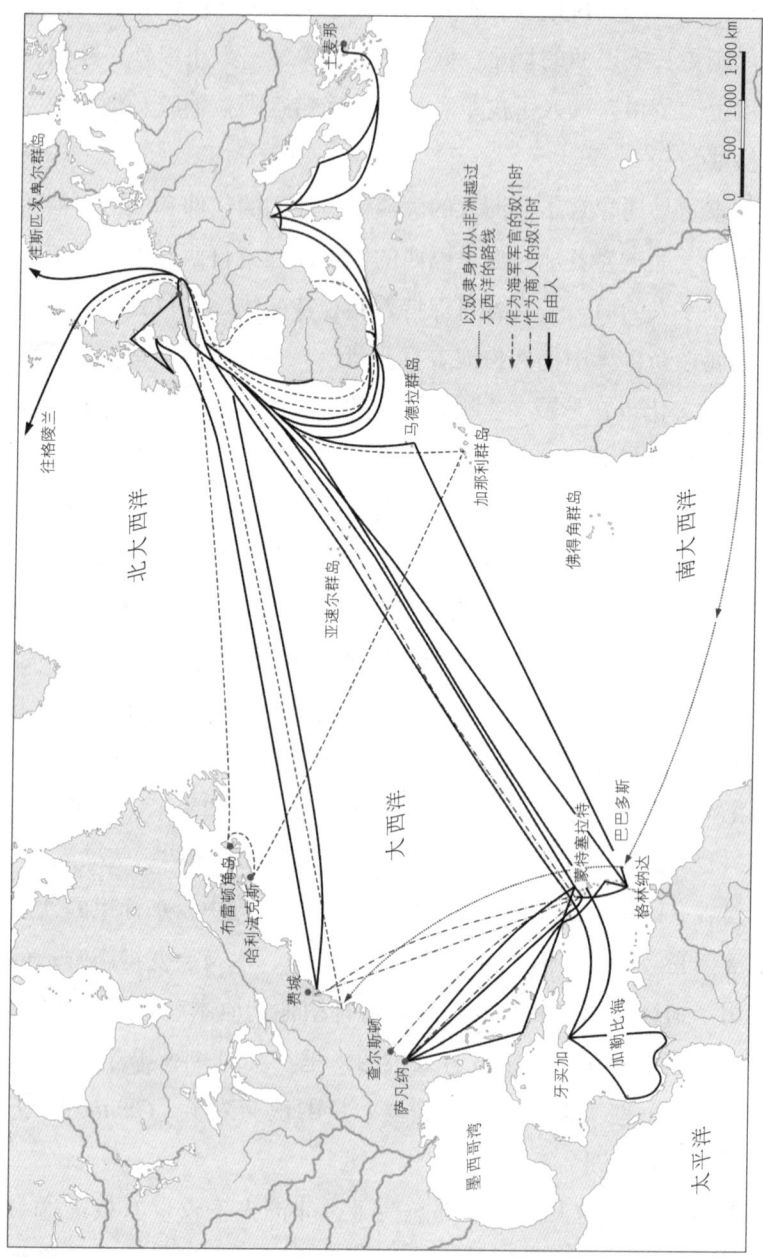

地图 14 奥罗达·埃奎亚诺的航行

亚诺就是其中一位有趣的人物。他在1789年留下了自己的生平传记：他出生于西非，被俘后沦为奴隶，被贩奴船运到了加勒比海地区。但根据其他记载，他出生于南卡罗来纳，赎身后，得名"古斯塔夫·瓦萨"——与著名的瑞典国王古斯塔夫·瓦萨同名。[50]他曾短暂地当过种植园奴隶，1754年被卖给英国皇家海军少尉迈克尔·亨利·帕斯卡。作为少尉的勤务兵，他曾参与过七年战争中的多场海战，最后抵达伦敦。但事与愿违，他又被卖回西印度群岛当奴隶。他的新主人罗伯特·金，一位蒙特塞拉特岛的贵格会信徒，十分赏识埃奎亚诺的才能，便派他到南卡罗来纳和佐治亚的贩奴航线上去当船员。他通过私人买卖攒下一笔钱；1766年时，用70镑为自己赎回自由身，并回了伦敦，继续从事航海事业。他不仅驶向北美和加勒比海地区，还穿过地中海，东行至士麦那（伊兹密尔）。1773年，他甚至自愿参加了皇家海军的北极探险队。[51]之后一段时间，他在蚊子海岸[52]看守奴隶。美国独立战争后，他接到一个新任务：将贫苦的忠诚派黑人安顿到塞拉利昂；但在他上任之前，就又被免职。此后，他投身于废奴事业，[53]发表过不少文章，并在大不列颠进行了巡回宣讲，娶了一名粉丝为妻。[54]

加勒比海是欧洲人与美洲原住民初次接触的地方。大约6000年前，人们从大陆乘船来到加勒比海的岛屿上，在此定居。他们起初靠海谋生，但很快就发现了岛屿上的动植物，随后逐渐发展出了农业和手工业。[55]按照殖民者文献的提法，加勒比原住民的社会同样分不同等级：居于顶端的是选举产生的首领，即所谓的"船长"。在同英国人或法国人作战的时候，这些"船长"振臂一呼，就能调动大量战士服从指挥。"船长"华纳是圣基茨的英国总督和一位加勒比女性所生的儿子；1663年，他作为多米尼克的首领，率领着一支由17艘独木艇和600人组成的舰队，参与了英国对圣卢西亚的进攻。"船长"可拥有一艘被称为"皮拉瓜"的大独木艇，这种船一次可运载四五十人以及一些较重的货物，是整支舰队的旗舰。[56]

还有泰诺族，他们最初以农耕为主，狩猎为辅。后来开始掠夺西班牙船只，并将此发展成拿手的副业，牙买加英军于是将他们收入麾下，派他们专职骚扰西属城市、船只和骡车队。值得一提的是，吊床，正是欧洲人从他们那里借鉴而来的。[57]

美洲大陆的原住民同样在不知不觉中参与了跨大西洋的航海和贸易。历史学家艾尔弗雷德·W.克罗斯比[58]曾提出"哥伦布大交换"的概念，用以描述美洲与欧洲之间的动植物交换：玉米、土豆、花生、烟草、可可、火鸡等动植物被引进欧洲，一些役用畜类则被引进美洲。一同被欧洲人带入美洲的，还有天花等疾病，造成了中南美洲的原住民人口锐减。这一视角也许会给人们带来一种错觉，那就是不论在欧洲人到来之前还是之后，美洲原住民都在相同的环境里以相同的方式生活着。

实际上，生活方式会在摩擦中不断更新。原住民和商人、传教士、士兵进行互动和交流，这其中既有和平往来，也有兵戎相见。海边的原住民往往是最早和"外来客"打交道的人，因此成为大西洋贸易中最重要的群体。比如北美的皮革贸易，便是在阿尔冈昆人的参与下才发展起来。以捕鱼为生的阿尔冈昆人十分欣赏金属器具（如铁釜、鱼钩、刀子和斧子）；反过来，他们能提供河狸皮，供欧洲人制作时髦礼帽。[59]

欧洲的皮革商贩很早就融入了原住民社会，他们和当地供货人交往甚密，特别是和当地女性的关系，对他们的融入至关重要。早在殖民者形成大的聚落之前，欧洲的商品早就已经在休伦人和易洛魁人的社会中流通了。除了皮革商贩，只有耶稣会传教士有兴趣与印第安社会接触和交往。他们成功地在易洛魁人中建立起"基督教"社区。[60] 法国势力对这一地区的渗透一直相对有限；英法两国在 18 世纪的竞争，也给原住民部落提供了不少重获自主权的机会。[61]

印第安人最感兴趣的商品是枪械等火器。法国人在圣劳伦斯河畔的魁北克给休伦人和伊努人供货，荷兰人则通过哈得孙湾给易洛魁人供货。易洛魁人又垄断了把武器、工具和纺织品转口到内陆的贸易，借此从其他内陆部落那里换来皮料。[62]

以鹿皮为代表的皮料，在北美洲南部的卡罗来纳也是抢手货。一些商队会不远千里，从查尔斯敦向内陆深处跋涉运输。那里的马斯科吉人一直以来就和佛罗里达的西班牙人、路易斯安那的法国人和卡罗来纳的英国人有着礼品与贸易上的往来。[63]

马匹的引进使印第安人更加机动，也给他们带来了新的商机。通过养马贩马，科曼奇人建起了自己的"帝国"。他们的贸易网不仅覆盖了西班牙和法国的领地，更把北美东、中、西部的印第安部落都囊括在内；贸易货物则包括了马匹、武器、皮货和农产品。通过贸易、战争、条约和庇荫制，科曼奇帝国的势力范围延伸开去。[64]

欧洲错综复杂的殖民体系为印第安人提供了新的发展机会，而各国也得以在印第安各部落交错重叠的势力范围之间，贯彻自己的殖民策略。当然也存在独立于欧洲和原住民政治关系的跨文化交流，尽管这种"交流"有时会以暴力形式进行。在交流过程中，庇荫关系决定了一个人的族群归属，以及和部落首领、部落长老们的亲疏远近。[65]

直至 19 世纪下半叶，这种复杂的格局都没有发生根本的改变。只不过，欧洲文献偶尔会暗示一幅截然不同的画面。

5. 水手、海盗与教士

将大西洋沿岸各地联系在一起的是商业、行政、宗教和家庭等网络，而这些网络依靠的又是海员，是这项工作艰苦、生活艰辛的高危职业使以上网络成为可能。爱德华·巴洛在一份1700年前后的日志中，用生动的语言描述了海员生活：

> 我们每晚睡不过四个小时；风暴来临的时候，安安静静地躺上一小时都不行。有时刚躺下，就有人把我们叫起来，半睡半醒，鞋都顾不得穿好，就得爬上主桅或前桅去收帆。……船在大浪中颠簸摇晃的感觉，就像是你好不容易把一块磨盘推上山，它又滚了下去。我们得使出全身的劲儿，死死地抓住缆绳，以避免落水。[66]

爱德华·巴洛曾在漂白和厨师领域当过学徒，但皆因不感兴趣放弃，转行出海，从船上的伙计做起。当他在1703年以61岁高龄从海上退休时，已经在大约30艘船上度过了近50年时间，几乎跑遍了当时的已知世界。他不仅去过波罗的海、地中海，横渡过大西洋、加勒比海，去过巴西、巴巴多斯和牙买加等地；还曾搭乘英国东印度公司的船只，去过印度和中国；更是在航海生涯中经历过许多不同寻常的事情：在毛里求斯一带险遭海难，一度被荷兰东印度公司囚禁，在卡利卡特造访妓馆，对船上来自天南海北的水手之间的斗殴习以为常。英国船员常和来自不同地方的水手共事，比如荷兰、法国、西班牙，还包括非洲、北美洲、加勒比海或是一些亚洲地区。对于来自加勒比的黑人海员来说，航海是能使他们免受种植园主奴役的一个选项，尽管他们在船上也饱受歧视，只能从事一些地位较低的工作,如厨师、仆人或乐手等。[67]

巴洛和其他海员们经常抱怨的话题不外乎严苛的纪律、没有保障的薪水、糟糕的伙食以及各种不公正的待遇。船长和军官的"暴政"时常引起船员哗变暴动,而暴动多招来更加残酷的镇压。这些海上生活的另一面,是在私人书信或者商业书信中看不到的。除了酷刑、海难、劫掠、囚禁这些身体上的折磨,最让海员们感到痛心和害怕的是减薪——货物如有丢失或损坏,商人就会通过减薪来惩罚他们。这招极有威慑力,减薪后他们在陆地上会连饭都吃不饱。这样看来,巴洛坚持了这么久而没有"跳槽"去当海盗,实在是不容易。

海盗可大致分为两种:一种是自负盈亏、被四处通缉的海上匪兵;另一种则或明或暗地与官方勾结,被称为"私掠者"。[68]

牙买加的英国总督曾给私掠者发放许可证,让他们劫掠西班牙船只,或者去西班牙殖民地上搞破坏。亨利·摩根在1668年占领波托韦洛,在1670年拿下巴拿马,其中都少不了私掠者的功劳。私掠者能为任意一方作战,也会不服从于合约方的管控。成功如摩根这样的私掠者,可以平步青云,甚至出任牙买加总督;然而一旦失宠,私掠者就会被关进伦敦塔,沦为阶下囚。实际上,上述两种海盗之间的界限十分模糊。许多私掠者虽拥有官方身份,但他们最用心的当然还是自己的私活。

威廉·丹皮尔(1651—1715)是他们中最著名的人物。他的航海活动具有很强的科考色彩,最大的成就是将大西洋、太平洋与印度洋三个世界连通起来。丹皮尔一生共进行过三次环球航行,主要目的是打劫西班牙白银。他对异域的动植物和居民也非常感兴趣,日志中有不少考察记录。

丹皮尔出生于萨默塞特一个普通农民家庭,后随商船来到纽芬兰。在第三次英荷战争中,参与加勒比海战,之后加入了一个海盗

图7　威廉·丹皮尔肖像

团伙。他们想效仿摩根，去抢劫波托韦洛和巴拿马，但行动失败，只能逃向太平洋。为了堵截一艘开往马尼拉的盖伦船，他们到达关岛，却只打劫到了一些小船，因此丹皮尔只好把时间花在考察当地的植物和居民上面。离开关岛后，他途经菲律宾群岛，抵达澳大利亚，之后从澳大利亚横渡印度洋。回国后，他的《新环球航行》[69]（1697）成为畅销书，引起了英国海军部的注意。

在西班牙王位继承战期间（1700—1714），他执行了一系列私掠任务。1709年，他终于在墨西哥外海成功洗劫了一艘西班牙盖伦船。为博取生前的清誉与身后的美名，凯旋回伦敦之后，他改头换面以学者的身份登场。当时，欧洲各国都在试图界定私掠和战争，力图在非法的海盗行为和合法的国家暴力之间划出界线。因此在这样的时代背景下，他的做法并不难理解。[70]

海盗的神话，至今仍然通过电影和书籍等艺术形式流传着，但人们也不应该忘记，在真实的海洋史上，他们曾写下了充满暴力的一章。[71] 1716—1727年是海盗的黄金时代，他们的活动持续地动摇着那时才刚刚建立的大西洋经济体系。

海盗们以私掠者为师，在加勒比海地区建立起基地。特别是在巴哈马群岛一带，由于英国的统治失败，既无法管控，也无力打压，大量海盗聚集于此。甚至连非洲海岸和印度洋沿岸也有他们的踪影，马达加斯加岛就曾经是海盗的据点和"藏宝箱"。

很多人在当海盗之前都曾在商船上做过工。相较于商船，下海当海盗不失为一个不错的选项：吃得更好，挣得更多，工时也更短。赃物按劳分配，一个人能赚多少，全靠他的能力以及在船上的贡献来决定，收入差距远不如在商船或是海军中那么悬殊。此外，还有归属感和认同感上的差别。海盗旗是海盗的象征，代表着海盗的群体认同，但商船船员则不会对他们的船长、货主或是船主有什么归属感。

然而，海盗活动被视作贸易网的威胁，因此备受打压。17世纪末，英国曾试图通过颁发特赦令来招降海盗。但对于大部分海盗来说，归顺是无法接受的，这意味着他们必须回到商船上去忍受糟糕透顶的各项待遇。此后，英国加大了剿灭海盗的力度，也取得了一些成果。为了起震慑作用，1716—1721年，共有500—600名海盗在加勒比各港口被吊死。同时，所有包庇、支持海盗的人也都会被判处死刑。

集体处决，配合牧师和官员的宣传战，最终收到了显著的效果。1722年，英国就曾对"黑色准男爵"罗伯茨的船员进行处决。同时，海军扩招也使海盗的营生不再那么吸引人，进一步促进了海盗数量的下降。与对手（商人或国家）不同的是，海盗无法建立并掌握稳定的社会、经济体系，无法获得持续且稳定的补给来长久存续。[72]起码加勒比海地区的海盗没有做到，只有以北非为基地、活动在地中海和东大西洋的"巴巴利海盗"成功走到了这一步。[73]

对大西洋以及其他海域产生深刻影响、将各海域串联起来的，不仅仅是海员、海盗和私掠者，还有士兵。为荷兰东、西印度公司服役的士兵能随商船周游四海，有的会写下他们在各地的所见所闻。此外，传教士、牧师、商人和一些有着成熟网络的大家族也都发挥着各自的作用。

玛格丽塔·范瓦里克的故事非常具有代表性。她于1649年出生于荷兰；由于父母早亡，她和姐妹在叔叔的陪同下去了马六甲。1673年，她在马六甲和商人埃格伯特·范杜因斯结婚，丈夫从事马六甲和孟加拉之间的贸易活动。范杜因斯英年早逝后，玛格丽塔结识了正在马六甲主持新教教会事务的牧师鲁洛夫·范瓦里克。他们回国结婚不久，鲁洛夫就接手了弗莱布许（今布鲁克林）的职位；1686年，他带着妻小前往新大陆，后来在纽约居住多年。玛格丽塔不仅要把荷兰的家什运过大西洋，还有许多在亚洲购进的物件，比如家具、瓷器、衣服、布料、漆器、中式人像以及一盒槟榔。此外，还有荷兰画、东印度的风土人情画，以及不少银质器皿。尽管这张琳琅满目、横跨东西的清单实属罕见，但它却详尽地记录了许多细节，使我们能一窥17世纪"环球旅行家"的生活。[74]

那些向新大陆出发的英国人，通常也有许多与世界其他地区打交道的经验。这里指的不仅仅是像跨越爱尔兰海这样的经验，更多的是在地中海沿岸待过。小约翰·温思罗普——日后的康涅狄格总督——不仅在1628年增援过拉罗谢尔城里被包围的胡格诺教徒，还像很多同胞那样去过黎凡特等地中海地区。

积累的经验常常可以在新的殖民项目中得到应用。英国海军上将威廉·蒙森曾计划在马达加斯加建立殖民地，他认为由此带来的利益堪比美洲和加勒比的殖民行动。[75]

6. 认识大西洋

　　一直以来，人们都将大西洋看作通向其他大洲、大洋的通道，但"大西洋"这个词，却花了数百年的时间才在地图上确立下来。大西洋一词源于古希腊神话，意为"阿特拉斯之海"。菲利普二世时期，曾在塞维利亚研习西班牙地图的宫廷地图师亚伯拉罕·奥特柳斯在1570年的一份地图上，把大西洋划分为"北方之海"与"埃蒂俄比库斯之洋"。[76] 而卢卡斯·扬松·瓦格赫纳则把大西洋称作"俄刻阿诺斯之海"或"大俄刻阿诺斯海"。瓦格赫纳的航海图集提供了潮汐表和航海指南，介绍了导航和天文学知识，以供海员参考。[77]

　　随着时间的推移，一些特定的海岸、海域得到了更多的关注，丹皮尔的环球航行记录就体现出这种趋势。他在1699年发表的记录中，描述了人们穿越大洋时可能遇到的问题，并绘出了大西洋、印度洋和太平洋上的风向。或许是借鉴了英国海员的叫法，他算是第一批把这片海洋的南北部统称为"大西洋"的人之一。

　　英国大力发展在大西洋的航海事业，经度的测量自然是一个亟待解决的问题。克劳兹利·肖维尔爵士在海上罹难后，英国议会在1714年设立了著名的"经度奖"。不少专家参与了角逐；经过长时间的交涉扯皮，约翰·哈里森最终以航海钟的设计赢得奖金，令那些试图用传统方法来测定经度的专家大跌眼镜。[78]

　　法国在让－巴蒂斯特·柯尔贝尔的倡导下成立了皇家科学院水文地理研究所；此外，还绘制出版了地图集《法兰西涅普顿》——此举既满足了科研需要，也宣扬了国王和国家的声威。老牌殖民国家西班牙和葡萄牙，分别通过塞维利亚的贸易署和里斯本的印度事务署组织了测绘工作，特别是在南大西洋地带，力图发展导航技术。然而，直到18世纪，荷兰人都一直在测绘技术和地图出版业方面遥遥领先；他们在市场上公开售卖知识，这一点与其多数竞争对手大相径庭。早在16、17世纪之交，瓦格赫纳的地图集就已经能够为在北海、波罗的海、大西洋沿岸以及地中海海域的航海提供准确的描述了。随着荷兰人向巴西和东印度群岛扩张，大批地图、游记和地方志问世，向欧洲呈现了世界的样貌。1636年，拿骚－锡根的约翰·毛里茨就任荷兰西印度公司驻巴西总督，算是一个里程碑。他的幕僚中有画家弗兰斯·坡斯特和阿尔伯特·埃克豪特，他们用艺术和科学的方法描绘了这片国度，看见什么就画什么；坡斯特主要画风景，埃克豪特则主要画人物，为17世纪的欧洲了解巴西做出了突出的贡献。尽管荷兰只短暂地统治过巴西一段时间，约翰·毛里茨也在1644年就被召回欧洲，但坡斯特和埃克豪特逾百幅佳作，还是对欧洲人的巴西观产生了巨大的影响。[79]配合雅各布·斯滕丹的诗作《新尼德兰颂》(1661)、约翰·尼乌霍夫的游记《忆巴西之旅》(1682)，还有约翰内斯·扬松纽斯、威廉·布劳装潢富丽的地图集《新比利时》(1635)，我们可以非常"多媒体"地还原当时荷兰人眼中的大西洋世界。[80]

奥费尔特·达佩尔和阿诺尔德斯·蒙塔努斯分别有关于非洲(1668)及美洲(1671)的著作问世，制作精良，造价不菲。约翰·尼乌霍夫的游记《旅行在巴西和东印度》(1703)可令读者或海员们一览从西印度群岛、巴西，到印度洋及太平洋的概貌；也为荷兰文学中"环游世界体"的发展铺平了道路。

北美洲的人们也并非袖手旁观。1768年，时任北美殖民地邮政总长的本杰明·富兰克林发起了对墨西哥湾洋流的测绘工作。贸易委员会想弄清楚，为什么从英国寄到波士顿的邮件耗时要比从波士顿寄回英国更长。富兰克林就此请教了表兄弟蒂莫西·福尔格。

福尔格是一名定期往返于英格兰和新英格兰之间的船长，在捕鲸和海运的中心楠塔基特工作，还认识许多捕鲸者。他解答了富兰克林的问题：湾流自西向东流动，因此会使逆向的西行船只减速，但能给从北美向英格兰驶去的东行船只加速。富兰克林请他表兄弟将海流标识出来；并将海流图制成铜版画批量发行，好让邮船船长们更好地利用海流。[81]

英法七年战争（1756—1763）和美国独立战争，终于使"大西洋"的这一概念迅速在人们的认知中生根。报纸也越发频繁地使用"大西洋"一词，来描述大不列颠和美洲之间的海域。同时，海军部也发起了新的海岸勘察工作，并请人绘制了一部新的地图册——《大西洋涅普顿》(*Atlantic Neptune*)。在此期间也有不少鼓励探索西北航道的新措施出台。1745 年，议会悬赏 20000 英镑，奖赏能从哈得孙湾找到进入南大洋（那时对太平洋的称呼）的人。尽管西北航道的开通，要等到 20 世纪破冰船的发明和全球变暖才成为可能，但这些举措仍然增进了人们对北大西洋的了解以及对太平洋的兴趣。[82]

第八章
太平洋

> 欧麦,这个以天地为师的男人,出现在一个陌生新世界的时候,表现得仪表堂堂,落落大方,礼貌而不拘束,谈吐中富于修养,就像是穷其一生兢兢业业地学习过社交礼仪一般。……我以为,这告诉我们一个事实——浑然天成、不加雕琢的自然要大大优于刻意为之、精心修饰的艺术。[1]
>
> ——范妮·伯尼

太平洋,曾被称作南大洋,令许多欧洲人心向往之。传说中,那里不仅有各种神奇生物和奇珍异草,还生活着一群"高贵的野人",如范妮·伯尼高度称赞的这位欧麦(*Omai*)。他来自波利尼西亚,库克在第二次环球航行时碰到了他,并把他带回英国。欧麦出入社交场合,连国王也接见了他。阿德尔贝特·冯·沙米索也认为——他曾在1815—1817年乘坐"留里克号"环游世界——波利尼西亚人身上的高贵,是他在欧洲从未见过的。[2]

欧洲人和南大洋岛民相遇的情形,远不如他们日后在欧洲传说的那样亲切美好。实际上,幻想破灭已经是最好的情形了;更多时候,双方的接触是危险乃至致命的。弗朗西斯科·德阿尔梅达、费尔南多·麦哲伦以及詹姆斯·库克分别在好望角、菲律宾群岛和塔希提被当地人夺去了性命;而另一方面,大量当地人也死于欧洲人带来的疾病。

在欧洲人乘船来到太平洋之前,当地人已经在这里定居了数千年。海域东西横跨逾12000千米,有上千种语言。法国探险家儒勒·迪蒙·迪维尔将这片海域分为三部分:密克罗尼西亚、美拉尼西亚和波利尼西亚。

密克罗尼西亚(意为"小岛之国")位于新几内亚岛以北、菲律宾群岛以东;美拉尼西亚,得名于居民的肤色,被称作"黑岛之国",包括从新几内亚岛到斐济的广大海域;而波利尼西亚(意为"万岛之国")则北至夏威夷,南抵新喀里多尼亚,东达复活节岛。[3]

约五万年前,由于海平面较低,新几内亚岛和澳大利亚还与彼此相连,人们从东南亚经新几内亚迁入澳大利亚,成为澳大利亚原住民的祖先;而其他民族,则是在公元前4000年左右,从台湾岛漂往密克罗尼西亚、美拉尼西亚、波利尼西亚,以至夏威夷和复活节岛。

他们能熟练驾驭一种带有舷外支架的独木舟,借助日月星辰来导航,还能通过海水、空气、云和鸟来判断附近是否有陆地。这些代代相传的航海知识,足以让南岛人在跨越大半个太平洋的同时,还保持着与彼此的文化、经济和社会交流。如带有拉皮达文化特征的陶器遍布太平洋上逾百座岛屿,在俾斯麦群岛、所罗门群岛、斐济、汤加和萨摩亚等地都能找到;类似的还有黑曜石、货贝、炉石、首饰、斧头等物件,都远离产地,且流通甚广。这些足以证明,南岛民族的航海者们在广阔海域的零星岛屿间,依旧建立起了

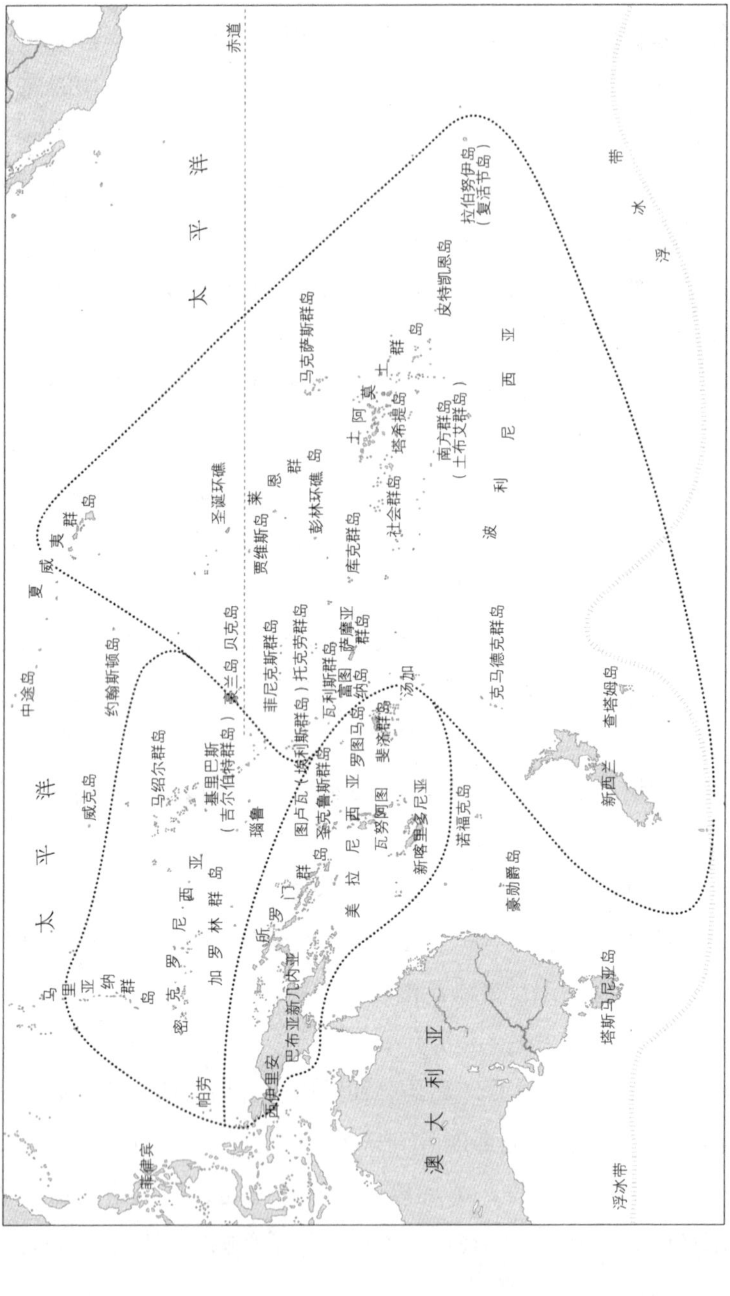
太平洋
赤道
中途岛
夏威夷群岛
约翰斯顿岛
威克岛
马绍尔群岛
马里亚纳群岛
密克罗尼西亚
加罗林群岛
帕劳
基里巴斯
（吉尔伯特群岛）
豪兰岛
贝克岛
圣诞环礁
莱恩群岛
贾维斯岛
菲尼克斯群岛
托克劳群岛
瑙鲁
图卢瓦（埃利斯群岛）
瓦利斯群岛
富图纳岛
萨摩亚群岛
罗图马岛
斐济群岛
汤加
圣克鲁斯群岛
瓦努阿图
新喀里多尼亚
美拉尼西亚
所罗门群岛
巴布亚新几内亚
西伊里安
菲律宾
澳大利亚
诺福克岛
豪勋爵岛
克马德克群岛
新西兰
查塔姆岛
塔斯马尼亚岛
库克群岛
彭林环礁
社会群岛
塔希提岛
土阿莫土群岛
马克萨斯群岛
南方群岛
（土布艾群岛）
皮特凯恩岛
拉伯努伊岛
（复活节岛）
波利尼西亚
浮冰带

地图15　太平洋

紧密的贸易联系，而这张贸易网络，欧洲人只能以十分缓慢的速度渗透进来。1521年，欧洲人首次闯入太平洋世界；等他们登遍太平洋的每一座岛屿时，已经是四百年之后的事了。[4]

1. 发现与接触

前面已经提到，1513年穿越巴拿马地峡的西班牙人瓦斯科·努涅斯·德巴尔沃亚，是第一个看到太平洋的欧洲人。在占领摩鹿加和新几内亚的过程中，葡萄牙人从另一侧走进了太平洋。西班牙王室于是援引1494年的《托尔德西里亚斯条约》，声称自己对这片区域拥有主权，并于1519年派葡萄牙人费尔南多·麦哲伦率领一支由五艘船组成的舰队，大西洋出发，从东向太平洋岛屿挺进。徒劳无功地尝试了几个月之后，麦哲伦终于找到了一条水路，可以从大西洋进入那片看似太平的大洋，后世将这条海峡命名为"麦哲伦海峡"。麦哲伦选择的航线，恰好使他们一直在远海航行，错过了所有本来可以（像后来人那样）停靠和补给的小岛。他们不得不忍受食物的匮乏，许多船员死于坏血病等疾病，途中还几度发生了暴乱。1521年3月，幸存者们终于抵达关岛，但又马上和当地的查莫罗人发生了冲突。麦哲伦下令继续航行，在船队抵达菲律宾群岛后，他却葬身于岛上的另一场冲突。最后，仅有一艘船在塞巴斯蒂安·埃尔卡诺的率领下——安东尼奥·皮加费塔是船上的记事员——穿过了印度洋和大西洋，于1522年返回西班牙，完成了史上的第一次环球航行。

加西亚·德洛艾萨率领的船队在1525—1527年再次挑战环球航行。刚过麦哲伦海峡，船队就被风暴打散，七艘船中只有两艘到达了棉兰老岛。到达香料群岛的少数幸存者只能乘葡萄牙船只，被带回葡萄牙。其中一位生还者，就是巴斯克人安德烈斯·德乌达内塔，他曾去过新西班牙（墨西哥），加入了奥古斯丁隐修会。1564年时，他已改名为弗赖·安德烈斯，再次尝试前往菲律宾，并在那里建立了最早的几座教堂。1565年6月1日，他再度出海，试图寻找一条从菲律宾通往墨西哥且不必经过印度洋和大西洋的航线。德乌达内塔决定沿着北纬32度航行，并用主保圣人彼得的名字给自己的船命名，以求保佑。在没有水食补给的情况下，"圣彼得号"成功横越了浩瀚的北太平洋。遇到加利福尼亚洋流后，他们顺利向南航行。10月8日，他们终于抵达阿卡普尔科。在130天的航程中，他们行驶了12000多海里；44名队员中，多达16人在航行中丧生，大多死于坏血病。1571年马尼拉建城之后，德乌达内塔的航线成为盖伦船队往来于墨西哥与菲律宾之间的标准航线。[5]他对风向和海流的记录，直到18世纪仍被包括库克在内的航海家们使用。加利福尼亚得名于某座传说中的岛屿，这里对于西班牙人来说，算不上有吸引力，仅有个别探险家，如胡安·卡夫里略曾在那里活动，于1540年发现了圣迭戈、圣巴巴拉群岛和湾区。[6]

美洲的白银和西班牙的白银舰队很快就把英国人和荷兰人引向了太平洋地区。弗兰西斯·德雷克在1577—1580年一边进行环球航行，一边掠夺了所有他能拿下的西班牙领地。就连拿骚舰队——荷兰在太平洋地区的第一支成规模的舰队，它的任务也是抢劫西班牙的白银舰队，切断敌对国家西班牙的白银供应。荷兰人约里斯·范斯皮贝亨和奥利维耶·范诺尔特曾分别在1598—1601年和1614—1616年，经大西洋和太平洋抵达爪哇岛，这条航道对他们来说已经算是轻车熟路了。1617年，范斯皮贝亨还在返回荷兰之后出版了一部游记。然而，1623—1624年的拿骚舰队却是白忙了一场：北海都还没出，船就裂了一道缝；而后在非洲海岸附近，船上的理发师又毒死了部分船员。这些意外情况耽搁了行程,当他们匆忙赶到合恩角的时候,西班牙舰队早在五天前离开了。他们封锁了卡亚俄港,摧毁大量船只,虽然自己毫发无损,但其实一无所获,只能两手空空地驶向东印度群岛,最后无功而返。所以对荷兰人来说,在加勒比海对西班牙舰队下手似乎更为可行。皮特·海因就曾在1628年在古巴沿海得手。尽管如此,荷兰人还是不愿意放弃他们在太平洋的利益。17世纪40年代,他们又往太平洋地区派遣了一支规模较小的舰队,为了和智利的印第安部落合作,建立一个反西班牙同盟。[7]

同时,在太平洋的另一边,荷兰东印度公司还从巴达维亚派出了不少探险队,对太平洋进行勘测。1642年,范迪门总督派阿贝尔·塔斯曼去寻找澳大利亚大陆。塔斯曼的航线过于靠南,错过了澳大利亚大陆,却意外地发现了"范迪门地"——后来为纪念发现者塔斯曼,更名为塔斯马尼亚——以及新西兰(得名于荷兰的西兰省)。在返回巴达维亚的途中,他又发现了汤加、斐济和新几内亚。在此后的一次航行中,他到达澳大利亚的西北海岸,之前常有东印度公司的船只在这里因为珊瑚礁而触礁沉没,如1629年触礁的"巴达维亚号"。不过,当时这些地理新发现的经济前景都不显著,因此人们并没有在此继续开发。

新西兰直到1769年才因为库克被再度发现,其背后的动因是英法两国在世界范围内的明争暗斗。两国不但在欧洲大陆、美洲大陆和印度次大陆上竞争,海洋也成了两国角逐的赛场。太平洋东西两岸皆有西班牙的殖民地,因此西班牙将它称作"内海",[8]然而英法两国却竞相在此探险、占领岛屿。1765年,英国委派约翰·拜伦占领南大西洋的福克兰群岛,但他更重要的任务,是寻找"南方大陆"(即澳大利亚)和西北航道。路易·安托万·德布干维尔从法国国王那里接到了几乎相同的任务。但是拜伦仅完成了占领福克兰群岛的任务，为了找到澳大利亚大陆，英国又派出了两位船长。1767年，塞缪尔·沃利斯在塔希提宣示英国主权；仅一年之后，德布干维尔就将其占为法国领土。德布干维尔的游记普及了将塔希提作为"伊甸园"的神话式想象，这刺激了詹姆斯·库克于1769年再次带着任务开赴太平洋。

库克的第一次环球航行，完全是为了科学研究。1769年有金星凌日的天象，即能在地球上观察到金星从太阳盘面上掠过的现象。如果能在地球上的不同位置观测并记录这一现象，将对经度的测定以及导航学的研究大有裨益。人们认为塔希提是一个适于观测的地点。詹姆斯·库克曾为皇家海军在北大西洋（加拿大沿岸）进行过导航和测绘活动，因此在这一领域小有名气。1768年8月26日，库克指挥着改装自运煤船的"奋进号"起航；1769年4月13日抵达塔希提。在完成对金星凌日的观测之后，库克按照海军部的指示，继续寻找澳大利亚。新西兰被再度发现，他对新西兰进行了测绘。1770年4月，到达澳大利亚东南海岸，在今天的悉尼上岸，初次见到了原住民，并把该地从"新荷兰"改称为"新南威尔士"，纳入大英帝国的领地。再次启程后，"奋进号"在大堡礁搁浅，只能被迫抛弃部分货物，之后"奋进号"再次驶向了新西兰方向。[9]

如何与当地人相处，向来是一个值得讨论的问题。两种文明的相遇，既可能会由观察、参与，发展成友好的沟通交流；也可能从接触时就有的敌意，演变成军事上的冲突。库克在船员被毛利人杀而烹之的时候选择了宽容，却对他们从船上偷窃的行为毫不留情。正是1779年的一次针对窃贼的惩罚行动，使库克自己也毙命于夏威夷。

碰到身为祭司和领航员的图派亚，或许是库克在塔希提最幸运的事。图派亚不仅在太平洋上为库克领航，更是把自己对太平洋岛屿的丰富知识，和他一起画在了地图上。[10] 库克原计划考察 130 个岛屿的确切位置，这一张地图就标明了其中的 70 个；图派亚的故乡赖阿特阿岛，就处在这些岛屿的中心。图派亚草拟的版本失传了，现存的地图版本出自库克之手，可以说，库克用欧洲的手段把原住民的知识媒体化了。后来，该地图又被约翰·赖因霍尔德·福斯特加工出版。图派亚还创作了一些水彩画作品，来展现欧洲人在旅程中与本地人相遇的场景。可惜他在巴达维亚因疟疾去世，未能如愿经印度洋前往欧洲。

"奋进号"在返回好望角及跨越大西洋的航段上，又有不少海员伤亡。1771 年 7 月 10 日，人员损失惨重的"奋进号"终于回到英国。尽管如此，就其在媒体和舆论上的影响力而言，它仍不啻一次成功的航行。英国随即爽快地给库克配备了第二艘探险船——"决心号"。这次航行从 1772 年开始，到 1775 年结束；经由大西洋、印度洋，一度接近南极圈，到达新西兰后，再进入南太平洋。为这次旅行提供记录的，除了日后出版的航海图志，还有威廉·霍奇的画作。他是库克船队中的画师，画了多幅肖像画与风景画，描绘了大海和冰山的样子，向英国公众传达了在南大洋航海的画面。[11]

舆论上的成功，让皇家海军再次组织了一支探险队。这次的目标，是找到寻觅已久的西北航道。航行始于 1776 年，库克沿传统路线，经大西洋、印度洋驶向新西兰，再从新西兰驶向汤加和塔希提，向北经过夏威夷后，前往北美洲西海岸进行测绘工作。他们沿着海岸线穿过白令海峡，直到白令海的海冰阻断航线。为了过冬，他们特地回到温暖的夏威夷。然而，1779 年 2 月 14 日，库克在与夏威夷当地人的冲突中丧生。导航员威廉·布莱率领"决心号"返回英国——他就是日后"邦蒂号"叛变事件中被推翻的船长。库克的辉煌成就，刺激了法国国王路易十六，他于1785年委派贵族出身的让－弗朗索瓦·加吕·德拉彼鲁兹去探索西北航道，但这次探索再次被证明是徒劳。德拉彼鲁兹曾向南航行，与日本擦肩而过，经过汤加和萨摩亚，在澳大利亚碰到了英国于1788年流放到那里的第一批犯人。不久后，船队在所罗门群岛触礁，无人生还。法国人焦急地等待着船队的消息，派出的搜救船也无功而返。[12]此般无用的尝试还有许多，比如西班牙委派的意大利船长亚历山德罗·马拉斯皮纳以及英国人乔治·温哥华也分别在1789—1794年与1791—1795年探索过西北航道。马拉斯皮纳也对北美洲西北海岸进行了测绘，还勘探了阿拉斯加的山脉。他在航行中发现，食用柑橘能预防坏血病，因此船员死于该病的比例大大降低。[13]

18世纪时，西班牙在加利福尼亚的势力逐渐发展起来。传教站像珍珠一般，在海岸线上连成长串。完成这一创举的是米格尔·何塞·塞拉，一位来自马略卡岛的神父。他称受到感召，于是放弃了自己在巴利阿里群岛上的大好前程，在18世纪中叶远赴西属美洲给印第安人传教。据说，他在途中不仅要和一位英国的"异端分子"（即船长）做斗争，还克服了风暴的威胁以及水和食物短缺。到达墨西哥后，他又被蝎子或狼蛛咬伤，跛着脚抵达了墨西哥城。塞拉在人迹罕至的马德雷山脉中布道八年，静候新的使命。1765年，塞拉加入了下加利福尼亚总督加斯帕尔·德波托拉组织的一支远征队。远征队分为五个支队，三支走海路，两支驾马骡走陆路奔赴湾区。他们的任务是在加利福尼亚进行殖民和传教活动。

塞拉以基督教圣人的名字为他所建立的传教站命名：圣加布里埃尔、圣布埃纳文图拉、圣路易斯－奥比斯波、圣安东尼奥－德帕杜瓦、圣胡安－卡皮斯特拉诺、圣克拉拉以及圣巴巴拉。西班牙军队在圣迭戈、圣巴巴拉、蒙特雷与圣弗朗西斯科建立了城堡，一些殖民者也奉国王的旨意迁入该地区。楚马什人等印第安部族受洗入教，被剥削为劳动力。他们加工生产的牛皮和油脂等牧产品以及种植出产的农产品，被出口到别处。[14] 19世纪初，波士顿等地的商人会不时造访加利福尼亚的这些传教站，他们用制成品交换当地出产的牛皮，再将牛皮运到美洲东岸进行加工。[15]

不少船只还会在航行中去太平洋北部的俄罗斯商站看一看。俄国商人在这里也非常活跃。1799年，俄美合资的贸易公司成立；1812年，又在旧金山以北开设了一家分公司——罗斯堡落成。俄罗斯在北太平洋特别是朝美洲的扩张，分为多个阶段。丹麦籍船长维图斯·白令是这一历程的开拓性人物。他从俄罗斯在太平洋沿岸的据点鄂霍次克出发，在第一次探险中对堪察加半岛等俄国沿海等地进行勘测，第二次则发现了阿留申群岛和阿拉斯加。不久，一些俄国商人就在这一带组织起了猎杀海豹和水獭的活动。随后，俄国又在科迪亚克和锡特卡建立了殖民站点，但从俄罗斯取得补给不太现实。更为可行的，是向北加利福尼亚的西班牙人求助，或者在自己的殖民据点罗斯堡发展农业，自食其力。

在经济利益的驱动下，俄罗斯又派遣了一些航海家在这一带进行考察，其中最为重要的是克鲁津什腾和科策比。有趣的是，这两位有着丰富航海经验的军官，都是来自波罗的海的德意志人。亚当·约翰·冯·克鲁津什腾此前不仅参与过1788年至1790年的瑞俄战争，还曾在大西洋和印度洋上为英国皇家海军效力。

沙皇亚历山大一世钦点克鲁津什腾进行环球航行，为以后开展俄日贸易铺路。1803年8月7日，他指挥"娜杰日达号"起航；1804年3月3日，抵达合恩角；在马克萨斯群岛和夏威夷停靠之后，最终抵达堪察加半岛，并对半岛东岸、萨哈林岛、阿留申群岛以及千岛群岛进行了测绘。同样对到长崎为止的日本海岸进行了勘探，荷兰人仍在那里垄断着对日贸易。"娜杰日达号"在返航途中经过了印度洋、大西洋，最后于1806年8月19日回到喀琅施塔得。后来出版的《环球旅行》以及一本太平洋地图集记录了此次探险的成果。[16]奥托·冯·科策比，是当时最受欢迎的剧作家奥古斯特·冯·科策比之子，也随船旅行，积攒了出海经历。几年后，俄国再次筹备对远东的探险活动。克鲁津什腾向外交大臣鲁勉采夫伯爵推荐了奥托·冯·科策比，他得以被任命为探险船队的船长。

在这次1815年至1818年的考察旅程中，超过400座太平洋岛屿被标记在了地图上，为地理科学做出巨大贡献。不仅如此，旅程的不同寻常之处，还在于船上搭载的作家阿德尔贝特·冯·沙米索和画家路易·肖里，他们通过各自的作品，将旅程经历分享给大众。法国籍的沙米索是一位浪漫派作家，一篇《彼得·施莱米尔的奇异故事》已经使其崭露头角。他动用关系，以"博物学家"的身份加入了这趟旅程。他在科策比探险报告[17]中的文章，以及包括《环球旅行》在内的其他出版物，都呈现出了与其他探险家、旅行家所撰日志不一样的风采。

从启程开始，他的记述就非常详尽。他在哥本哈根登上从喀琅施塔得驶来的"留里克号"。从基尔到哥本哈根，乘坐普通邮船竟需要三天之久。沙米索将两地间的快捷航船与那令人煎熬的普通邮船做了对比：

> 从基尔到哥本哈根的行程，一点都不像是在（波罗的海）海上航行，陆地未曾出过视线。只消环顾四周，就能见到许许多多的船帆。我们数了数，在西兰岛的青翠原野和瑞典的低平海岸之间，帆船从不低于五十艘。可见，海洋正是一条堂堂大道。[18]

之后在大西洋上,"留里克号"从普利茅斯驶向特里内费岛,再从那里驶向巴西的圣卡特琳娜,沙米索也有类似的联想:

> 我不曾觉得大西洋有多么宽广;不管到哪里,也不管能不能看到海岸线,我都仿佛置身于一条繁忙的马路上。我甚至觉得走过的洋面有些窄。晚上,海岸的灯塔就像城市的路灯一样,随处可见。两船相遇时,必有一船要调整航向,以免碰撞。[19]

"留里克号"绕过合恩角,在智利的康塞普西翁停留数周;然后横渡大西洋,途经复活节岛、马克萨斯群岛和马绍尔群岛,最终抵达了堪察加半岛。沙米索对海洋的描述也随着"留里克号"进入太平洋发生了改变:

> 这里的航道不像大西洋那么繁忙,横越大洋的船只少了许多。没有海岸线可供航海者参考,但总有一些迹象,比如翱翔的海鸟,能让他们觉得,某片陆地或是某个岛屿就在附近,哪怕看不见、找不着,但他们还是能由此获得慰藉,相信自己还没有迷失在无边无际的空间里。只有在离港口较近的海域才能见到别的船,像桑威奇群岛这样的地方,便是船只的集合地。[20]

对于和阿留申原住民、旧金山海岸的印第安人,还有密克罗尼西亚和波利尼西亚岛民的接触,沙米索进行了十分详细的描述,以及对外貌生动写实的描绘,其记录手法完全可以看作克利福德·格尔茨提倡的"深描",对于不少学科来说都饶有裨益。途中,沙米索结识了波利尼西亚人卡杜。卡杜在"留里克号"上待了几个月,

第八章 太平洋

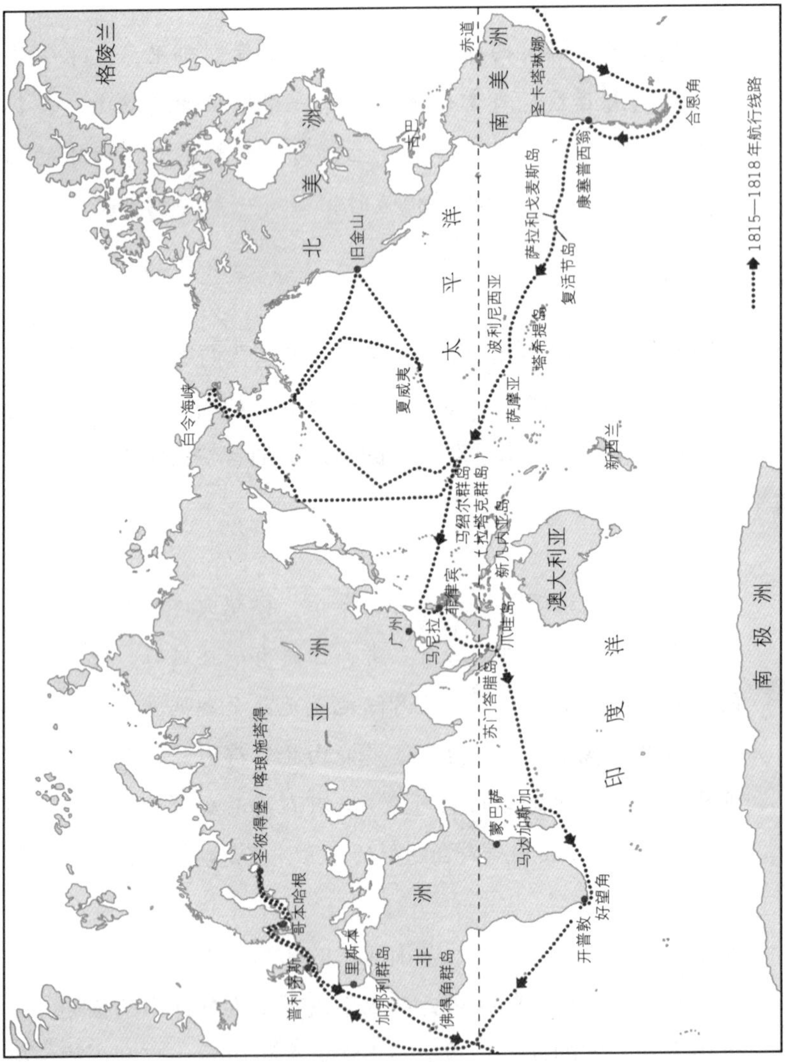

地图16 "留里克号"远航路线

沙米索问尽了各种各样的问题。他对卡杜的记录，当属研究原住民的一手材料中最好的文本：

> 当下对我来说是充满吸引力的。卡杜把他对世界——从帕劳群岛到拉塔克礁链——的了解告诉我，现在我将其复述出来，以飨读者朋友，当然，这其中少不了我自己的"评论和观点"。将当时记录的东西用我们的语言复述出来，是一项艰巨的任务，是这个时代迷人的负担。首先，我们必须在交流中发现、拓展并打磨沟通的手段，好让我们理解彼此。沟通主要由卡杜的波利尼西亚方言和一些欧洲短语组成。卡杜不得不努力理解我们、不得不一直回答问题。……卡杜不得不一直接受盘问——他的回答不会超出询问的范围。博物学图书总是暗中去除对一些疑点的怀疑。之后，我们向他核对了康托瓦神父在《教育书信集》[21]中关于加罗林群岛的记述。卡杜非常高兴他能从我们这边了解到如此多关于他家乡的事情。他证实了书信中的内容，同时也补充了一些信息，我们偶尔能从中得到新知，并仔细地记录了他说的每一点。[22]

卡杜会唱其他岛屿的歌谣，还学会了西班牙语的数字。通过当地及外来的航海者、商人、传教士和海滨浪人①，太平洋的岛屿不仅与彼此产生联系，还和其他大洲、大洋建立了沟通。一套知识体系逐渐形成，人们以此为沟通的基础，并在交流的过程中，不断补充、完善这一体系。[23]在交流中，人们往往都对彼此报以欣赏。

---

① beachcombers，直译为"在海滩上拾荒的人"。在19世纪，这个词特指在太平洋岛屿间流浪、倒卖物品的欧洲人，多为失业水手，其中不乏融入当地社会的人。——译者注

图 8　路易·肖里所作卡杜肖像

卡杜认真地观察"留里克号"上的科学家如何考察自然环境,如何采集研究样本;而沙米索则惊叹于波利尼西亚人"天然去雕饰的美"[24],他们的文身也被他当作"完整的艺术品"[25]。只可惜沙米索没能在自己身上文身纪念。

"留里克号"远航的故事在欧洲吸引了大量关注。大约在同一时期,德国也迎来了第一位来自太平洋的访客哈里·麦蒂。当不来梅的"门托尔号",一艘受普鲁士委派前往太平洋地区寻找商机的船,于1823年停泊在火奴鲁鲁时,这个年轻的夏威夷人恳求他们让他上船,船长哈姆森与押货人威廉·奥斯瓦尔德心一软就答应了他。于是麦蒂随船去了广州和圣赫勒拿,1824年,抵达普鲁士在波罗的海沿岸的港口斯维内明德,再乘马车抵达柏林。他先是住在普鲁士海事公司的理事克里斯蒂安·罗特尔的家中，不久又搬到了哈勒门附近的教育机构里。他在那里非常勤奋地学习德语，还为接受洗礼和坚振礼做准备。与此同时，他还需每天去海事公司，和来自南大洋及广州的宝物一起，被当作展品供人参观。这些宝物包括茶叶、肉桂、丝线、陶瓷、通草画、用象牙和珍珠母制作的工艺品，以及为博物馆准备的动物标本和矿物样品；其中来自夏威夷的物品有树皮布、羽毛扇、武器、鱼钩、用南瓜制作的酒具，以及一些日用品。和科策比、沙米索一样，海事公司以这种方式也为德国公众提供了一幅关于南大洋的浪漫化的想象。

麦蒂于1830年受洗。此后，他以机械师助手的身份在哈弗尔河上的孔雀岛工作，为他们照看管理异域的动植物，那里的园林服务于普鲁士宫廷。他娶了动物看守员贝克尔的女儿为妻，育有三个孩子，64岁时死于天花。[26]

2. 檀香、海参与水獭

探险者走到哪里，贸易者就会跟到哪里。当然，探险活动本身往往也有经济动因。巴达维亚、马尼拉、堪察加半岛以及智利诸港等贸易中心也是探险者们爱光顾的地方。于是，太平洋地区一方面保有几百年来传统稳固的贸易网，欧洲人只能通过与本地的贸易才能加入；另一方面，随着外来者对本地资源的开采出售，全新的区域性、全球性的贸易关系也正在形成。许多海岛原住民也加入了贸易、捕鲸、探险的船队。威廉·丹皮尔就曾把加勒比海岛上的印第安人收为船员，带着他们进入太平洋，他们捕捞海龟和海牛的本领可以保证船员在旅程中免于饥饿之虞。他还曾经从某个英国奴隶主那里，为一名叫乔里的奴隶赎了身。乔里来自米昂阿斯环礁，被一艘香料船卖到了马德拉斯。丹皮尔亲自将他带回了伦敦。[27]

像图派亚、欧麦和卡杜一样,上船的海岛原住民大多会被纳入船员的队伍中,随船前往悉尼植物湾、广州、澳门和马尼拉等地;如果是跟着英国船队走,还可能去往印度洋或大西洋。[28]

贸易与航海的发展给了太平洋岛民去其他岛屿居留的机会。夏威夷人可以跑到塔希提或马克萨斯群岛逗留,而塔希提人也可以去汤加或新西兰定居。他们不仅认识了欧洲人,还接触到了许多其他岛屿的"邻居"。通常,各部族的首领非常乐于了解波利尼西亚其他地区的情况。[29]

与太平洋地区各族群的接触和交流,使多种经贸关系应运而生。为了换来钉、针、刀、斧、饰品和纺织品等物件,岛民会提供水、柴、食物和性服务。由于当地主流的石质或贝质的工具性能较差,他们对铁制品有着强烈的需求。随着时间的推移,像图派亚、欧麦和卡杜这样跟随欧洲人纵横四海的本地人,带回了关于其他岛屿的消息,岛民们逐渐也对其他岛屿上的特产产生了需求。像塔希提人就较为青睐萨摩亚和汤加产的红羽毛;此外,为了称霸诸岛,他们对武器、火药和船只也有一定需求。酒在这里也备受欢迎。欧洲人还引进了柑橘、葡萄、菠萝、木瓜,甚至还有土豆和谷物,以满足船员的粮食供给。

太平洋岛屿上的一些物产,对于欧洲人来说很是新奇,但亚洲市场早就对这些东西有着广泛的需求了。库克船队返程路过澳门时,有船员卖掉了一些皮货,于是这项最早由俄罗斯人在北太平洋岸边开展起来的皮货生意,最后拓展到了整片大洋上。曾在广州生活的海滨浪人奥利弗·斯莱特认识到了太平洋的檀香在亚洲地区的价值,紧接着斐济的檀香被迅速开发,马克萨斯群岛也随即成为檀香木的产地。夏威夷人甚至会长途跋涉,到其他岛屿上去开采资源。同时，海参也不失为一门好生意。海参生长在太平洋许多岛屿的潟湖中，因中国人把它当作一种高档海鲜，它也逐渐有了倒卖的价值，一些部族首领还同意了在岛屿上开设海参养殖场的合约。[30]

清朝人关后，皮货在中国风靡一时。对动物特别是水獭的捕杀，主要就是为了满足中国市场的需求。19世纪初，阁臣和珅一人就有约67000张兽皮。[31] 水獭捕杀业18世纪时兴起于北太平洋，于19世纪扩展到了太平洋东部。皮货生意始于俄罗斯人拓殖已久的鄂霍次克。维图斯·白令就从这里出发，从阿留申群岛带回皮料。俄中商人在两国交界处的恰克图交易，形成了一个活跃的贸易市场，交易数额每年都可达万张以上。捕猎和毛皮加工由阿留申和科迪亚克的当地人完成，这也正是俄罗斯人要控制这一带的原因。在加利福尼亚发现大量水獭之后，俄美商人成立了合资公司，利用契约工制度垄断并拓展了贸易。在这种合作模式下，阿留申猎人要举家迁徙，乘坐波士顿派出的船只，南下到加利福尼亚，在博迪加和湾区等地定居，形成了男人捕猎、女人剥皮的社会分工。大部分毛皮会被带回阿拉斯加，然后再从那里运往广州销售。[32]

夏威夷人也参与进了这一带的皮货贸易中。比如约翰·考克斯，他的船在哥伦比亚河被印第安人损毁。为了获取毛皮，他步行深入内陆地区，认识了西北公司的英国商人。他们把他带到苏必利尔湖畔的威廉堡，还让他搭上了开往伦敦的船只。他享受了一阵子流连于酒馆间的生活，于1813年作为"浣熊号"的导航员，途经里约，重新回到了美洲西海岸。在夏威夷短暂停留之后，他在温哥华堡工作了多年，后来在哥伦比亚河畔靠养猪度过了余生。[33]

水獭数量锐减后，人们又把捕猎的矛头转向了在太平洋随处可见的海狗。智利海岸边上的胡安-费尔南德斯群岛是捕杀海狗的中心，英国、法国和西班牙船只在此争相捕杀作业。不久，波士顿派出的捕猎船占了上风。1793年,"杰斐逊号"和"伊丽莎号"分别向广州运送了13000张和38000张兽皮。[34]

3. 在广州与加利福尼亚之间

新的贸易关系,以及后来捕鲸业的发展,赋予了太平洋商业网以全新的面貌:新兴贸易中心应运而生,旧的贸易中心也扮演起新的角色。长久以来,马尼拉一直是整个太平洋地区的转口中心。除了占人口大部分的本地人和华人社群以外,这里还生活着数以百计的西班牙人和日本人。在马尼拉经济中,占据核心地位的是美洲白银和亚洲商品之间的交换。新西班牙的商人诧异于中国商品在这里的低廉价位,而他们携带的白银也吸引了来自亚洲各地的生意人。除了白银,阿卡普尔科还向西班牙其他商站供应油、醋、杏仁、葡萄酒、书籍和药品。从马尼拉,或者更确切地说,从其外港甲米地,有船只定期开往暹罗、柬埔寨、望加锡、科钦、荷属巴达维亚、葡属澳门以及中国诸港口。在澳门的中国人和葡萄牙人反复争夺对菲律宾贸易的主导权。运往阿卡普尔科的商品主要包括瓷器、漆器、家具、丝绸与其他纺织品。就连大教堂的神职人员,也参与了把丝绸从马尼拉转卖到墨西哥的活动。我们可以从墨西哥城索卡洛广场的考古发现中,管中窥豹地了解一些当时瓷器进口的情况;1600年被荷兰人击沉的"圣迭戈号",而今也被打捞了起来,增进了我们对当时瓷器贸易的认识。在中国瓷器的启发下,美洲的普埃布拉和库斯科也开始生产陶器。通过墨西哥和秘鲁的精英阶层留下的遗产清单,我们得知他们会在家中摆放一些来自亚洲的物件。仿制的日式屏风先是传到西属美洲,不久后又在欧洲流行起来。[35]

在沙米索的笔下,马尼拉在19世纪初依然是一个重要的贸易城市，常常能见到美国人、英国人或法国人的身影。东北季风盛行时，"留里克号"就在这里的船坞维修保养，为返航欧洲做准备。[36] 新兴贸易中心之一——广州，是中国允许外商与本地人进行贸易的指定商埠，现在全世界的贸易线路都在这里交汇。"洋行"是和外商做生意的地方，中国人在这里和来自欧洲、印度洋沿岸的商人进行交易。印度和大不列颠的纺织品、孟加拉的鸦片、墨西哥的白银、西伯利亚和太平洋的皮革、夏威夷和塔希提的檀香，纷纷流入广州；而中国最主要的出口货物则是茶叶、陶瓷和丝绸。尽管英国东印度公司一直试图垄断对广州的贸易，但在茶叶贸易越来越繁荣的大背景下，以丹麦人和美国人为代表的他国商人也总能从中分得一杯羹。[37]

蓬勃发展的中国市场散发着强大的吸引力，加利福尼亚和夏威夷也加入了和中国的贸易。加利福尼亚因此成为南北美洲、中国、西伯利亚-阿拉斯加之间的十字路口，夏威夷也成为美洲西海岸与亚洲东海岸之间的一大枢纽。国王卡美哈梅哈通过授予特权，吸引了各国商人前来火奴鲁鲁进行交易。

1814年6月至1817年圣诞节，英国的斯库纳帆船"哥伦比亚号"定期往返于北美西海岸、夏威夷和广州之间。它的活动显示，航路与港口在这一时期已产生了质的变化。它从加利福尼亚海岸装载粮食，在锡特卡用粮食换兽皮，在哥伦比亚河一带装载皮料等，再在广州售卖北美的兽皮和夏威夷的檀香。"哥伦比亚号"曾四度停泊在夏威夷。他们不仅可以在这里添加新的货物和补给，修缮保养船只，还能招募新的船员。实际上，船员可以在各个港口得到补充。有一次，英国的"艾萨克·托德号""弄丢"了16名夏威夷船员，他们就在澳门当地进行了招募。船长彼得·科纳在最后一次航行结束后，直接用残破的"哥伦比亚号"跟卡美哈梅哈国王交换了

第八章　太平洋

两批檀香木，用另一艘船把它们拉到了广州。

在19世纪二三十年代，英美商行纷纷在夏威夷建立分行。许多欧洲和美洲的货物被销往此处，或者从这里再转售到其他地区。广州、加利福尼亚、卡亚俄、波士顿和伦敦等地分行的商品，也通过夏威夷分行进口到这里。[38]

捕鲸业的崛起使夏威夷的地位更加突出。赫尔曼·梅尔维尔的《白鲸》使人们了解并记住了捕鲸者的生活——亚哈船长船上的土著捕鲸者魁魁格就是众多参与到美国捕鲸业中的"卡纳卡"的代表（在夏威夷语中，"卡纳卡"就是"人"的意思）。

捕鲸在新英格兰有着悠久的历史。早在17世纪晚期，许多捕鲸船就从楠塔基特和新贝德福德出发，在北大西洋捕杀抹香鲸。抹香鲸的脂肪可被制成照明用的鲸油，鲸须又是制作内衣固定圈所需的材料。18世纪末，捕鲸船向亚速尔群岛和南大西洋挺进，直至离太平洋仅有一步之遥的戴维斯海峡。1789年，英国捕鲸船（"艾米利亚号"）首次来到智利海岸附近进行作业，此举引发大量新英格兰的捕鲸船涌向南美西海岸和太平洋：1828年，太平洋上有200艘美国捕鲸船，到1844年，捕鲸船多达571艘，英国和法国也分别有几十艘捕鲸船在这一区域作业。[39]另一边，来自新南威尔士杰克逊港的捕鲸者也在澳大利亚、塔斯马尼亚和新西兰海岸上建立了若干捕鲸站。

一次捕鲸出航平均耗时三年。捕鲸船一路上需要给船员提供补给和娱乐，船只和网具也要定期维修——也就是说，沿途站点提供的服务必不可少。火奴鲁鲁就是其中一站。新英格兰的捕鲸船通常只配备骨干船员，到夏威夷以后再招募当地人为水手，随行远航。塔希提人和毛利人则是英国人和法国人青睐的劳动力。捕鲸业因此不可避免地改变了岛屿原住民的生活方式，[40]许多捕鲸者在下了捕鲸船后就成了海滨浪人，也有的当起了（妓院）老板。

随着石油的发现和应用，鲸油的重要性大不如前。19世纪60年代后，美国捕鲸业的规模不断缩小，挪威、日本和俄罗斯成为主要的捕鲸国家，仍在发展捕鲸业。

4. 传教士与科学家

把太平洋、印度洋和大西洋等海域连在一起的，不但有海员和商人，还有传教士。在香料群岛、中国澳门与日本等地，葡萄牙的传教活动与经济扩张在同步进行。尽管传教士成功让许多人受洗入教，但只有澳门的教区存留了下来。17世纪初，摩鹿加群岛上的穆斯林苏丹和荷兰人联起手来，驱逐了那里的耶稣会传教士；日本也对（葡萄牙）基督徒发起了多次迫害浪潮。随后，耶稣会的活动重心转向菲律宾群岛，并设立了一个总教区。为了保证宗教的纯洁性，菲律宾还受到墨西哥宗教裁判所的辖制。到18世纪，耶稣会士还成功在关岛扎根。那里的土著查莫罗人不是死于外来疾病，就是被西班牙人驱逐、杀害。从菲律宾向加利福尼亚传教的尝试也失败了，但勘探活动留下的许多地图[41]，加深了欧洲人对密克罗尼西亚的了解。

18世纪末，库克船长的发现给传教带来了转折。听闻库克等探险家对"野人"的描述之后，一些新教传教士决定前去安顿他们的灵魂。1797年，伦敦传道会雇了一艘船前往塔希提，船上的30名传教士中，只有4人真正从事牧师职业，其余都是信念满满的虔诚工匠。他们想通过传教和劳动相结合的生活方式，拯救那些"野人"。[42]

在人们的印象中，传教士往往是一些狂热的欧洲白人男性，但事实上，传教人员的构成远比人们想象中的更加多样化。各地传教士的行事方式以及当地人对他们的接受程度不尽相同。[43]有的传教士会保护他们的新教民不受商人和船长的侵害，也有传教士会在他们的"孩子们"面前作威作福，强迫他们劳动。传教士尤其喜欢强迫某岛的居民到另一座岛上去劳动。19世纪70年代，就有传教士把250名复活节岛居民运去塔希提，并强迫他们在教会农场里工作。[44]尽管传教士们不遗余力地和异教斗争，但他们还是不得不学习当地的语言，且需要寻找当地文化中同基督教的契合点。就这样，传教士们变成了语言学家和民族学家。

能否成功传教，一方面取决于当地的情况，另一方面也有传教士自身的原因，比如他的社会阶层和接受过的神学培训等。本地的教师、牧师和教义讲师也扮演着重要角色，他们对本土文化的了解，对于基督教在本地的传播来说不可或缺。此外，女性在社群工作中发挥的作用同样不可低估。

让我们回到塔希提。那些伦敦传道会派来的"神的工匠们"，做了十五年的传教工作却鲜有成效，直到统治者波马雷皈依基督教，才有大量人口受洗入教，让人不禁想起中世纪中前期欧洲基督教化的方式。[45]波马雷战胜对手之后，便抛弃了旧的先祖神。他把神像交给了传教士，传教士又将它们作为战利品寄回了欧洲。

伦敦传道会在塔希提等地的活动鼓舞了美国公理宗海外传道部，促使他们前往夏威夷传教。建立该组织的是一些在新英格兰上过神学院的牧师。同时出现了首批前往美洲接受教育的太平洋原住民，欧布奇亚就是其中的一员。他出生于夏威夷，随某位船长来到纽黑文，后来在安多弗的一所神学院求学，1818年患伤寒不幸离世。尽管他生前未能真正开展传教活动，但他的同窗海勒姆·宾厄姆与阿萨·瑟斯顿成功地在夏威夷宣扬了基督教。他们传播的是对罪与道德有着十分严格观念的加尔文主义。当时国王卡美哈梅哈刚向欧美的商人、商品打开本国门户，旧的宗教信仰和生活方式正值瓦解之时，基督教因此迅速传播开来。很快，岛上就有了夏威夷文的基督教宣传品。到19世纪20年代中期，主要首领纷纷公开受洗，夏威夷成了一个基督教岛国。[46]

传教士的成功也带来了一些争议。首先，在传教活动兴盛的这段时间里，数千岛民死于漂洋过海而来的疾病。此外，也有批评者如奥托·冯·科策比认为，英美传教士摧毁了太平洋岛民的传统生活方式。他直截了当地质疑道，禁止传统的服饰和风俗（如刺青和舞蹈）对于当地人来说意义何在。在塔希提，制造船舶和树皮织物的传统手艺失传，笛声断绝，舞蹈、比武和各种赛事也不再举办。曾有一个名叫查尔斯·威尔逊的前海员带着几个刚受洗的塔希提人在当地传教，对此，一位波罗的海贵族十分诧异："看来伦敦传道会都是一些知足常乐的人。水手用几句教条把一个野人骗得'半野不野'，就是他们梦寐以求的成绩了。"[47]

当然，传教士一方对于批评的声音也表达了异议。在对待异教徒的态度上，他们和新一代的科学家有些不谋而合。比如青年的查尔斯·达尔文，他曾搭乘罗伯特·菲茨罗伊船长的"小猎犬号"进行环球航行。旅程始于1831年，第一站是火地岛，他们要在这里完成一些测绘任务。与火地岛"野人"的接触，使他逐渐形成了自己的一套关于人类演进的观念，并日后写进了《人类的由来》一书里。《小猎犬号航海记》中有这么一句话："个体之间的绝对平等，从长远来看势必会阻碍这些部落（火地岛人）的文明发展。"[48]按照达尔文的看法，人类与动物相似，有一个首领领导的群体最能够改善自身的生活状况。之后他在《人类的由来》中提出猜想，生活环境的变动会对长期生活在相同环境中的民族带来消极影响。[49]

与老一辈旅行家福斯特和沙米索不同,达尔文并不是一个参与式的观察者,而是始终保持着距离的。他背后是蒸蒸日上的不列颠日不落帝国,不必接受当地人热情好客的款待。

达尔文在"小猎犬号"航行途中收集了超过1000个物件,带着它们漂洋过海,并于1836年带回了英国。达尔文后来将这段旅程看作他学术生涯中最重要的经历。他对物种在与世隔离的地方(如加拉帕戈斯群岛)的演化方式颇为着迷,也对夏威夷、塔希提、圣赫勒拿和亚速尔等地火山岛的地质构造感兴趣。[50] 游记出版之后,达尔文很快又发表了一篇关于珊瑚礁形成的理论。为此他和美国地质学家詹姆斯·丹纳建立了联系。后者曾参加了1838—1842年美国对太平洋进行的第一次科学考察。在此期间,他掌握了许多关于珊瑚礁、夏威夷火山与加利福尼亚山脉的重要信息,这些后来都汇入了他关于海洋和陆地构造的学说中。[51]

在加利福尼亚发现金矿之后,他关于加利福尼亚山脉,特别是关于沙斯塔山的研究一时间受到广泛追捧。

淘金热引发了新的越洋人口迁徙,从而改变了太平洋世界的面貌。种植园经济在加利福尼亚与夏威夷蓬勃发展,吸引了大量来自日本、中国和拉丁美洲的劳动力。这些族群与太平洋岛民的文化交流促成了太平洋的繁荣,大洋洲的航海者们也进一步扩大了自己的活动半径。他们曾把海洋想象成康庄大道而非艰难险阻,将航海视作联系世界的纽带,如今这种想象得到了印证。他们接触到异国他乡的航海者,便也像白人航海者探索他们的岛屿一样,开始爬梳未知的海岸线。18—19世纪时,虽然他们才刚刚开始了解外部世界,但对于海上网络来说,他们的确扮演了一个重要的角色。环球航线赋予了大洋洲居民前所未有的机动性,也让他们学到了诸多回岛之后仍有用武之地的知识。[52]

第九章
海洋的全球化

  一辆二人驾驶的八驾宽轮马车,从伦敦运送近 4 吨货物去往爱丁堡,来回共需要大约 6 周。在相同的时间内,一艘往返于伦敦和利斯的、拥有 6—8 名船员的船只通常可以运送 200 吨货物。……水运的便利可为各类产品打开世界市场,因此,手工业自然会在水运发达的地方优先发展起来,许久后才向内陆蔓延。[1]

——亚当·斯密

  在《国富论》中,亚当·斯密通过以上数据指明了水运相对于陆上运输的优势。假如他没有在 1790 年去世,他也许就能见证铁路的巨大成就。但毋庸置疑的是,遍布河流、海岸与大洋的水上运输业,从根本上改变了人员流动及物资交换的面貌。亚当·斯密举的就是一个沿海运输的例子———一艘船的运载量相当于一辆八驾马车的 50 倍。

1．从帆船到蒸汽船

亚当·斯密预言了19世纪的运输革命。在这场革命中，运费进一步下降，各海域更加紧密、更加规范地联系在一起。在过去的历史书中，蒸汽船的发明被认作是这场革命的主要原因，但近几十年来，人们逐渐达成一个新的共识：蒸汽技术的普及是一个缓慢的过程。在很长一段时间里，蒸汽船都与帆船并存，随着造船业技术的革新逐渐获得越来越多的应用。

早在1807年，美国人罗伯特·富尔顿就发明了明轮蒸汽船"克莱蒙特号"。美国公众对此非常热心，并将新船用在了奥尔巴尼和纽约之间的哈得孙河上。富尔顿的发明在美国内河迅速普及，特别是在密西西比河流域颇受青睐。而在欧洲较为狭窄的河流上，类似的蒸汽船的普及速度则较为缓慢。

起初，明轮船在大洋上的应用有限。"萨万娜号"是第一艘蒸汽帆船，它于1819年横渡了大西洋。但由于盈利情况不佳，最后又改装回了纯风帆动力船。以当时的技术水平，明轮还不适用于海上航行：一是蒸汽机耗煤量极大，几乎耗尽船只的运载能力，二是海水也会损害蒸汽机的锅炉。直到1840年，随着船用螺旋桨的发明，蒸汽船才开始适用于海上航行。机械制造技术的改进提高了蒸汽利用率，逐渐降低了煤炭消耗量，如亚历山大·柯克·赖德发明的三胀式蒸汽机就是一个改良后的版本。尽管如此，蒸汽船取代帆船的过程依旧十分漫长。从19世纪70年代开始，大约到19世纪末，蒸汽船才全面取代帆船实践中的应用。

英国的议会文件记录了所有驶入英国港口的船只信息，从中我们能够了解蒸汽船的比例是如何变化的。在1880年前后，来自地中海和西欧的船只多为蒸汽船，而其他航线大多仍由帆船主导。直到 1910 年，蒸汽船在抵达英国的船只数量中才达到九成。是否采用蒸汽技术，由许多因素共同决定。除去蒸汽机的效率以外，货物的种类和运输的距离也是要考虑的因素。蒸汽船需要装载燃料，因此运程越长，运费越贵。在超过 500 海里的航程中，帆船与蒸汽船的效率不相上下，甚至比蒸汽船更具优势。在北欧和波罗的海地区，运输的货物主要是木材和谷物，相较而言，木帆船也更加划算。[2]

北欧地区的挪威和芬兰并非以原料见长，而是通过水运服务分享了 19 世纪的世界经济繁荣。尽管挪威和芬兰的木材和焦油对英国的船运和工业化进程有着重要意义，但斯堪的纳维亚商船的角色还是逐渐起了变化，它们承担了全世界海上运输量中很可观的一部分。挪威帆船最初专注于向英国出口木材，随后，又将重心转向了大西洋上的不定期货运业务。波罗的海帆船运输的利润空间在 19 世纪 60 年代遭受了严重的挤压，但在大西洋上，它们仍然能够长期保持竞争力。人们可以在二手市场上用低廉的价格购得帆船。就地取材，且造船工人工费低廉，一些小型造船厂里建造帆船的成本也不高。人们是否愿意花大价钱把帆船更换成蒸汽船，取决于各地的不同条件。像哥本哈根和斯德哥尔摩这样的大港口，很早便迅速地接受了蒸汽船。为了保证欧洲市场上海鱼的新鲜供应，卑尔根也很快采用了蒸汽船。而那些专注于特定航线的小港口，暂时还没有必要花大价钱投入蒸汽船的怀抱。

直到 20 世纪，蒸汽船才在芬兰压倒了帆船。芬兰早先专注于向西欧提供木材与焦油，后来也逐渐在黑海和地中海地区提供相应服务。在 19 世纪 70 年代，芬兰人也参与了大西洋贸易中的运输革命。他们把谷物从纽约、费城和巴尔的摩运到爱尔兰和英国的北海港口，也把煤油送往西欧与波罗的海地区。此外，他们也帮美国南方及加拿大出口如松木等木材。

为了把木材运到大西洋另一边，加拿大船主们多用帆船，而英美之间的贸易则多靠蒸汽船。在对印度洋地区的贸易中，帆船长期占据主导地位。直到1869年苏伊士运河开通，航程大幅缩短，才使得蒸汽船运输有利可图。在印度洋以及中国东海、南海的不定期航线和沿海航线上，帆船在很长一段时期内仍是主要的交通工具。由于当地的戎克船受制于季风风向，性能不如能够逆风行驶的欧美帆船，于是便有汉堡船只接管了缅甸阿恰布、新加坡、香港和中国其他海岸之间的大米运输业。直到19世纪70年代，蒸汽船才在这一带投入使用。[3]

在与美洲西海岸的粮食与矿石贸易中，特别是在开往南美洲的航线上，帆船直到20世纪初都充满竞争力，比如汉堡莱斯船务公司的"P字头飞速班轮"就被长期用于硝石运输。

总体来说，参与世界贸易的船只，在数量和规模两方面在19世纪里都保持着增长的态势。它们的净容积总吨在1850—1911年从900万吨上升到3460万吨，占其中七八成的大西洋贸易，增长尤为显著。

1900年前后，英国船舶以930万吨的总吨位雄霸全球，德国以190万吨位居第二，其次是挪威（150万吨）和法国（104万吨）。受南北战争的影响，美国船舶（80万吨）的规模不升反降。[4]

随着船上运货空间不断增长，全世界的运费在1870—1900年下降了超过三分之一。从纽约运谷物以及从新奥尔良运棉花到欧洲的费用在1885年仅为1873年的一半。[5] 低廉的水运价格使货运成本及商品价格下降，方便了全世界生产者和消费者。世界各地的生产格局也因此发生改变。由于运费下降，农产品大可从远方进口，东南欧、南北美洲、澳大利亚、南亚和东南亚的部分地区成了农业大区；而在美国东海岸和欧洲一些人口稠密的地区，农业则为工业发展让路。[6]大西洋地区的麦价、印度洋和中国海域的米价都下降了，这促进了全球范围内小麦和大米市场的一体化。[7]

正如17世纪的荷兰依赖于波罗的海价廉物美的粮食，19世纪的海上运输革命也使欧洲与美洲的工业中心不再依赖于本地农业，富饶的美洲、东南欧和亚洲的大平原成了主要的粮食产区。

同时，一些不适宜发展农业的国家，如挪威、芬兰、希腊，则从世界海运业的发展中受益。希腊抓住机遇，利用地处东地中海沿岸的地理位置，发扬历史悠久的水运传统，发展出了颇具竞争力的船舶运输业。大约在18世纪70年代，俄国与奥斯曼帝国之间的纷争打开了通往黑海的大门。此后，希腊的商人和船主就从事着把南俄或东南欧的谷物出口到欧洲各地的生意，主导着地中海上的水运。19世纪中期，希腊水运业产值达国民收入总值的三分之一。希腊船主们通过提供水运服务融入了世界市场，与那些最主要的航海国家分庭抗礼，到20世纪，他们更是在国际油轮运输业中取得了领先地位。

然而，能够主导并将航海、贸易各领域结合在一起的，只有大不列颠——他们占尽资本充足、煤铁价格低廉等优势，同时还在工业革命中取得了技术进步。虽然在19世纪中叶，他们在大西洋和波罗的海上分别被美国船主和斯堪的纳维亚人抢走了不少地盘，但不列颠人对发展铁甲船、蒸汽船的投资，最终被证明是物有所值的。[8]

19世纪时，不仅货运领域发生了根本性的改变，客运领域也是如此，使移民大规模跨越大西洋成为可能。早在1846—1847年，每年就已有30万人横渡大西洋了，这一数字在1876—1896年翻了一番，达到每年60万。20世纪初，每年约有100万人离开欧洲，移民到大西洋的另一边去。

让我们通过船只来一睹越洋海运翻天覆地的变化。18世纪末，邮船大约需要50天，才能把乘客和邮件从法尔茅斯途经哈利法克斯运送到纽约；而到19世纪末时，载客2500人的豪华轮船只需五六天便可到达。海运的速度，特别是英国西海岸到纽约这段航程的航速，得到了显著的提高：过去每小时只能航行2.5节（4.6公里），后来则提高到了每小时20—25节。此外，蒸汽船还大大缩短了航程。帆船要横跨大西洋，常受风向制约，因此不得不顺着季风或信风取道亚速尔群岛和加勒比海，为此可能需要多航行12000海里。人们对远海的认识进入了一个新阶段，越来越多地利用水文学和海洋学的知识，将风向和洋流纳入航线的规划中。

18世纪时，一艘邮船在大西洋东西两岸之间，每年最多往返三四次，运载旅客不超过100人；而20世纪初，一艘轮船一年就可以运载2万—3万名乘客横渡大西洋。在人口迁徙还主要依靠帆船的时代，伦敦、勒阿弗尔、安特卫普、鹿特丹和不来梅是通向海外的主要港口。载重仅两百吨的帆船往往要运载多达300名移民，这样一来，船上的卫生状况和死亡率与贩奴船没太大区别。帆船也是英国囚犯被流放到澳大利亚或者英国移民前往南非的主要交通工具。19世纪上半叶，更大、更先进的船只投入使用，从欧洲前往澳大利亚的航程只需要100—120天，和一个世纪前相比缩短了一半。

蒸汽船在北美的投入使用，不仅让航速提高，也让货运与客运更加紧密地结合在一起。从前用来载客的甲板间舱，现在会在从北美返航时用来放置谷物。还有越来越多的客船会在回程时装载棉花和冷冻肉（19世纪80年代船上出现了冷冻舱）。

蒸汽船也深刻地改变了航海对海员及其他基础设施的要求。人们只需要工人给锅炉上煤，而不再需要精湛的帆船驾驶技术了。锅炉工人也往往不再来自沿海地区，而是来自像德国内陆等地，适龄工人也仅限于20—30岁之间。[9]大型灯塔应运而生，方便船只在夜间精准定位，进一步提高航行速率。港口客运站也逐渐建立起来，使乘客上下船更加舒适便捷。[10]

2．通信革命

与运输革命同步发生的，是通信革命：前者发生在海面，后者则发生在海底。电报这种新型的通信方式彻底革新了通信技术。[11]在全球范围内铺设海底电缆，能使全世界都享受到电报带来的便利，但需要大量技术来支持，如电气科学的进步，杜仲胶（一种类似橡胶的绝缘材料）的发现，以及能够建造铁甲船、利用铁甲船运输及铺设缆线的船舶工业水平。

1851年11月，世界上第一条海底电报电缆于英吉利海峡（加来与多佛尔之间）完工，该工程在技术和收益上都取得了成功。接下来，英国、比利时和荷兰也靠跨海峡电缆与彼此相连；1854年，哥本哈根与弗伦斯堡间的电报线路开通；一年后，电报线穿过丹麦海峡接入瑞典；1859年，这条线路延长至哈帕兰达，直抵瑞典、芬兰与俄罗斯的交界处。

同年，亚历山大通了电报，跨地中海的海底线路问世。缆线从亚历山大铺开，越过红海和印度洋，1870年接入孟买、马德拉斯和新加坡，随后再从这里向外延伸，其中一条接入上海；一年后，又分别将澳大利亚、中国香港和日本横滨连接进来。

北大西洋缆线早在1866年就投入使用，实现了伦敦、爱尔兰、纽芬兰和纽约之间的电报联系。1874年，电缆从英格兰铺开，经

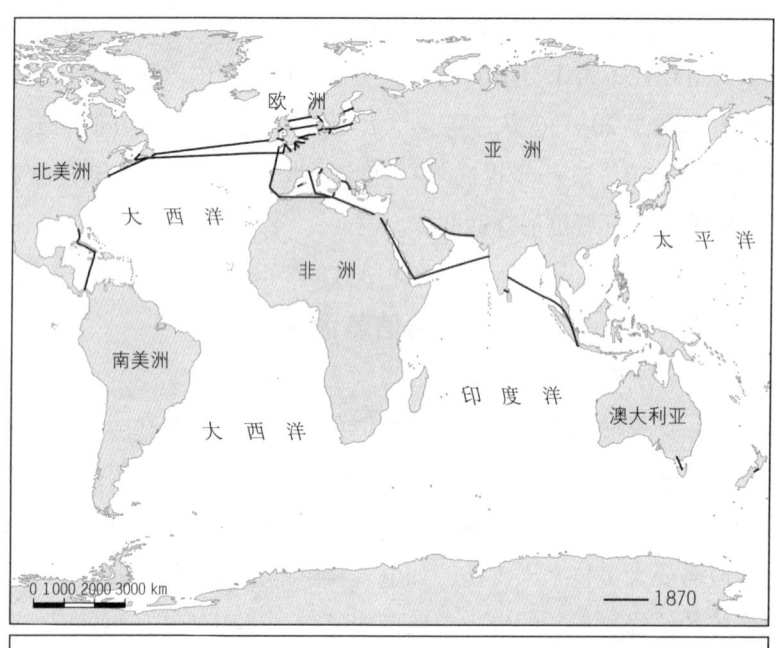

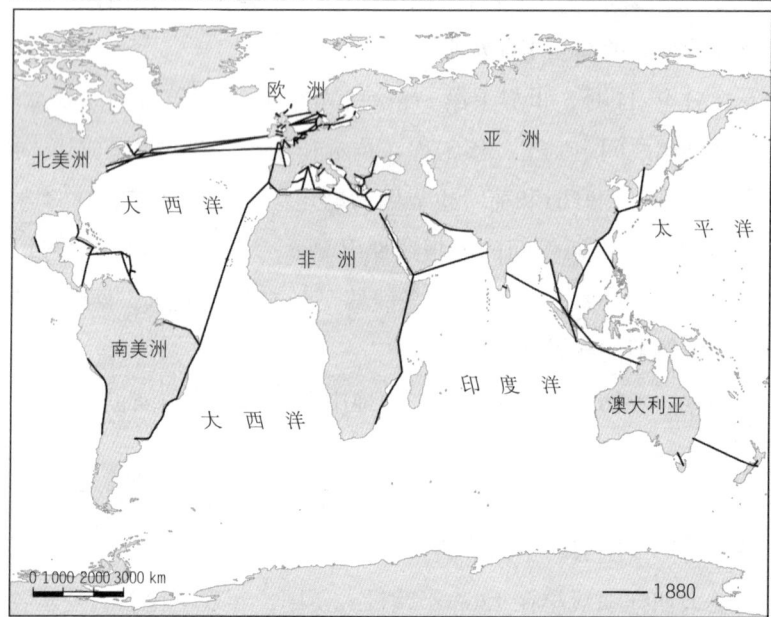

地图 17　海底电缆的发展

210　　　　　　　　　　　　　　　　　　　　　　海洋全球史

过里斯本、马德拉群岛、佛得角群岛，最终接入巴西和阿根廷。在短短20年的时间里，世界上四分之三的地区都通过电报建立起了新的联系，其中绝大部分线路都由英国公司铺设、运营。在接下来的数十年中，法国公司承办起地中海和西非海岸的电报业务，美国人则活跃在大西洋、加勒比海、南美洲以及旧金山和菲律宾之间的线路铺设中。

    电缆在世界各大洋的铺设，使传递消息所需的时间急剧缩短。1866—1869年，从印度寄往伦敦的信件通常需要三四十日才能收到，从北美寄去伦敦也需要14天至17天。但1870年之后，无论是从印度还是从北美，发出的电报只消两三天，就能在目的地登报。由于当时的电报费用高昂，比如1875年时，从西印度群岛向欧洲发送一个单词就要花费10法郎，所以最早采用这一通信方式的，主要还是通讯社等媒体。他们通过发电报来交流各地汇率和物价的变化，促进了全球市场的透明化。银行家和商人，或者说伦敦、纽约等贸易金融中心，成了通信革命中的最大赢家。当然，船主们也能通过发电报，远程指挥不定期货船在东南亚或南美洲各地的活动。

表2　从伦敦向海外发送消息所需天数一览[12]

从伦敦到	邮递 1866—1869	波斯湾电报 1866—1869	电报 1870	接入国际电报网络的年份
大洋洲				
悉尼	60	—	4	1876
新西兰	65	—	4	1876
亚洲				
孟买	29	9	3	1870
加尔各答	35	12	3	1872

续表

从伦敦到	邮递 1866—1869	波斯湾电报 1866—1869	电报 1870	接入国际电报网络的年份
香港	51	29	3	1871
马德拉斯	40	15	3	1870
上海	56	30	4	1870
横滨	70	30	5	1871
非洲				
亚历山大	11	5	2	1868
开普敦	30	—	4	1868
拉各斯	12	—	3	1866
马德拉岛	8		2	1874
北美洲				
加尔维斯顿	17	—	3	1866
蒙特利尔	14	—	2	1866
新奥尔良	17	—	3	1866
纽约	14	—	2	1866
中美洲				
巴巴多斯	26	—	4	1868
哈瓦那	24	—	4	1868
牙买加	25	—	4	1868
南美洲				
巴伊亚	15	—	3	1873
布宜诺斯艾利斯	32	—	3	1875
哥伦布	33	—	3	1875
纳塔尔	36	—	4	1875
里约热内卢	30	—	3	1875
瓦尔帕莱索	46	—	4	1875

对大多数人来说，电报这种新型通信方式过于昂贵，书信的

地位因此仍旧不可撼动，[13]即便后来有了电话，能够实现短暂的口头交流，书信还保有竞争力。邮政受惠于两个因素：其一，《邮政联盟条约》的签订（1874）与万国邮政联盟的确立（1878）大大降低了邮费；其二，铁路和蒸汽船缩短了国际和洲际邮件的寄送时间。19世纪末，国际蒸汽邮船承接了跨海邮政业务，它们依照固定时刻表通勤，航线数目也在不断增加。汉堡－美洲航运公司、不来梅的北德意志－劳埃德公司以及德美海上邮政这三家德国公司的蒸汽邮船航线运量越来越大，在1895—1896年度，这三家公司营运的航线上，共有98个班次从纽约去往德国，102班驶向纽约，共计运输1500万封信件、25万份挂号邮件以及两万包印刷品。对经营蒸汽船的公司来说，这是一桩不错的生意，因为德美两国的邮政系统都不吝重金大力支持跨大西洋的邮政业务。但开往非洲、太平洋和中国等地的冷门航线，则必须依靠财政补贴才得以维系。为了在殖民地建立并完善邮政系统，国家提供的补贴使各地的航线变得更加密集，同时，邮政系统也会参与到制定蒸汽邮船（偶尔包括货船、客船）的时刻表、航线、航速等事务中去。[14]

3. 移民与剥削

航速的提高让各海域之间的联系变得空前紧密，也使人口开始在世界范围内流动起来。世界各地都有数不清的人背井离乡，只为寻找新的生活和更好的工作。自1850年以降，大约有5500万欧洲人横渡大西洋，其中大多数去了美国，还有1300万人移民拉丁美洲。[15]1880—1930年，有约400万欧洲人迁入阿根廷和巴西，几十万人迁入古巴、乌拉圭和智利。[16]大多数移民来自南欧，也有不少来自德国洪斯吕克山与波美拉尼亚一带的移民定居在巴西南

地图 18 全球人口流动

部。此外，还有因迫害和歧视逃离欧洲的犹太移民，以及在南美洲被称作"土耳其人"（*turcos*）的前奥斯曼帝国居民。一些华人和意大利人会作为临时工，季度性地前往阿根廷务工。尽管有些欧洲人在到达美洲不久后又回到了故乡，但他们的流动本身也为南美城市的经济增长做出了贡献，这些城市和他们的故乡如葡萄牙、西班牙、西西里或是那不勒斯依旧保持着紧密的联系。从阿根廷汇向欧洲的款项总额，相当于阿根廷全国肉类出口总值的一半。除了欧洲人以外，一些曾经为奴的非洲人也被带回了故乡——蒙罗维亚等地的一些移民公司不断煽动着他们对故乡的希望。在1835年的暴动之后，巴西当局也着手将巴伊亚的奴隶送去非洲，他们在那里迅速形成了"巴西人"的社群。[17]

  大不列颠于1807年通过奴隶贸易法案，废除了奴隶制，引发了新一轮人口迁移浪潮。为了解决甘蔗、茶、咖啡、棉花等种植园领域以及开矿、修铁路等行业劳动力短缺的问题，大量契约工（所谓"苦力"）被从印度和中国招募而来。这些苦力不得不忍受在太平洋上长距离的航行，途中的死亡率高达四分之一，与从前大西洋上的奴隶贸易不相上下。尽管苦力——该词可能源于印地语"搬运工"（*kūlī*）——从理论上来说拥有人身自由，可获得固定报酬，但由于糟糕的待遇，他们的个人处境和奴隶也没什么两样。有些苦力回到了故乡，有的则留在了务工的地方，吸引着更多劳动力迁往那里。

  自古以来，印度洋地区都存在着三大移民群体：商人、工人和奴隶。这一格局保存到了近代，如大批古吉拉特商人去桑给巴尔定居。此外，英国人曾试图为强迫劳动（所谓的"*indentured labour*"，字面为"契约劳动"）建立一套人口迁移体系。最早有1500名囚犯被遣往毛里求斯的种植园去种甘蔗；随后，又有许多从孟加拉和乌木海岸招募的强制劳工被运往毛里求斯、南非、锡兰、缅甸和马来西亚。法国在1848年废除了奴隶制之后，留尼汪岛成了苦力的聚集地；此后，不少工人也被征募来修建乌干达铁路。合约工的期约一般为三到五年，随着女性的迁入，他们开始长居在务工的地方。1834—1910年去毛里求斯打工的45万印度人中，只有三分之一返回了印度。毛里求斯的人口结构也因此改变，自19世纪70年代开始，这里的主体族群就是印度人了。

印度劳工有的长期在外务工，还有几百万人季节性地外出打工，比如去锡兰的咖啡和茶叶种植园帮工，赴缅甸收割水稻，或去纳塔尔的甘蔗种植园工作。也有受教育程度较高的印度人远赴南非工作，如年轻的律师莫罕达斯·甘地，就曾在南非大有作为。[18]

另一大劳工群体是华人，他们在东南亚、加勒比与南北美洲的大陆上像牛马一样卖力干活。华商移民至东南亚各地的历史已久。在荷属东印度等地区，有些华商还经营奴隶制的种植园。此外，在马来西亚的锡矿矿山上、爪哇等地的鸦片种植园内也能见到华工的身影。

新加坡和香港是苦力与其他外出务工者最主要的中转站。在英国的统治下，香港这一曾经的小码头，1870年时已经成为大都会，拥有大约10万人口，吸引着华商、欧洲商人、船主以及务工者纷至沓来。劳工主要来自福建、广东、台湾、海南等地，合同预先垫付了他们前往务工地的旅费，这些费用日后将从工酬中扣除（即所谓的"贷票制"）。"苦力买卖"成了一桩生意，香港从中获利颇丰。自1870年起，新加坡代替香港，成为最重要的"移民港口"，主要服务于前往澳大利亚、新西兰与北美洲的移民。

英国人一手促成了华人苦力在全球的流动。早在1806年，他们就曾将200名华人带到加勒比海的特立尼达岛上。19世纪，甘蔗和咖啡种植园经济飞速发展的古巴需要大量劳动力，因此古巴特地派船去中国招募劳工。1847年，船队在经历了131天的海上漂

图 9　新加坡港的苦力，查尔斯·戴斯作于 1842 年

泊后，终于带着 206 名华工回到了古巴海岸，六人葬身大海，到达后不久又有七人死去。此后，古巴大量引进苦力，中国澳门是其中主要的输出港；至 1874 年，他们共招募了约 125000 人。此外，还有大量华人（约 95000 人）被运往秘鲁从事各种不人道的工作，如在钦查群岛采掘鸟粪石。他们的工作条件极其恶劣，超过三分之二的苦力在合约期满之前就在秘鲁丢掉了性命。因此，船上、港口上和工地上时常发生反抗中外经理人的小型暴动。[19]

华人最早是乘帆船驶向澳大利亚、加拿大和美国的，但 19 世纪 60 年代时，蒸汽船航线逐渐成为常态。新西兰与澳大利亚皇家邮政与太平洋蒸汽邮轮公司是经营这些蒸汽船航线的大企业，后者每周都会派船从旧金山开往日本和中国，船上的乘客和船员也主要都是华人。[20] 前文提到的"贷票制"为移民道路铺了第一块砖，他们或多或少自愿前去务工。首批华人移民在加利福尼亚的金矿工作。1863 年起，中央太平洋铁路的修建以及 19 世纪 70 年代萨克拉门托－圣华金河三角洲堤坝的修建也用到了许多华工。[21]

第九章　海洋的全球化

由于华工主要为男性，中国和加利福尼亚之间随即又产生了大规模的妇女买卖。叶敏春（音）的命运是当时情况的一个缩影。她14岁时在广州被父母卖掉，随后被人带到香港，后来又赴旧金山，以性服务为业。她许身于一个华人男伴，但他在花光了她的积蓄之后便抛弃了她。她在绝望中返回香港，辗转在多家妓院之间，最后自己当起了妓院老板。[22]

美国于1862年立法禁止人口贩卖，为苦力的非人待遇画上句号。之后苦力前往美国，必须提供美国驻港领事开具的自愿出境证明。但领事往往未经审查就开具证明，导致人口流动（包括强迫女性移民）实际上仍处于不受管控的状态。与此同时，美国国内产生了反对"移民过度"的声音与骚乱，相应的排外政策随之出台。美国对华工课以重税，试图借此降低加利福尼亚对华人的吸引力。1882年，"排华法案"颁布，把每年准入的华人数量从3万降低到105人；1902年，彻底禁止华人移入。总统西奥多·罗斯福向日本施压，限制日本移民数量，此举一度遏制了歧视日本移民的势头。1924年，美国拒绝了所有来自亚洲地区的移民，而欧洲各国的移民人数也不得超过该国在美移民人数的2%。

对移民的恐惧蔓延到了澳大利亚和新西兰，两国分别于1899年和1901年对来自亚洲的移民加以限制。[23]而几十年前，澳大利亚还从美拉尼西亚为棉花、甘蔗与菠萝种植园引进了强制劳工（合约一般为期三年），那时人们对此还习以为常。此外，一些企图扩张的部落首领和英国船长，还会绑架、拐卖岛民为奴。尽管英国议会于1872年在《太平洋岛民保护法案》中规范了雇佣关系，不少岛民仍在昆士兰的种植园里遭受剥削。种植园经济甚至还在太平洋上继续展开，如斐济的萨空鲍国王和夏威夷的卡美哈梅哈三世国王就大力引入外资，发展岛上的种植园经济。[24]

至此，我们可以看到劳动力在全球范围内的不断迁徙。当成千上万夏威夷人被黄金吸引奔赴加利福尼亚时，各族移民也涌入夏威夷谋求发展：1870—1930年，46000名华人、20000名葡萄牙人、180000名日本人、8000名朝鲜人、5600名波多黎各人与126000名菲律宾人来到夏威夷，大多数都在种植园内从事农业生产。当种植园里某族群的种植工人罢工时，农场主就会换另一个族群来继续生产，如有日本工人罢工，就会有菲律宾人取代他们。丢掉工作的人要么回家，要么朝着更大的目的地美洲大陆出发。[25]

4. 斯库纳帆船与拖网

据朴茨茅斯（新罕布什尔州）的《格洛斯特电讯报》1870年3月23日的报道，当地渔民在刚刚过去的那个冬天里，共捕获了超过100万磅鳕鱼。渔民乘十艘渔船出海捕鱼，丰收后返回朴茨茅斯港卸货。记者还提到，渔民们使用的渔网总长达63英里，上面共有超过96000只鱼钩。然而，朴茨茅斯港丰收的表象掩盖了缅因湾、新斯科舍等地鳕鱼产量下降的事实，那里的本地渔民和新英格兰人、法国人一起进行捕捞作业。人们认为，那些配有拖网、因此极其高效的法国渔船，应对渔产不断下降负责。[26]渔业产量下降，为了弥补损失就要采用更加昂贵的新技术，成本越高人们打鱼的力度越大，这种恶性循环带来的过度捕捞，既是经济问题，也是环境问题，新技术的介入实际上只能使矛盾更加尖锐。"渔业革命"一词描述的就是这种变化。

但这种变化并非人们所想的那样是因为运用了蒸汽技术。实际上，在大西洋上从事捕鱼的船只，仍然以帆船和它装载附属的桨船为主。这一时期的确产生了新式的帆船，如斯库纳帆船和"神射手船"。它们比过去的船只更大、更快，并且因船形细长，它们能够以更小帆角迎风航行。

渔网的编织也已经由机器代劳，它们缝制得十分严密，很少会有漏网之鱼。拖网把捕捞范围延伸到了深海和海底，使鱼类的产卵区受到威胁。除了传统的鳕鱼、鲭鱼以外，人们现在还捕食庸鲽、剑鱼、沙丁鱼等。鳌虾的捕捞也打开了新局面，渔业对蚌、鲱、鲽等钓饵的需求也随之上升。

肉食加工领域的革命与销售领域的革新齐头并进。渔船用冰块来冷冻鲜鱼，运抵港口后，再通过铁路销往各地市场。从前不能腌制、只能在沿海地带吃到的新鲜鱼肉，现在能送进美国的各大城市里。鱼类贸易公司现在只专注于销售环节。[27] 在纽约等大城市，人们对鱼肉的需求不断增长，使得鱼价在收成不好的年份会一路飙升，比如1885—1886年度的鲭鱼。那时美国刚刚开始大规模从爱尔兰引进鲭鱼，那里的鲭鱼价格还相对低廉。此外，美国也从南美洲进口鲭鱼，它逐渐成了美国最主要的进口鱼类。[28]

此外，为了给人口不断增长的欧洲供应鱼肉，英国蒸汽拖网渔船在北海和大西洋上不断扩大捕捞半径。20世纪初，美国发展起了本土的捕鱼船队，使各处的鱼类供应都很充足。同时，政府还振兴了阿拉斯加的渔业，又将新品种引入太平洋地区，比如将大西洋抱卵的鳌虾经铁路运输送往西雅图，在那里开展鳌虾养殖业。由于大西洋上的过度捕捞，庸鲽的捕捞中心移至北美西海岸，集中在华盛顿州的皮吉特湾。[29] 太平洋上的捕鲸活动仍在继续，主要参与者是俄国人和日本人。[30]

与欧洲和北美的情况不同，鱼类在东亚、东南亚是一项可以与大米相提并论的主要食物。特别是东南亚居民，他们几乎将所有的海产品都纳入了日常饮食之中。鱼肉的食用方式多种多样：沿海居民多食用新鲜鱼肉；但由于气候潮湿，鱼肉坏得很快，大多数居民食用的是晾晒或腌渍过的鱼肉。此外，包括鱼在内的各类海产品也被做成酱料食用。鱼子被视作一种高档美食，而鱼鳔作为一味药材（特别是尖吻鲈的鳔），在中国和欧洲有一定需求。中国人还十分青睐鱼翅汤和海参，他们用鲸油点灯，用鳄鱼鞭壮阳，摩鹿加群岛的海马作为一种护身符也销路甚广。龙涎香，一种抹香鲸的排泄物，在欧洲被用以制作名贵香水，在亚洲则被用来制作药材。海龟也全身是宝，它们的肉和蛋可以食用，最值钱的是可以用来制作玳瑁的龟壳。同样珍贵的海产品还有珊瑚和珠蚌。[31]

数百年来，中国东海、南海以及印度洋地区的资源开采水平一直没有大的发展。到 19 世纪中期时，这些地区的资源开采都还只局限在部分海域，或是靠近人员密集区，或是能出产珍稀海产。各地都渔产过剩，所以没有长途运输的必要，生态系统尚未遭到破坏。直到 1900 年前后，铁路的开通使冷冻鲜鱼可以从雪兰莪或马六甲运向吉隆坡，市场化才达到一定规模。蒸汽船可以给渔产丰富的地区送去加工海鲜所需的盐。华人坐镇新加坡，通过他们的贸易网络向整个东南亚地区出口鱼干和蟹酱。工业化进程使日本的城市人口激增，日本对鱼类的需求显著增加。日本政府为本国渔船提供丰厚的补贴，支持他们在本国海岸、东南亚以及南太平洋的捕捞活动；大力扶持远洋科学考察，探索陌生海域，促进鱼类学和海洋地理学的发展；此外，还建立了多家渔业学校。所以，日本渔船的活动范围遍及马尼拉、新加坡、马来西亚、荷属东印度和暹罗等地海域。此外，欧洲的珍珠公司雇用了众多日本潜水员来采集珍珠。

到 20 世纪 30 年代，东南亚对鱼类的消费仍未见增长。尽管捕鱼重心转移到了泰国湾和马六甲海峡，日本渔船也进入了菲律宾海域，但价格与需求基本稳定不变。

直到"二战"结束后，拖船的广泛应用才致使以上海域不得不像大西洋那样，面临工业化捕捞带来的过度开采等问题。[32]

5. 争夺海权

英国在1805年的特拉法加海战中击败拿破仑，开启了英国长期在海上称霸的时代。在接手了南非、锡兰和马六甲等荷兰领地之后，印度洋成了英国的"内海"。

英国在印度洋地区拥有众多港口和据点，他们不断扩建这些领地，还派印度兵驻守。[33]除了原来的加尔各答、孟买和马德拉斯以外，又兴起了诸多新的港口和贸易中心，如开普敦、毛里求斯和科伦坡，以及后来的德班、亚丁、卡拉奇、新加坡、香港和澳大利亚的弗里曼特尔。铁路把现代化的港口与内陆连通起来，而苏伊士运河把殖民地和宗主国之间的联系变得更加紧密。为了保障对这条通往新航线的所有权，直布罗陀与马耳他，这两座英国在地中海的领地，发挥着不同寻常的战略作用。因此，海洋的军事化趋势愈演愈烈，蒸汽战船也成为英国人称霸海洋的法宝。[34]

为了打开中国市场倾销毒品，英国对中国发动了鸦片战争。英国"复仇女神号"等蒸汽船舰队逆流而上，深入内河，使英军在战争中拥有了巨大优势。英国海军对中国水师的戎克船进行了毁灭性的打击，兵临首都北京。清朝皇帝不得不签署不平等条约，将广州、厦门、福州、宁波、上海开放为通商口岸，允许欧洲人在此进行贸易。此外，还将香港岛割让给了英国。

十多年后，美国海军指挥官马修·C.佩里率领一支炮舰舰队开入了东京湾，为美国打开了日本市场。日本随即展开了明治维新。幕府倒台，维新政府主导了改革。日本人学习西方科技，将封建国家改造成了工业国。改革措施包括组建新式海军，于1894—1895年打败中国，占领了朝鲜。日本海上力量的崛起，引发了欧洲人的不安。日本与俄国之间摩擦不断，最终引发了1904—1905年的日俄战争。1905年初，日本攻破俄国海军要塞亚瑟港[①]；沙俄派出波罗的海舰队从利耶帕亚出发，不远万里绕过非洲，驶入太平洋，却于同年5月在对马海峡被日本舰队歼灭——这次惨败便是1905年俄国革命的导火索。

尽管英国依靠皇家海军拥有世界最强大的海上力量，太平洋还是逐渐成了美国人的地盘。按照门罗主义的主张，加勒比海和南大西洋也被他们视为自己的势力范围。继菲律宾之后，关岛、夏威夷、波多黎各也相继被美国人占领。

美国人想要在大西洋和太平洋两面称霸的野心，在巴拿马运河得到了充分的体现。苏伊士运河的设计师费迪南·德雷赛布曾在19世纪80年代进行过第一次尝试，但由于沼泽地中肆虐的疟疾和黄热病，修建工程最终以失败告终。罗斯福总统领导美国发起了第二次尝试，并获得成功。巴拿马运河于1914年建成通航。直至1979年，运河区都处在美国的管控下。[35]

西奥多·罗斯福是阿尔弗雷德·赛耶·马汉的忠实追随者。马汉在美国内战期间参与过联邦海军对南方的封锁。结合自身经历以及对英国海军的仰慕，马汉写出了《海权对历史的影响》（1890）这部理论著作。按照马汉的理论，海权建立在海上贸易和交通航线的基础上，海军必须为此基础提供保护，殖民地和据点则为实现海权提供必要的基础设施。[36]

受到认可的英国也十分认可马汉的理论。他的理论还受到了日

---

① 亚瑟港（Port Arthur）即旅顺口。——译者注

本海军学院的青睐,在德国阿尔弗雷德·提尔皮茨[①]的圈子里也受到重视。提尔皮茨试图打造一支战列舰舰队,好让落后一步的德国在帝国主义竞争中迎头赶上,与其他国家"平起平坐"[37]。他认为建造一支拥有60艘大战舰的海军,能帮助德国在海上击败英国。

一场海上军备竞赛由此拉开帷幕。英国以"无畏号"为原型,打造了一支"无畏级"舰队,在军备竞赛中抢占了难以撼动的优势地位。英国在"无畏级"修建计划中耗资巨大,本想以此吓退德国等国,但达到的效果却完全相反。德国随即打造了四艘"拿骚级"战舰。与此同时,德意志帝国宰相比洛试图在政治层面上与英国达成共识。[38]可惜尝试以失败告终,英国仍在扩建舰队,而此时的提尔皮茨,却仍对在军备竞赛中取得胜利抱有幻想。第一次世界大战一开始,这些幻想就化为了泡影:英国海军很快就封锁了德国海军驶出基地的通道;日德兰海战中,两军战成平手,没有明显的胜方。后来远洋客船"卢西塔尼亚号"被鱼雷击沉,约1200人丧生,引发了美国舆论的强烈不满,无限制潜艇战(即不分军用或民用目标一律实施鱼雷打击)至此不得不暂时中止。1917年,陷入绝境的德国重启无限制潜艇战。美国因其商船屡遭攻击而加入"一战",德意志帝国战败。1918年11月,基尔水兵起义,十一月革命拉开序幕。[39]

德国的视角远不能涵盖第一次世界大战与海洋的所有关联。英法两国的殖民地部队从非洲和亚洲上船,远渡重洋来到欧洲参战。其中最著名的战役莫过于英国海军袭击达达尼尔海峡。为了打开黑海入口,英国从澳大利亚和新西兰征调了大批兵员,对达达尼尔海峡发起了猛攻——传闻这里是奥斯曼帝国最脆弱的地带。最终,英

---

① 阿尔弗雷德·提尔皮茨(Alfred Tirpitz, 1849—1930),德意志帝国海军元帅、海军大臣。——译者注

国人、澳大利亚人和新西兰人败北撤退。一方面，在加利波利战役中，参战双方总伤亡人数超过20万，是军事史上最血腥的战役之一。而另一方面，加利波利也成为军事自信的缅怀地，澳大利亚和新西兰设澳新军团日来纪念这场战役。[40]

6. 海洋新视界

在航运运输、开发利用以及军事化进程加快的同时，人们也在重新认识海洋，对海洋产生了浪漫的憧憬，于是海洋成了人们向往的地方。19世纪时，这种浪漫想象与医生的建议不谋而合。他们认为，对于久居城市的人来说，在海边欣赏海景，呼吸新鲜空气，对健康和休养大有裨益。

16世纪起，温泉疗养逐渐在内陆地区受到欢迎，到18世纪时，已然成为时尚。滨海浴场则是在18世纪下半叶才开始大规模兴起，引领风潮的是英国人。英国医生理查德·罗素在其多次再版的著作《论腺体疾病治疗中海水的运用》一书中，介绍了通过外用或内服海水来治疗风湿病、坏血病、淋病、疱疹与溃疡等疾病的方法。[41]1720年前后，最早的海滨浴场出现在惠特比与斯卡伯勒这两座港口城市，不久后，浴场行业的中心转移到了英格兰南部海岸。一种新兴的浴场文化出现在布赖顿、哈里奇、马盖特、南汉普顿、韦茅斯与普利茅斯等地。这种文化很快就传到了欧洲大陆，如海峡对岸的斯海弗宁恩、布洛涅、迪耶普，以及横跨法国与意大利边境的里维埃拉地区。欧洲的贵族常在迪耶普或布赖顿的浴场逗留，簇拥在某位皇室成员身边，当地媒体就总是乐于报道此类新闻。[42]

不久，美国、澳大利亚与南非也出现了浴场，只是人们不再躲在更衣车里，而是创造了一种20世纪的、全新的海滩文化，比如在澳大利亚，人们在海浪里冲澡。

1793年，格奥尔格·克里斯托夫·利希滕贝格从英国回到德国后不禁发问："为什么德国还没有较大的海滨浴场呢？"一场在北海还是波罗的海沿岸开设海滨浴场的讨论就此展开。北海的支持者强调北海海水的高含盐量，而波罗的海的支持者则将不显著的潮汐现象以及较为恒定的水温视作波罗的海的优势。萨穆埃尔·戈特利布·福格尔是梅克伦堡－什未林大公弗里德里希·弗朗茨一世的御用医师，他成功说服大公建设一个海滨浴场。1793年7月22日，弗里德里希·弗朗茨率领随从和官员，到多伯兰附近的海利根达姆洗浴，后来也成为海利根达姆建城的标志。[43]在接下来几年里，朗汉斯①的学生卡尔·特奥多尔·泽韦林在这里设计建造了包括沙龙宫（1802）、大宫殿（1806—1809）和一些圆亭在内的众多建筑。此外还兴建了一些洗浴设施和酒店旅馆以满足波罗的海沿岸蓬勃发展的旅游业。19世纪上半叶，这里平均每年要接待1200名游客，然而并不是所有人都是来洗浴的——欧洲各地的贵族在此下榻，本身也是一道旅游风景线。与此同时，海利根达姆获得了不少竞争对手，众多海滨浴场如雨后春笋般出现在波罗的海沿岸，如诺德奈（1797）、特拉沃明德（1802）、瓦尔讷明德（1805）、施皮克罗格（1809）、普特布斯（1816）、宾茨（1825）和于斯特（1840）。

19世纪二三十年代，滨海旅游业在波罗的海东部的俄国沿岸迎来了春天。[44]在出国旅行变得更加困难之后，人们把目光转向了芬兰沿海城市和波罗的海各省。圣彼得堡人会在赫尔辛基或南方

---

① 卡尔·戈特哈德·朗汉斯（Carl Gotthard Langhans，1732—1808），德国建筑家，代表作为柏林的勃兰登堡门。——译者注

沿海地区消夏。旅游业的基础设施随之兴建起来，在派尔努、哈普萨卢、库雷萨雷（萨雷马岛）、汉科（新地）、厄勒格伦德（罗斯拉根）等地出现了许多特色的木质建筑酒店。随着时间的推移，部分木质建筑又被砖石建筑取代；一些奢华的大酒店也在萨尔特舍巴登（斯德哥尔摩附近）、库罗萨里群岛（赫尔辛基附近）、斯科斯堡（丹麦海峡沿岸）、宾茨（吕根岛）、黑灵斯多夫（乌瑟多姆岛）、索波特（但泽附近）开设起来。

消夏活动大大促进了帆船运动的发展。各地都组建了自己的赛艇俱乐部，举办起帆船赛事。游艇俱乐部的园亭建筑装点着波罗的海沿岸，使里加海滩（自1920年更名为尤尔马拉）充满海洋文化的氛围。帆船运动源于英格兰，和"一战"前的军备竞赛以及海军地位的提高有许多渊源。基尔就是一个绝佳的例子，它曾是德意志帝国重要的军事港口和军火库。德皇威廉二世在位期间，德意志海军舰队迅速发展，基尔就是舰队的主要营地之一。自1882年起，这里会定期在峡湾内举办帆船比赛。1887年，海军将士成立了"海军帆船协会"；1893年，作为荣誉主席的威廉二世皇帝授予协会为"皇家赛艇俱乐部"。皇帝和弟弟亨利亲王大力支持帆船运动，还会定期出席赛事（1894年起被称作"基尔周"）。德国的帆船运动就是在基尔赛艇俱乐部的基础上发展起来的。

沙皇皇室为"圣彼得堡河流帆船协会"提供赞助，帆船运动在俄罗斯也获得了特殊的地位。在第一次世界大战之前，国家元首在海上见面曾是一种风潮，如尼古拉二世与威廉二世分别于1905年与1907年在比约克与斯维内明德进行会晤。1908年，英王爱德华七世也曾乘着游艇去雷瓦尔接见他的表弟尼古拉二世。[45]

贵族的消夏活动，成为市民阶层休闲娱乐的模板。在威廉二世乘坐游艇"霍亨佐伦号"访问挪威后，北欧成为热门的旅游目的地。

自19世纪90年代起，北德意志-劳埃德公司与汉堡-美洲航运公司开发出了不少前往北欧的航线。同时，英国、法国与荷兰的船务公司也设计了不少为期数周、面向新的消费者群体的游轮航线。

为了适应新用途，人们按照酒店的规格，对原本只用于运载移民的船只加以更新和改造。游船的主顾大多为美国人，他们从纽约乘船前往英国，再去巴黎，从莱茵河逆流而上，或者去阿尔卑斯山和意大利旅行。[46]不少艺术家和作家都参加过这样的旅行。一些意大利歌剧团，就曾乘坐蒸汽船跨越印度洋和太平洋，赴马尼拉、澳门、香港、新加坡和巴达维亚等重要港口城市登台演出。[47]在1913年获诺贝尔文学奖之前，泰戈尔也曾乘船渡过印度洋，去英国和美国疗养旅行。"一战"期间，1916年，他又从印度出发去往缅甸，后乘蒸汽船经东南亚赴日本和北美旅行。1924—1925年，他经印度洋、苏伊士运河和地中海赴马赛旅行，再从那里去往布宜诺斯艾利斯。返程时，他又造访了意大利，之后才回到故乡。[48]

没有出海旅行的人，会在他们的夏季别墅里享受大海与新鲜空气带来的愉悦。这些别墅或位于南法地中海沿岸的乡间，或位于波罗的海的群礁上。如果买不起自己的房子，在渔民或者船长家度过夏夜也是不错的选择。

岛礁上的田园风光成为波罗的海艺术的一个重要主题。安德斯·索恩描绘了斯德哥尔摩近郊的夏季生活，阿尔贝特·埃德费尔特则以刻画新地群礁的氛围见长。[49]在这里，对自然与艺术的体验是互相交融的。

卡米耶·毕沙罗与欧仁·德拉克罗瓦等印象派画家是海滨浴场的常客；另一些艺术家直接住到了海边，以期从大海和渔夫的生活中汲取灵感。在北海与波罗的海交汇的斯卡恩，许多丹麦画家致力于捕捉光与水的变化以及沿海劳动者的生活。就这样，安克尔夫妇、维戈·约翰森、P. S. 克勒耶、玛丽·克勒耶、克里斯蒂安·克罗格、卡尔·洛克尔、卡尔·马森与劳里茨·图克森成了丹麦印象画派的奠基人。

为了丰富自己的人生体验，19 世纪最著名的海洋画家威廉·特纳曾定期前往马盖特采风，并随船只出海。在他的著名画作《雪暴》①中，我们看到一艘蒸汽船正在与大自然做着顽强的斗争，并试图借新科技的力量战胜大自然。他称曾在这艘船上经历了风暴。

在波罗的海边长大的卡斯帕·达维德·弗里德里希被誉为北欧浪漫画派的"创始人"。他在画中既模拟了从陆地投向海洋的热切目光，又呈现了从海洋望向陆地看到的景致。在哥本哈根学院求学期间，他师法约瑟夫·韦尔内描绘地中海船只的画作，并从他的老师延斯·尤尔的海景画中受到启发。所以在《扬帆者》等画作中，我们不仅能看到远方海岸线上的城市，也能看到在船上眺望的人物。在《海边的僧侣》中，海面成了观察主体透视的对象。而《冰海》这样的作品，如果没有当时的极地探险报告，是不可能出现的。

保罗·高更更进一步。他的渴望驱使他离开布列塔尼和普罗旺斯，奔赴加勒比海和太平洋。他充满"异域风情"的画作，使他成了表现主义的创始人。

对于挪威画家爱德华·蒙克来说，在瓦尔讷明德海岸的经历至关重要，他就是在那里完成了大幅画《洗浴者》的创作。德国表现主义派画家马克斯·佩希施泰因和卡尔·施密特－罗特卢夫都曾在波罗的海海边度过了二十个夏天，海岸于他们的意义自然无须多谈。

---

① 画作的全名为《雪暴——蒸汽船驶离港口，在浅水中亮起信号灯，摸索着前进。作者当晚乘坐"阿里尔号"离开哈里奇，亲历了这场风暴》。——译者注

第十章

威胁与污染

  周六我去了亚齐的韦岛海域打鱼,然后在那里待了一晚。船开始晃时,我们正在回大陆(苏门答腊)的路上。然后就看见远方有滔天巨浪。大约20米高,太不正常了。一艘开往大陆的船向我们喊话,让我们快掉头,到公海上去躲一躲。三波巨浪之后,我们在中午收到了电报,让我们去协助救援。返程途中浮尸随处可见,我们沿途搭救了一些幸存者。靠岸时,我们发现一切都成了废墟。那一整天都在忙着救人。天要亮的时候我拖着身子回到我在康彭爪哇村的家,家也被冲垮了,老婆、儿子都没了,我不知道该怎么办。我去了清真寺,睡在走廊上,地震持续了整整一晚。[1]

——毛希丁

  渔夫毛希丁的回忆让我们想起了十几年前印度洋上的惨状。2004年12月26日,苏门答腊岛以西海域发生九级强震,引发的海啸摧毁了印度洋边的无数城镇与村落。海啸("Tsunami")——即日语"津波"——对印度洋来说并不陌生,但也鲜有发生。然而

2004年的海啸颠覆了之前人们对于它的所有想象。海浪造成的巨大伤亡席卷了印度尼西亚、马来西亚、泰国、缅甸、孟加拉国、印度、斯里兰卡、马尔代夫、肯尼亚、坦桑尼亚和索马里。20万人罹难,近200万人无家可归。太平洋上也震感明显。由于近两千名从欧洲等地来度圣诞假的游客遭遇不幸,这场海啸也在世界媒体界掀起了巨浪。[2]

近期,在地中海边溺死的难民又引起媒体的广泛关注。他们想越过地中海逃往欧洲,却没能幸存。在海洋依旧给人类生命带来危险的同时,人类也在以史无前例的尺度、前所未有的方式危害着海洋,比如全球航运业的迅速增长、资源的过度开采,还有二氧化碳排放、战争和核试验。

1. 珍珠港与比基尼环礁

从"一战"到"二战",海上战争变得更加立体化。"二战"前期,纳粹德国通过潜艇威胁了盟军的补给舰队。1942年9月,他们击毁的盟军船只吨位就达72.5万吨,使英国战略补给告急。但1943年,盟军利用北太平洋上的制空权、新型的雷达系统以及破获的德国海军密电(恩尼格玛)限制了德军潜艇的进一步行动。

在太平洋,海上形势发生了根本改变。1941年12月起,日本占领菲律宾、英属马来西亚和荷属东印度。日本偷袭夏威夷珍珠港虽然得手,但没能完全摧毁美军太平洋舰队。尽管日军损伤了21艘美军战舰,造成了2500名水兵和平民的死亡,但美军的航空母舰、燃料储备和后备补给均未受损。结果,在随后的实战中,航空母舰被证明是太平洋战区的重要新型武器。无论是在珊瑚海海战(1942年5月7日至8日)还是在中途岛战役(1942年6月4日至7日）中，美军都借此取得胜利。美军飞行员从航母起飞，摧毁多艘日本航母，击落近300架敌机，从而限制了日本海军的活动半径，阻止了日本扩张的步伐，为美军反攻太平洋区域扫清了道路。1945年8月6日，美军向广岛投掷第一枚原子弹"小男孩"，8月9日，原子弹"胖子"被投向长崎，为"二战"画上了句号。

然而，在美军胜利后，太平洋区域的军事化进程才刚刚开始。"无人居住"的比基尼环礁，因离主要航路较远，被美军视作未来核试验的理想地带。1946年至1958年，美国在比基尼环礁和埃内韦塔克环礁先后引爆67枚核弹。此前，他们请岛民离开住所，前往其他环礁安置，却没有为岛民提供新生活所需的物质条件。比基尼岛民失去了赖以生存的潟湖，无法继续捕鱼为生，而补给船只又时常因为风暴和巨浪无法到达。他们选择回到世代生存的环礁上去，等待他们的，却是核试验的致命后果：食用受到核污染的鱼、蟹和椰子，流产频发，畸形儿数量激增。之后岛民再次被迁离，马绍尔群岛的基利岛就是一个重要的安置地。幸存的比基尼人和他们的后代现在却又因为气候变化而遭殃，低矮的基利岛饱受海水倒灌之害，把小岛变成了一个不适宜人类居住、无法发展农业的荒芜之地。

1963年，美国停止在太平洋区域进行核试验。法国却从1966年开始在此开展核试验。20世纪70年代，澳大利亚和新西兰已有大规模的游行示威反对法国核试验。反核运动迅速扩展开来。1985年，法国将绿色和平组织的抗议舰"彩虹勇士号"击沉于奥克兰。"彩虹勇士号"的沉没在世界范围内引起了人们对反核运动的关注。1996年，时任法国总统雅克·希拉克迫于压力，不得不最终放弃几项中断于1974年的核试验计划。

通过反核运动，许多政治团体联合起来，在致力于太平洋无核化同时，也支持这里众多小岛国的独立运动。然而，美国凭借着设在加利福尼亚、夏威夷、菲律宾和日本的众多海空军军事基地，依然占据着这片海域的主导地位。1992年，迫于政治压力，美军不得不关闭设在菲律宾苏比克湾的军事基地，将军队改驻于关岛。[3]

大国在海上的军事交锋在冷战结束后冷却下来，而国际海运却面临新的挑战——海盗。马六甲海峡周边国家通力合作，降低了海运风险；但在西印度洋海域，特别是索马里地区，海盗势力从2005年起迅速崛起。为保护船只的自由通行，保证联合国给索马里提供的救助能顺利到达，欧盟决定采取军事行动，抵御海盗攻击，摧毁海盗生存的温床。但要想长期遏制海盗，除了军事行动，还必须依靠区域性的合作机制。[4]

2. 难民与移民

与战争休戚相关的，是海上的难民潮与移民潮。2006年夏天，电视新闻上一些十分震撼的画面引起了公众的关注：当欧洲游客正在加那利群岛的海岸上享受阳光时，来自非洲的难民却乘着不宜航海的小船努力登岸。2010年，成千上万突尼斯人乘着小船逃到兰佩杜萨。报道难民窘境的新闻，甚至他们死在欧洲岸边的新闻图片都成了日常。这一切绝非寻常之事，新闻图片也只能表现当下移民问题的冰山一角，但大海其实早已见证了历史的一再重演。

20世纪，以纳粹德国为代表的暴政让数百万人踏上了逃亡的道路，其中有几十万人选择了海洋。和今天一样，他们的逃难之路被蛇头把控；原因也和今日别无二致——许多国家拒绝接收难民，他们迫不得已才将自己的生命交到蛇头手里。纳粹德国时期的犹太难民对此体会最为深刻。尽管美国当时已经算是最理想的避难所

图10　地中海边的游客与难民

了,但由于明确的移民人数限制、领事馆关闭、移民禁令(1941)以及排外的公众情绪,大多数难民都无法如愿到达美国。比如1939年,装载了930名犹太裔难民的"圣路易斯号"先后被美国、古巴和加拿大拒绝而只能返回欧洲。就这样,一半乘客后来又葬身于大屠杀中。1939年至1945年,光南美就接收了3.5万名犹太人。战后,其中一些人去了美国,另一些则选择回到巴勒斯坦或以色列。

前往巴勒斯坦的旅程绝非一帆风顺。早在那时,摆在绝大多数难民面前的就只有非法移民一条路。犹太人借助伪造的文件,乘着不宜航海的小船,先过多瑙河,再经黑海,才能到达巴勒斯坦。德国战败,"二战"结束,移民却仍被视为非法活动。犹太组织试图通过海路将大屠杀幸存者送往巴勒斯坦,却屡次因为英国的阻挠而失败。1947年7月,"出埃及记号"载4515人从马赛出发,前往巴勒斯坦。英国船只在他们即将抵达特拉维夫时把他们截停,并全部转移到运兵船上送回法国。由于难民拒绝下船,他们被送往汉堡临时安置,然后又被关进吕贝克的拘留所。国际上的压力最终帮助他们重获了自由,许多人取道法国,终于到达巴勒斯坦。直到以色列建国,移民的道路才变得畅通无阻。[5]

非洲和加勒比海地区的非殖民地化运动引发了几波前往欧洲的移民潮。如发生在法国的恢复国籍运动:1954年至1964年,有180万阿尔及利亚人,其中包括80万被称作"黑脚"的早期殖民者后裔,要求去地中海对岸安家。同时,不少原英属、法属及荷属加勒比海殖民地的居民要求移居宗主国。在这些殖民地独立建国之前,他们都能不受限制地在宗主国定居。[6]

此外,冷战期间的军事与政治冲突也掀起了一波波的难民潮。越南战争结束后,越南南部发生了大规模的逃亡。近160万越南人试图乘小艇漂过南海求生。近25万所谓的"船民"或葬身大海,或惨遭泰国湾海盗的屠戮。马来西亚、泰国、印度尼西亚和菲律宾都拒绝他们靠岸登陆,迫使他们重回大海,因此南海上一度漂浮着成千上万艘难民船。最后,美国给上述国家施压,要求他们暂时接收难民,提供避难保障,尽管这不是长久之计,但也挽救了众多难民的生命。[7]

前东德曾有近5500人试图经波罗的海,逃往丹麦或石勒苏益格–荷尔施泰因,然而只有一成能如愿。其他人要么溺水而亡,要么被前东德海军逮捕,锒铛入狱。

更大规模的海上难民潮来自古巴,他们主要意欲前往佛罗里达。和后来涌向美国的海地难民一样,美国政府不愿接纳他们。澳大利亚也一直为来自孟加拉国、阿富汗或印度尼西亚只增不减的难民而头疼。所谓的"太平洋解决方案"应运而生:难民被拒后,应当返回印度尼西亚,否则会被送往岛国瑙鲁或巴布亚新几内亚马努斯岛的拘留所关押,直至他们自愿返回或者获得巴布亚新几内亚(而非澳大利亚)的居留权。[8]

尽管面临重重阻碍,依然有大量人口试图越过印度洋逃难。从孟加拉国和缅甸流向泰国、马来西亚和印度尼西亚的难民潮从未停歇。2015年3月爆发的也门内战短暂地改变了难民潮的方向,近4.5万也门人漂过印度洋逃往吉布提和索马里。然而,相对非洲内部的难民人数,这个数字根本不足一提——在2013年,背井离乡、流离失所的人口多达1860万人。

3. 油轮与吨位

海洋面临的威胁不仅仅来源于战争、暴力和驱逐;作为全球化的必要条件,航运也在伤害海洋,破坏生态系统,最终殃及我们人类自身。

20世纪以来,得益于船只规模的扩大,船运不断发展,航海货运量不断提升。从1880年到2008年,商船的平均净容积总吨位从700吨上升到了2.4万吨,而航速在此期间仅提高了四倍。从帆船到蒸汽船的变革,使海运的速度和安全性大大提升,后来提速的脚步就放缓了。海浪和海流的阻力限制了航速提高的空间。

自20世纪50年代开始,大油轮的建造让海运规模、船只吨位的发展跨上了一个新的台阶。朝鲜战争使石油越洋运输成为必要,而英国在海湾地区的石油工业一度被伊朗国有化也影响了运输需求。炼油厂从油田附近转移到欧洲、日本等消耗区附近,也提升了跨洋运送原油的需求。归根结底,油轮越大,利润就越高,因此大型油轮的数量和吨位节节攀升。这一趋势在20世纪七八十年代被石油危机中断。直到2004年,世界油轮的吨位才恢复到1980年的水平。在战间期，在石油运输领域执牛耳的是美国，"二战"后，希腊和挪威的船主将这一领域收入囊中。

所谓"方便旗船"是油轮运输业里一个常见的现象，即船东在其油轮上挂起某一税费较低的外国的国旗。这样，巴拿马、利比里亚还有新加坡就成为油轮最主要的"老家"，尽管船主往往来自希腊、日本、中国和德国等地。[9]油轮事故导致的原油泄漏会给海洋和海岸带来毁灭性的灾难。1978年，利比里亚籍船只"阿莫科·加的斯号"在布列塔尼海岸发生的悲剧，就使方便国家的安全标准饱受诟病。在原油运输以外，方便旗也多用于干货运输和小商品运输。

1945年以来，经济的发展刺激了国际上对原材料和运力的需求。20世纪60至90年代，工业原材料的运输量翻了四倍：货船将南美、印度和澳大利亚的铁运向欧洲和日本，同时英国的煤也被美国或澳大利亚的煤取代。[10]

集装箱和集装箱船的发明可谓海上货运革命性的转变。这个想法最初源于一个叫马尔科姆·麦克莱恩的美国货运商，他发现用集装箱来运输可简化轮船的装载过程，不管是单件货物还是大宗货物都不再需要人力来搬运了，火车和大卡车能直接把集装箱运来。集装箱在美国海岸首先得到应用。一开始，集装箱直接放置于轮船甲板上。20世纪60年代后期，人们开始建造能把集装箱置于船体内部的货轮。此后更出现了专门用于运载集装箱的全集装箱船。到了21世纪，一艘全集装箱船以可运载多达1.4万个标准箱（即所谓的"20英尺标准集装箱"（长约6米）。许多海运公司，如丹麦的马士基，都提供环球集装箱运输业务，从美国经地中海、苏伊士运河、新加坡、中国香港和台湾抵达美国西海岸，再途经日本返航。集装箱革命带来的影响是多方面的。首先是港口的改变。海岸边的旧港口旁，纷纷建起了集装箱专用的货柜码头。其次，由于停泊时间的缩短，海员的生活也受到影响，他们很少下船了。[11]改变最大的其实是海员的数量。19世纪初，13名海员才能管理好一艘400吨的帆船，而今天，13名海员已能驾驭好限载1.4万个标准箱的大型集装船"艾玛·马士基号"了（载重可达42万吨）。

总体来说，货运价格从19世纪开始就在持续下降。1950—2000年，主要由于船舶规模的扩大，粮食运输价格下降了70%，煤的运输费下降了80%。[12]海运成本与原材料价格的下降，刺激了全球范围内的产业转移。从工业革命直至20世纪50年代，全球产业布局一直是由原材料产地决定的。而今，新的运输方式为资源稀缺的国家也带来了发展工业的可能。可靠的运输方式将原材料、半成品和成品从生产地运到相隔甚远的市场，形成了跨越全球的贸易链条。复杂的航运系统和国际劳务市场保障了其可行性。海员市场上，每四人中就有一人来自菲律宾。[13]

4. 豪华游轮与高级酒店

根据德国自然保护协会的调查，至2016年，欧洲的轮船公司名下的20艘在役豪华游轮中，有17艘未在船上安装氮氧化物净化器和碳微粒滤清器，严重影响了环境与健康。"一艘现代的豪华游轮每日可排放约450公斤碳微粒，5250公斤氮氧化物和7500公斤二氧化硫。这20艘游轮所排放的有毒物质，相当于1.2亿辆私家车排放量的总和。"[14]不仅是海洋，海港城市也深受其害。

相对来说，豪华游轮的历史并不长。自20世纪60年代，飞机逐渐取代轮船，成为主要的越洋客运交通工具；而80年代，游轮被开发成一种复古的旅行方式，重焕生机。显然，在快捷出行方面，轮船已经无法再与飞机抗衡，海运公司就将视线转向了财大气粗的旅客，将资本投入休闲娱乐产业。到21世纪，游轮产业欣欣向荣，乘客人数上升，游轮容量扩大，种种迹象均表明，豪华游轮已经成为一项大众能够承担的休闲方式。2015年，全世界有2300万人乘坐豪华游轮旅行，共创造了400亿美元的产值。

在地中海、加那利群岛和加勒比海，各种各样的高级酒店已经把19、20世纪为人们所向往的海滩风景败坏得差不多了。对于英国、法国、德国、荷兰、瑞典和瑞士等国的退休老人来说，他们的套餐游和移民之间仅有一步之遥。到20世纪80年代，这种大规模迁徙已经足以改变当地人口结构，只是他们并没有融入当地社会而已。许多德国人或英国人在一年间多次往返，旅游和移民的界限已不再明朗。[15]旅游业给当地带来了严重的环境问题：垃圾处理大多与蜂拥而至的游客潮不配套；游泳池和园林灌溉大量用水，也时常导致用水短缺。高达80%的废水和垃圾未经处理就排进大海，造成海洋污染和水质下降。[16]

当人们找到一片洁净的海滩，终于能够在这里如愿亲近自然，顺畅呼吸，远离大城市的喧嚣时，他们也会带着熟悉的城市生活方式和新型的娱乐方式占领这里，势不可当地摧毁这里原本的生态系统。现如今，只有在太平洋和印度洋濒临消失的小岛上，才能零星找到前人向往的天堂了，而那里也不过是乘飞机就触手可及的距离。

5. 开发与破坏

2010年4月，由英国石油公司运营的"深水地平线"钻井平台在墨西哥湾发生爆炸，造成约8亿升原油泄漏。海水中的含氧量急剧下降，严重危害了海鸟、鱼群和牡蛎的生存。[17]美国政府下令深海油井暂时停业整顿，然而禁令旋即被路易斯安那州一家法院废止。早在20世纪末，亨利·L.威廉姆斯就开始在加利福尼亚的圣巴巴拉海岸开发油田，开启了海上石油开采的先河。开始，人们仅是在近海和浅水区作业，"二战"后，人们才从深海开采石油和天然气。随着技术的发展，油气开采已经可以通过专门的离岸钻井平台深入水下逾1500米了。四通八达的管道系统贴着波罗的海、地中海或是墨西哥湾的海床向外延伸，将油和天然气运出产地，给市场提供能源。

一项20世纪70年代被广为看好的开发计划——深海锰结核开采，因为成本过高搁置至今。但新能源的开发不会在大海面前却步。地球自转的能量通过潮差转化为潮汐能。潮汐电站虽可以利用潮汐能来发电，却会影响到海边的动植物生长。风力发电也迎来了广阔的市场。在北海、波罗的海以及大西洋的近海与远海，风力发电都得到广泛应用，海底又编织起了一张张全新的电网。[18]

开发利用新能源，是人类应对气候变化的措施。气候变化严重威胁着海洋，而海洋又是气候的一个重要组成部分。我们呼吸间消耗的氧气，一半来自海洋；世界上三分之一的二氧化碳排放量，都被海洋吸收，从而使全球变暖得到抑制。然而，海洋一直面临着难以估量的威胁：海平面上升，海水暖化，二氧化碳使海水酸化。污染越来越严重，含氧量越来越少，部分海域正在死去。多地对海洋的开发早已超过可持续发展的尺度。

海洋一旦失去再生能力，无论是对生物的多样性，还是对整个生态系统，都会造成深远持久的影响。过去两百年中，越排越多的二氧化碳虽然被海洋吸收了三分之一，却造成了海洋的不断酸化，进而威胁贝类、蟹类、珊瑚和鱼群的生存以及人类的食物链。只有减少二氧化碳的排放量,才能减缓海洋的酸化过程。类似的还有温室效应对海洋的影响。过去两百年内,约80%向大气排放的热能被大海吸收。尽管这在一定程度上缓解了全球变暖,但海洋升温也会带来许多后果,包括海平面上升,加剧热带地区龙卷风和台风等极端天气等。对于热带风暴的数量是否有所上升,学界尚有争议,但不可否认的是,风暴的强度确实提升了不少。此外,珊瑚礁和鱼群遭受到的影响也不容小觑。由于水温升高,鱼群都逃向了更深、更凉的水域;珊瑚礁大规模褪色、死亡,失去了食物来源的海洋生物也难逃此劫;面对风暴和海浪的冲击,珊瑚礁为岛屿和海滩提供的保护作用也不复存在。[19]

全球变暖,随之而来的就是海平面上升。一方面,海水受热膨胀;另一方面,冰川和冰原的融化也使水量增加。它不仅会带来海岸侵蚀,还会造成洪涝和风暴潮,淹没岛屿以及荷兰、孟加拉国、印度尼西亚等国的低平地带。1850年至2000年,海平面上升了25厘米;1961年至2003年,上升速度达到每年1.8毫米,后来更是加快至每年2.5毫米。海平面升高的速度和极限取决于气候变化的情况。根据研究者的测算,到2100年,水平面可上升0.4米或0.9—1.3米。格陵兰大冰盖的迅速融化可能会使海面上升7米,而南极洲一旦融化,海面则会上升足足56米。

这些场景看似遥远,对一些地方的人们却非常现实。海平面上涨会导致南亚及东南亚低洼地带的逾1亿人口流离失所。他们本不该为气候变化买单,却因为海水上涨、地下水和稻田的盐碱化而不得不背井离乡。像马尔代夫、图瓦卢或是基里巴斯这样的岛国,海拔只有2—5米,将很快被海水淹没;上海等超大城市,则必须付出昂贵的代价,在洪水面前武装自己。[20]

6.富营养化和污染

海洋面临的另一项威胁,是所谓的"富营养化",即水中的磷酸盐和硝酸盐等营养物质过剩。这些物质一般来源于农业灌溉,通过污水排放或者降雨,经河流流入大海。富营养化与温室气体的排放、海洋温度的升高一道,促进了藻类等植物的生长。藻类的迅速繁殖导致水中的含氧量降低、海洋生物逃跑,使大片海域成为死亡海域。

目前,全球共有约500个没有生命的"死亡海域",其中就包括了纽约湾、北亚得里亚海、墨西哥湾、蒙得维的亚湾、长江口以及波罗的海的相当一部分。由于和北海海水交换不畅,波罗的海的死水区域从1898年的5000平方千米扩大到了2012年的60000平方千米。[21] 2014年,仅靠北海多次盐水倒灌,就增加了波罗的海的含氧量,使部分海域起死回生。

海洋的污染主要来自陆地。其中,农业生产需要负很大责任,而工业废料和化学残渣的排放也难辞其咎,倾倒核废料更会使海洋遭受放射性污染。油船事故和石油开采同样会污染海洋,哪怕是清理事故的船只,都会给它增添负担。重金属和工业废料也使海洋不堪其扰,例如在北海,人们将金属材料、化学液体和疏浚淤泥往海中一倒了之。最终流入海洋的还有杀虫剂(*DDT*)和塑化剂(*PCB*),它们影响着鱼群、海豹和海鸟的生存。有毒物质大量积聚在能对海水起过滤作用的鱼类和贝类体内;食用鱼类的同时,人类也在大量地吞咽塑化剂。波罗的海鲱鱼等鱼类体内的塑化剂含量,已多次被查出超过欧盟认定的安全标准。[22]

近期才被人们认识到的另一项威胁,来自海洋里的塑料垃圾。自20世纪50年代以来,塑料的生产以每十一年翻一倍的速度增

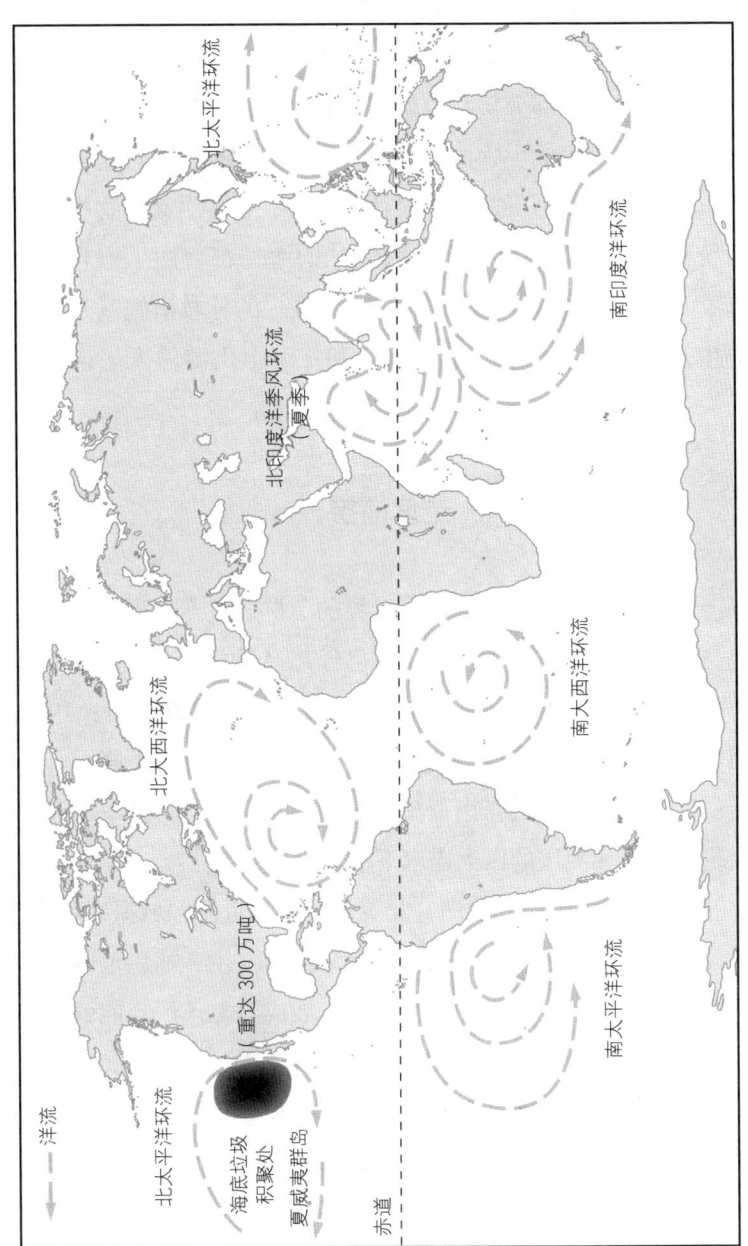

地图 19 洋流与垃圾在海中的积聚

第十章 威胁与污染

长,而其中相当一部分最终都去了海里。每平方千米的海域中就堆积着约 58 万个塑料残片,其降解需要几个世纪之久。一部分塑料沉到了海底,另一部分塑料垃圾则随着海浪漂向各地,在海滩和港口大量堆积,使海洋生物面临着前所未有的危机。无论是微生物还是鲸,所有动物都不可避免地误食了塑料,它会引起食物中毒和消化系统的慢性损伤。至今有三分之二的海鸟都食用了塑料,到 2050 年,这一数字会达到百分之百。[23] 唯一的补救措施就是减少塑料的生产和使用,对于生活在海边和在海上出游的人来说尤其如此。

7. 过度捕捞

海洋的污染和升温自然会对全世界的鱼群总量产生深远、持久的影响。而许多海域的过度捕捞,也已经超过了鱼群再生能力的负荷,鱼类的生存面临巨大挑战。其实过度捕捞早就开始了:19 世纪末期,新型捕鱼技术的发展使大西洋的鳕鱼数量急剧下降,日本拖网船也曾系统地扫荡过东南亚渔场。太平洋区域的海獭、鲸和海豹也险些在中国和美国的巨大需求下被消灭干净。[24]

"二战"后,渔业先在欧洲、北美和日本的近海区域振兴起来,而后在公海上迅速扩张。第二次渔业革命悄然发生:捕鱼范围继续扩大,拖网在更深的海层作业,拖网船发展成海上工厂,能就地将鱼剔骨、冷冻或是制成鱼粉。市场对于鱼粉和鱼油的需求也在加大,鱼粉可用作动物饲料。以西班牙、日本和苏联为代表的渔船曾在世界范围内大肆捕捞,直到 1982 年 200 海里专属经济区的建立规定了领海主权,才限制了渔船的作业范围,然而捕捞强度却未被限制。[25]

渔业产量在1996年以8630万吨的记录达到顶峰；2010年下降到约7950万吨。全世界约有4500万人正从事渔业，大部分是小渔民，其中又有85%来自亚洲。对于鱼群总数下降了多少的问题，科学家尚无定论；有的研究者认为已减少了50%。根据联合国粮食及农业组织的推测，如今87%的鱼群被过度捕捞，甚至濒临灭绝。欧盟海域的情况相近（88%），但就在1970年前后，欧洲的捕捞数量还未越线。基于目前的严峻现实，欧盟只能遗憾地给渔民下达严格的捕鱼上限。通过定期对各鱼群的数量进行调查，欧盟委员会根据结果调整捕捞定额，例如降低了2016年28个鱼群的捕捞上限，同时35个鱼群的捕捞份额维持不变或有所提升，这可以让渔民通过多捕一种鱼来弥补少捕另一种的损失。某些鱼群的捕捞限额提升说明其生存情况有所好转，然而另一些鱼群，如爱尔兰海及比斯开湾的鳕鱼和比目鱼，仍旧处在危险区。[26] 只有全世界都采取类似的渔业政策，才能既保证鱼类的生存，又保证世界人口充足的蛋白质供应。[27]

结　语

自远古时代起，海洋就连接着世界各区域，向最偏远的地方输送着人员和货物。不论全球化从何时开始，我们都可以说：没有海上交通，就不会有全球化。时至今日，全世界90%的物流仍由海运承担。

但大海对于人类的意义，远不止于运输。海上的交流也改变了参与交流的人，在大海的两端催生出新的社会群体。对于历史学家来说，研究海洋联系起来的不同社会群体以及各群体之间的关系是尤其有趣的。

我们已经在书中看到了不少例子。自愿出海的人首推商人。他们把商品和观念传播出去，改变了这里或那里的文化。而商品的意义，以及商人、贸易伙伴、买主和消费者的观念，也在交换的过程中不断变化。有着共同利益、相似出身和相近生活方式的商人们，在海边和岛屿上组成了一个个共同体。无论是波罗的海的汉萨商人、印度洋上的华商和穆斯林商人，还是在世界各地都活跃过的荷兰商人，都印证了这一切。

商人的流动一直与奢侈品的买卖息息相关。商人们采购、输送货物，自己便也在产地或销售地定居下来。在地中海、波罗的海与印度洋的历史上，商人的移民活动总是与奢侈品买卖以及当地精英阶层的需求密切相关。

另一方面，在大西洋贸易或是早期近代的北海与波罗的海贸易中，占主导地位的都是谷物、木材、鱼类、烟草和糖这些大宗货物。在跨越大西洋与太平洋的人中，也有很大一部分是奴隶（包括债务奴隶）、苦力及移民。移民试图通过移居别处来改变命运；与奴隶和苦力一样，他们也将自己的观念和生活习惯传播到了新的家园。

沿海居民和岛民可以直接靠海洋的富饶与漂来的珍宝为生，还有很多人则会通过航海来获取海洋资源。商人、猎人、采珠人以及海滨浪人，可以通过航海来满足精英阶层对珊瑚、珍珠、水獭皮与海参的需求。但对于奴隶、苦力与移民来说，海洋却是一条通向危险与未知的漫漫长路。

蒸汽船的出现，使航海不再依赖于风和洋流；提高了航速，缩短了航距，把各大洋更加紧密地联系在了一起。蒸汽船方便了人们一睹向往的海洋。英吉利海峡与厄勒海峡作为蒸汽船的航道，被文学家与艺术家反复描摹，成为承载人们海洋记忆的地方。

对所有和海洋打交道的人来说，海洋是一个交流的场域。海员、岛民与沿海居民相信各种海神和保护神，会通过种种仪式来祈福。商人、旅行家同他们的商业伙伴或家人远隔重洋，却依旧能够保持联系。航海日志与游记对航海进行了文学加工，让故乡的读者或未来的出航者看到了外面的世界。最新的时尚与观念也通过海洋得以传播。同时，随着商人和海员将各海域连成一片，在相隔甚远的海岸间建立联系，一个个海上空间应运而生。从此世界各地的买卖环环相扣，越来越多人参与到层层叠叠的海上网络中来。

我们已经看到了海洋的种种功能：资源宝库、运输渠道、信息媒介，同时也是承载着人们的渴望与记忆的地方。最后，作为气候调节器，海洋还将在未来发挥至关重要的作用。

后　记

　　对波罗的海的长期研究，把我的目光引向了其他海域。像维京人，他们在很早的时候，就把波罗的海与黑海、北海、北大西洋联系在了一起。因此，我认为，研究各海域之间的联系不仅是有利的，更是必要的。我采用这一研究进路，也受到我参与的研究项目"海洋作为记忆的场域"的激励。这一项目从属于格赖夫斯瓦尔德的国际研究生论坛"波罗的海的边陲之地"，由隆德大学、塔尔图大学的同事与我一道主持。

　　当一个人——就像商人或海员——离开故乡的海，奔赴他乡的海，就必须寻找安全的海港，以及为他打开未知世界大门的外乡东道主；此外，他也需要同伴，一些能够以新视角看待自己的经验的同伴。

　　赋予这本书生命的正是我的良师益友们。在这里，我首先要感谢格拉茨的雷娜特·皮珀与新加坡的彼得·博尔施贝格，他们看过本书大部分底稿，对其进行了指正与修改。我也要感谢格赖夫斯瓦尔德的同事贝尔纳德·范维克福特·克罗姆林、亚历山大·德罗斯特与罗伯特·里默尔，他们的建议为底稿增色不少。此外，我还要衷心感谢法兰克福的阿斯特丽德·埃尔，我从她那里总能不时得到一些启发。

感谢曾经阅读过本书片段并回答过一些细小问题的朋友。我还感谢格赖夫斯瓦尔德大学的学生，他们曾在大课上同我一道检验过该书的第一个版本。此外，我还要感谢全世界的朋友，在我逗留各地时，他们让我感受到了有益的工作氛围。在这里首推圣巴巴拉的加利福尼亚大学的同事们，因篇幅所限，我不能在这里一一向他们表达谢意。我要在这里一并致谢的有夏威夷的彼得·阿纳德、戴维·查普尔与芭芭拉·沃森－安达亚，里弗赛德的克里斯托弗·内维尔，普林斯顿的托马斯·达科斯塔·考夫曼，纽约的玛丽安娜·科瓦莱夫斯基以及温哥华的里夏德·翁格尔。我与北京的孙立新，澳门的杉山显子与安东尼奥·瓦斯康塞洛斯·德萨尔达尼亚，日本的杉浦未树、小林（佐藤）赖子、玉木俊明与菊池雄太的交流总能为我带来新鲜事物。德里的拉纳比尔·查克拉瓦蒂对我的帮助已经持续数年。此外，我要向以下的欧洲同事一并致谢，与他们谈话使我收获颇丰：比利时的维姆·布洛克曼、埃里克·阿尔茨、赫尔曼·范德伟，荷兰的卡蒂亚·安图内斯、菲利帕·里贝罗·达席尔瓦、莱昂纳·布吕塞、彼得·埃默，希腊的奥尔加·卡齐亚尔季－黑林、耶利娜·哈拉夫蒂斯，意大利的萨尔瓦托雷·奇里亚科诺、卢恰诺·佩佐洛，埃克塞特的玛利亚·富萨罗以及于韦斯屈莱的亚里·奥亚拉。

在 C. H. 贝克出版社工作人员斯特凡·冯·德拉尔与他的秘书安德烈娅·摩根的润色下，我的书变得更有可读性，其结构更能吸引人。一如既往地，将我的文字编辑成书的繁重工作由近代通史部的助手们承担。约恩·桑德尔、拉塞·泽贝克、扬·奥利弗·吉泽、埃里克·拉登廷、斯文·里斯陶、弗里德里克·施密特、斯特凡·卢卡斯与马丁·希尔德布兰特对浩如烟海的文献进行了检索、收集与查阅。约尔格·德里斯纳在雅加达查询并转写了原始文献。希尔克·范尼乌文赫伊泽在荷兰的图书馆与档案馆开掘了文献，她也见证了底稿发展的不同阶段。拉塞·泽贝克与多琳·沃尔布雷希特规范了底稿的格式。他们两人同罗伯特·里默尔与希尔克·范尼乌文赫伊一道，参加了本书的最终编辑工作。格罗·冯·勒德恩与约恩·桑德尔在这一过程中大力协助了他们。在此，我向以上所有人致以衷心的感谢。

米夏埃尔·诺尔特 2016 年夏于格赖夫斯瓦尔德

注　释

导　言

1 D. Walcott, The Star-Apple Kingdom, New York ⁴1986, 364, 366.
2 S. E. Larsen, Sea, Identity and Literature, in: 1616. Anuario de Literatura Comparada 2 (2012), 171–188; J. C. Tung, «The Sea Is History». Reading Derek Walcott through a Melancholic Lens, B. A.-Thesis, Mount Holyoke College, South Hadley 2006, 52 f.
3 C. Schmitt, Land und Meer. Eine weltgeschichtliche Betrachtung, Leipzig 1942; R. Carson, The Sea Around Us, New York 1951.
4 D. Sobel, Longitude. The True Story of a Lone Genius Who Solved the Greatest Scientific Problem of His Time, Fulham 2005.
5 B. Klein/G. Mackenthun (Hgg.), Sea Changes. Historicizing the Ocean, New York 2004.
6 M. Rediker, Outlaws of the Atlantic. Sailors, Pirates, and Motley Crews in the Age of Sail, Boston, MA 2014.
7 J. H. Bentley/R. Bridenthal/K. Wigen (Hgg.), Seascapes. Maritime Histories, Littoral Cultures, and Transoceanic Exchanges, Honolulu 2007; P. Horden/N. Purcell, The Mediterranean and «the New Thalassology», in: American History Review 111 (2006), 722–740; A. Games, Atlantic History. Definitions, Challenges, Opportunities, in: American History Review 111 (2006), 741–757; M. K. Matsuda, The Pacific, in: American History Review 111 (2006), 758–780; P. N. Miller (Hg.), The Sea. Thalassography and Historiography, Ann Arbor 2013.
8 Larsen, Sea; J. Mack, The Sea. A Cultural History, London 2011; H. Blumenberg, Schiffbruch mit Zuschauer. Paradigma einer Daseinsmetapher, Frankfurt/M. 2011.
9 A. Calder/J. Lamb/B. Orr (Hgg.), Voyages and Beaches. Pacific Encounters, 1769–1840, Hawaii 1999.
10 Zu diesem Thema für das mittelalterliche England siehe R. Gorski, Roles of the Sea. Views from the Shore, in: Ders. (Hg.), Roles of the Sea in Medieval England, Woodbridge 2012, 1–24.

11 P. E. Steinberg, The Social Construction of the Ocean, Cambridge [u. a.] 2001, 8–38.
12 F. Braudel, La Méditerranée et le monde méditeranéen à l'époque de Philippe II, Paris 1949.
13 K. N. Chaudhuri, Asia before Europe. Economy and Civilisation of the Indian Ocean from the Rise of Islam to 1750, Cambridge [u. a.] 1990; M. N. Pearson, The Indian Ocean, London 2006; A. Schottenhammer (Hg.), The East Asian ‹Mediterranean›. Maritime Crossroads of Culture, Commerce and Human Migration, Wiesbaden 2008; P. Butel, Histoire de l'Atlantique, de l'Antiquité à nos jours, Paris 2012; C. King, The Black Sea. A History, Oxford 2004.
14 B. Bailyn, Atlantic History. Concept and Contours, Cambridge, MA/London 2005; J. P. Greene/P. D. Morgan (Hgg.), Atlantic History. A Critical Appraisal, Oxford 2009; D. Armitage/M. J. Braddick (Hgg.), The British Atlantic World, 1500–1800, Houndmills 2009; P. A. Coclanis (Hg.), The Atlantic Economy during the Seventeenth and Eighteenth Centuries. Organization, Operation, Practice, and Personal, Columbia 2005.
15 D. Armitage/A. Bashford (Hgg.), Pacific Histories. Ocean, Land, People, New York 2014; M. K. Matsuda, Pacific Worlds. A History of Seas, Peoples, and Cultures, Cambridge [u. a.] ³2014.
16 J. Parry, The Discovery of the Sea, New York 1974.
17 P. O'Brien, Historiographical Traditions and Modern Imperatives for the Restoration of Global History, in: Journal of Global History 1 (2006), 3–39, hier 4; C. A. Bayly, The Birth of the Modern World 1780–1914. Global Connections and Comparisons, Oxford 2004; J. Osterhammel, Die Verwandlung der Welt. Eine Geschichte des 19. Jahrhunderts, München ²2013, 13–21. Vgl. auch W. Reinhard (Hg.), Geschichte der Welt. Weltreiche und Weltmeere, 1350–1750, München 2014; M. Berg (Hg.), Writing the History of the Global. Challenges for the 21st Century, Oxford 2013.

第一章　发现海洋

1 Homer zitiert nach der Übersetzung W. Schadewaldt, Homer. Die Odyssee, Reinbek ³¹2003, S. 221 f.; Homer, Od., 12, 395–430.
2 B. W. Cunliffe, Europe between the Oceans. 9000 BC–AD 1000, New Haven [u. a.] 2011, 94–99.
3 C. Broodbank, The Making of the Middle Sea. A History of the Mediterranean from the Beginning to the Emergence of the Classical World, London 2013, 373–402, 431–444.
4 Homer, Od., 2, 415–434; Schadewaldt, Homer, 36.
5 Cunliffe, Europe between the Oceans, 185–202; E. Stein-Hölkeskamp, Das archaische Griechenland. Die Stadt und das Meer, München 2015, 27 f.
6 Homer, Od., 4, 75–85; Schadewaldt, Homer, 58.
7 Cunliffe, Europe between the Oceans, 240–243; Broodbank, The Making, 445–455.
8 Cunliffe, Europe between the Oceans, 289–300.

9 C. Bonnet, Melqart. Cultes et mythes de l'Héraclès tyrien en Méditerranée, Leuven 1988.
10 Broodbank, The Making, 517.
11 W. Schuller, Das Erste Europa 1000 v. Chr.–500 n. Chr., Stuttgart 2004, 44.
12 Schuller, Europa, 53 ff.; Stein-Hölkeskamp, Griechenland, 104.
13 King, The Black Sea, 25–33.
14 D. Abulafia, Thalassocracies, in: P. Horden/S. Kinoshita (Hgg.), A Companion to Mediterranean History, Chichester, West Sussex 2014, 139–153.
15 W. Schuller, Die Herrschaft der Athener im Ersten Attischen Seebund, Berlin/New York 1974; Schuller, Europa, 65–76.
16 M. Dreher, Hegemon und Symmachoi. Untersuchungen zum Zweiten Athenischen Seebund, Berlin/New York 1995.
17 D. Abulafia, The Great Sea. A Human History of the Mediterranean, London [u. a.] 2011, 152.
18 Abulafia, The Great Sea, 162 ff.; N. K. Rauh, Merchants, Sailors and Pirates in the Roman World, Stroud 2003.
19 E. A. Alpers, The Indian Ocean in World History, Oxford [u. a.] 2014, 28.
20 Schuller, Europa, 113–121.
21 L. Payne, Seas and Civilization. A Maritime History of the World, New York 2013, 130.
22 E. Flaig, Weltgeschichte der Sklaverei, München 2009, 56–66.
23 Abulafia, The Great Sea, 191 ff.
24 Cunliffe, Europe between the Oceans, 376 ff.
25 R. Gertwagen, Nautical Technology, in: P. Horden/S. Kinoshita (Hgg.), A Companion to Mediterranean History, Chichester, West Sussex 2014, 154–169.
26 Cunliffe, Europe between the Oceans, 398.
27 L. Casson, New Light on Maritime Loans. P. Vindob G 40 822, in: R. Chakravarti (Hg.), Trade in Early India, Oxford/New York 2001, 228–243.
28 Übersetzt nach dem Originaltext bei A. Franzoi, Sagezza di mercante (CLE 1533), in: Rivista di Cultura Classica e Medievale 46 (2004), 257–263. Siehe zum Meeresaspekt in antiken Grabinschriften auch B. Dunsch, «Why Do We Violate Strange Seas and Sacred Waters?» The Sea as Bridge and Boundary in Greek and Roman Poetry, in: M. Grzechnik/H. Hurskainen (Hgg.), Beyond the Sea. Reviewing the Manifold Dimensions of Water as Barrier and Bridge, Köln [u. a.] 2015, 17–42, hier 38–41.
29 Siehe zu Arrianus K. G. Brandis, Arrians Periplus Ponti Euxini, in: Rheinisches Museum für Philologie 51 (1896), 109–126.
30 Strabo (geogr. 4.5.5.) zitiert nach der Übersetzung von S. Radt, Strabons Geographika. Bd. 1: Prolegomena, Buch 1–4: Text und Übersetzung, Göttingen 2002.
31 Geminos (Einführung in die Phänomene VI.9) zitiert nach der Übersetzung von C. Manitius, Gemini Elementa Astronomiae, Leipzig 1898.
32 B. Cunliffe, The Extraordinary Voyage of Pytheas the Greek, New York 2002, 141, 148 f.
33 Flavius Arrianus übersetzt nach der englischen Ausgabe, Arrian's Voyage Round the Euxine Sea, Translated; and Accompanied with a Geographical Dissertation, and Maps, Oxford 1805, 3.

34 King, The Black Sea, 52 ff.
35 R. Chakravarti, Merchants, Merchandise and Merchantmen in the Western Sea-Board of India (c. 500 BCE–1500 CE), in: O. Prakash (Hg.), The Trading World of the Indian Ocean, 1500–1800, Delhi 2012, 53–116, hier 57 f.
36 Zitiert nach der Übersetzung von B. Fabricius, Der Periplus des Erythräischen Meeres von einem Unbekannten, Leipzig 1883, 37.
37 L. Casson, The Periplus maris Erythraei, Princeton 1989, 97–100.
38 Broodbank, The Making, 604 f.
39 Abulafia, The Great Sea, 213 f., 226–238.
40 Cunliffe, Europe between the Oceans, 472 ff.

第二章　北海、波罗的海、黑海

1 Alcuini Epistolae Nr. 16, in: E. Dümmler (Hg.), MGH Epp. 4, Berlin 1895.
2 Einen guten Überblick über die verschiedenen Expansions- und Herrschaftsgebiete der Wikinger bietet P. Sawyer (Hg.), The Oxford Illustrated History of the Vikings, Oxford/New York 1997.
3 A. Verhulst, Der frühmittelalterliche Handel der Niederlande und der Friesenhandel, in: K. Düwel/H. Jankuhn (Hgg.), Untersuchungen zu Handel und Verkehr der vor- und frühgeschichtlichen Zeit, Bd. 3: Der Handel des frühen Mittelalters. Bericht über die Kolloquien der Kommission für die Altertumskunde Mittel- und Nordeuropas in den Jahren 1980 bis 1983, Göttingen 1985, 381–391, hier 385 f.
4 Siehe zur friesischen Gilde in Birka O. Mörke, Die Geschwistermeere. Eine Geschichte des Nord- und Ostseeraums, Stuttgart 2015, 54.
5 D. Adamczyk, Friesen, Wikinger, Araber. Die Ostseewelt zwischen Dorestad und Samarkand ca. 700–1100, in: A. Komlosy/H.-H. Nolte/I. Sooman (Hgg.), Ostsee 700–2000. Gesellschaft – Wirtschaft – Kultur, Wien 2008, 32–48.
6 G. Hatz, Danegeld, in: M. North (Hg.), Von Aktie bis Zoll. Ein historisches Lexikon des Geldes, München 1995, 78.
7 F. Androshchuk, The Vikings in the East, in: S. Brink (Hg.), The Viking World, London [u. a.] 2009, 517–524.
8 Zitiert nach C. Lübke, Das östliche Europa, Berlin 2004, 109.
9 Ebd., 121 f.
10 D. Adamczyk, Silber und Macht. Fernhandel, Tribute und die piastische Herrschaftsbildung in nordosteuropäischer Perspektive (800–1100), Wiesbaden 2014, 137–141.
11 King, The Black Sea, 73 ff.
12 G. Sigurðsson, The North Atlantic Expansion, in: S. Brink (Hg.), The Viking World, London [u. a.] 2009, 562–570.
13 B. W. Cunliffe, Facing the Ocean. The Atlantic and its Peoples, 8000 BC–AD 1500, Oxford 2004, 307.
14 J. V. Sigurðsson, Iceland, in: S. Brink (Hg.), The Viking World, London [u. a.] 2009, 571–578.

15 Grönländersaga hier und im Folgenden zitiert nach F. Niedner, Grönländer und Färinger Geschichten, Jena 1912, 36 f.
16 Grönländersaga, 22.
17 G. Sigurðsson, Introduction, in: G. Sigurðsson (Hg.), The Vinland Sagas, London 2012, ix–xxxix, hier xxxvi.
18 H. Ingestad, The Norse Discovery of America, Bd. 1: Excavations of a Norse Settlement at L'Anse aux Meadows, Newfoundland 1961–1968, Oslo 1985.
19 Sigurðsson, Atlantic Expansion, 568.
20 M. North, Europa expandiert, 1250–1500, Stuttgart 2007, 285.
21 K. Brandt/M. Müller-Wille/C. Radtke (Hgg.), Haithabu und die frühe Stadtentwicklung im nördlichen Europa, Neumünster 2002.
22 Magistri Adam Bremensis Gesta Hammaburgensis Ecclesiae potificum, in: B. Schmeidler (Hg.), MGH SS rer. Gem. 2, Hannover/Leipzig 1917.
23 H. Steuer, Geldgeschäfte und Hoheitsrechte zwischen Ostseeländern und islamischer Welt, in: Zeitschrift für Archäologie 12 (1978), 255–260 sowie Ders., Gewichtsgeldwirtschaft im frühgeschichtlichen Europa – Feinwaagen und Gewichte als Quellen zur Währungsgeschichte, in: K. Düwel [u. a.] (Hgg.), Untersuchungen zu Handel und Verkehr der vor- und frühgeschichtlichen Zeit in Mittel- und Nordeuropa, Bd. 4: Der Handel der Karolinger- und Wikingerzeit, Göttingen 1987, 405–527.
24 D. Adamczyk, Od dirhemów do fenigów. Reorientacja bałtyckiego systemu handlowego na przełomie X i XI wieku, in: I. Panic/J. Sperka (Hgg.), Średniowiecze polskie i powszechne 4, Katowice 2007, 15–27; Ders., Friesen, Wikinger, Araber, 32–48.
25 G. Hatz, Handel und Verkehr zwischen dem Deutschen Reich und Schweden in der späten Wikingerzeit, Lund 1974; Ders., Der Handel in der späten Wikingerzeit zwischen Nordeuropa (insbesondere Schweden) und dem Deutschen Reich nach numismatischen Quellen, in: K. Düwel [u. a.] (Hgg.), Untersuchungen zu Handel und Verkehr der vor- und frühgeschichtlichen Zeit in Mittel- und Nordeuropa, Bd. 4: Der Handel der Karolinger- und Wikingerzeit, Göttingen 1987, 86–122; Ders., Die Münzen von Alt-Lübeck, in: Offa 21/22 (1964/65), 262; I. Leimus, Millennium Breakthrough. North Goes West, in: Ajalookultuuri ajakiri TUNA (2009), Special Issue, 7–34.
26 R. Hammel-Kiesow, Novgorod und Lübeck. Siedlungsgefüge zweier Handelsstädte im Vergleich, in: N. Angermann/K. Friedland (Hgg.), Novgorod. Markt und Kontor der Hanse, Köln [u. a.] 2002, 25–68. Siehe auch unten, S. 112–114.
27 Zum Folgenden siehe M. North, Die Geschichte der Ostsee. Handel und Kulturen, München 2011, 32–38.
28 J. Peets, The Power of Iron. Iron Production and Blacksmithy in Estonia and Neighbouring Areas in Prehistoric Period and the Middle Ages, Tallinn 2003.
29 J. Herrmann, Zwischen Hradschin und Vineta. Frühe Kulturen der Westslawen, Leipzig [u. a.] ²1976, 202 ff.
30 Ebd., 206 ff.
31 J. Herrmann, Wikinger und Slawen. Zur Frühgeschichte der Ostseevölker, Berlin 1982, 24–32. Vgl. auch H. Janson, Pagani and Christiani – Cultural Identity and Exclusion around the Baltic in the Early Middle Ages, in: J. Staecker (Hg.), The Reception of Medieval Europe in the Baltic Sea Region. Papers of the XIIth Visby Symposium,

held at Gotland University Visby, Visby 2009, 171–191.
32 B. Sawyer, The Viking-Age Rune-Stones. Custom and Commemoration in Early Medieval Scandinavia, Oxford 2000; M. Klinge, Die Ostseewelt, Helsinki 1995, 14; R. Bohn, Gotland, Kronshagen 1997, 29 f.; N. Price, Dying and the Dead. Viking Age Mortuary Behaviour, in: S. Brink (Hg.), The Viking World, London/New York 2008, 257–273.
33 Herrmann, Wikinger und Slawen, 48 ff.
34 Ebd., 44–47.
35 Ebd., 138–142.

第三章　红海、阿拉伯海、南海

1 I. Battuta, Die Wunder des Morgenlandes. Reisen durch Afrika und Asien, München 2010.
2 Alpers, The Indian Ocean, 41; K. R. Hall, A History of Early Southeast Asia. Maritime Trade and Societal Development, 100–1500, Plymouth 2011, 213 f.
3 G. C. Gunn, History without Borders. The Making of an Asian World Region 1000–1800, Hongkong 2011, 37–43.
4 B. Watson Andaya, Seas, Oceans and Cosmologies in Southeast Asia, in: Journal of Southeast Asian Studies (im Druck); Dies., Rivers, Oceans and Spirits. Water Cosmology and ‹Femaleness›, in: Journal of Southeast Asian Studies (im Druck).
5 Alpers, The Indian Ocean, 41; Hall, Early Southeast Asia, 213 f.
6 N. C. Keong, At the Crossroads of the Maritime Silk Route, in: T. T. Jong/A. Lau (Hgg.), Maritime Heritage of Singapore, Singapore 2005, 60–79, hier 60 ff.
7 R. Chakravarti, Seafaring, Ships and Ship Owners. India and the Indian Ocean (AD 700–1500), in: D. Parkin (Hg.), Ships and the Development of Maritime Technology in the Indian Ocean, London 2002, 28–61; R. Ptak, Die Maritime Seidenstraße. Küstenräume, Seefahrt und Handel in vorkolonialer Zeit, München 2007, 326–333; S. Conermann, Südasien und der Indische Ozean, in: W. Reinhard (Hg.), Geschichte der Welt. Weltreiche und Weltmeere 1350–1750, München 2014, 369–510, hier 451–459.
8 Ibn Madschids Seefahrtsbuch liegt in englischer Übersetzung vor: A. Ibn Majid al-Najdi/G. R. Tibbetts (Hgg.), Arab Navigation in the Indian Ocean before the Coming of the Portuguese. Being a Translation of Kitab al-Fawa'id fi usul al-bahr, London 1971.
9 Chakravarti, Merchants, Merchandise and Merchantmen, 89–92.
10 G. Wolfschmidt, Von Kompaß und Sextant zu Radar und GPS – Geschichte der Navigation, in: Dies. (Hg.), Navigare necesse est: Geschichte der Navigation, Hamburg 2008, 17–143, hier 34.
11 R. Chakravarti, Nakhudas and Nauvittakas. Ship-Owning-Merchants in the West Coast of India (AD 1000–1500), in: Journal of the Economic and Social History of the Orient 43 (2000), 34–64.
12 S. D. Goitein, Letters of Jewish Traders, Princeton 1973, 63.
13 Ebd., 225.

14 R. Chakravarti, India and the Indian Ocean. Issues in Trade and Politics (up to c. 1500 CE), Mumbai 2014, 3–32, hier 15–18.
15 Alpers, The Indian Ocean, 51.
16 F. Reichert, Die Erfahrung der Welt. Reisen und Kulturbegegnung im späten Mittelalter, Stuttgart [u. a.] 2001, 181–197.
17 North, Europa expandiert, 312 f.
18 L. Blussé, Visible Cities. Canton, Nagasaki, and Batavia and the Coming of the Americans, Cambridge, MA/London 2008, 9 ff.
19 R. Ptak, Ming Maritime Trade to Southeast Asia, 1368–1567: Visions of a «System», in: C. Guillot/D. Lombard/R. Ptak (Hgg.), From the Mediterranean to the China Sea. Miscellaneous Notes, Wiesbaden 1998, 157–191, hier 159–165; Ders., Die maritime Seidenstraße.
20 Wang Dayuan über Longyamen, zitiert nach der Übersetzung von W. W. Rockhill/A. Lau/L. Lau (Hgg.), Maritime Heritage of Singapore, Singapore 2005, 71.
21 Ebd., 69.
22 B. Watson Andaya/L. Y. Andaya, A History of Early Modern Southeast Asia, 1400–1830, Cambridge [u. a.] 2015, 25 f.
23 Ptak, Maritime Trade, 159–165.
24 Watson Andaya/Andaya, Early Modern Southeast Asia, 89 f.
25 Ptak, Die maritime Seidenstraße, 234–247.
26 E. L. Dreyer, Zheng He. China and the Oceans in the Early Ming Dynasty, 1405–1433, New York [u. a.] 2007, 82–91.
27 Ptak, Maritime Trade, 248 f.
28 Ptak, Die maritime Seidenstraße, 244–249; Dreyer, Zheng He, 166–171.
29 Dreyer, Zheng He, 11–38.

第四章　地中海

1 Homilien über das Hexaemeron: 4.7, übersetzt nach der französischen Fassung von S. Giet, Basile de Césarée, Homélies sur l'Hexaéméron, Paris 1950, 274 f.
2 Horden/Purcell, Mediterranean and «the New Thalassology», 722–740.
3 R. Unger, The Ship in the Medieval Economy, London 1980, 176–182.
4 Abulafia, The Great Sea, 330.
5 Ebd., 344–347.
6 North, Europa expandiert, 21.
7 B. Dini, Seeversicherung, in: Lexikon des Mittelalters, Bd. 7, Stuttgart/Weimar 1999, 1691 f.; F. Melis, Origini e sviluppi delle assicurazioni in Italia (sec. XIV–XVI), Rom 1975; K. Nehlsen-von Stryk, Die venezianische Seeversicherung im 15. Jahrhundert, Ebelsbach 1986.
8 M. North, Kleine Geschichte des Geldes. Vom Mittelalter bis heute, München 2009, 19–25.
9 Siehe auch unten, S. 136 f., 176 f.

10 E. Schmitt/C. Verlinden (Hgg.), Die mittelalterlichen Ursprünge der europäischen Expansion, München 1986, 57 f.
11 North, Europa expandiert, 245 ff.
12 Abulafia, The Great Sea, 329–339.
13 G. Casale, The Ottoman Age of Exploration, Oxford 2010; M. Greene, The Early Modern Mediterranean, in: P. Horden/S. Kinoshita (Hgg.), A Companion to Mediterranean History, Chichester, West Sussex 2014, 91–106, hier 92.
14 Greene, Early Modern Mediterranean, 93.
15 Ebd., 98.
16 M. van Gelder, Trading Places. The Netherlandish Merchants in Early Modern Venice, Leiden/Boston 2009, 48–97.
17 J. I. Israel, Dutch Primacy in World Trade, 1585–1740, Oxford 1989, 55, 143, 307–313.
18 Lunban Fī 'Ahd Al-Amīr Fahkr Al-Dīn Al-Ma'ni Al-Thani, wiedergegeben bei N. Matar, Europe through Arab Eyes, 1578–1727, New York 2009, 163.
19 Vgl. E. B. Schumpeter, English Overseas Trade Statistics, 1697–1808, London 1960, Tab. 6; J. de Vries/A. van der Woude, The First Modern Economy. Success, Failure, and Perseverance of the Dutch Economy, 1500–1815, Cambridge [u. a.] 1997, 497.
20 Greene, Early Modern Mediterranean, 93.
21 Übersetzt nach der englischen Fassung von M. Letts (Hg.), Pero Tafur. Travels and Adventures, 1435–1439, London 1926, 169 f.
22 Zum Rundschiff siehe Unger, Ship in the Medieval Economy, 182–187.
23 So brachten die Galeeren im Jahre 1497 Waren und Edelmetall im Wert von 300 000 Dukaten nach Alexandria und kamen mit Waren im Wert von 295 000 Dukaten zurück. Siehe E. Ashtor, Levant Trade in the Later Middle Ages, Princeton 1983, 477.
24 Zu den Auktionspreisen siehe ebd., 319 f., 475 f.
25 F. C. Lane, Venice. A Maritime Republic, Baltimore 1973, 337–352.
26 G. Fouquet/G. Zeilinger, Katastrophen im Spätmittelalter, Darmstadt/Mainz 2011, 48–58; L. Pezzolo, The Venetian Economy, in: E. R. Dursteler (Hg.), A Companion to Venetian History, 1400–1797, Leiden/Boston 2013, 255–290, hier 261–264.
27 S. McKee, Gli schiavi, in: F. Franceschi/R. A. Goldthwaite/R. C. Mueller (Hgg.), Commercio e cultura mercantile, Vicenza 2007, 339–368.
28 Lane, Venice, 337–352.
29 Zur Rolle solcher Agenten und ihrer wechselseitigen Beziehung zu den Genizakaufleuten siehe A. Greif, Institutions and the Path to the Modern Economy. Lessons from Medieval Trade, Cambridge [u. a.] 2006, 61–90.
30 J. L. Goldberg, Trade and Institutions in the Medieval Mediterranean. The Geniza Merchants and their Business World, Cambridge [u. a.] 2012, 247–295.
31 Ebd., 338.
32 E. Ashtor, A Social and Economic History of the Near East in the Middle Ages, London 1976, 196 f. Siehe auch oben, S. 65 f.
33 North, Europa expandiert, 319.
34 A. Orlandi, The Catalonia Company. An Almost Unexpected Success, in: G. Nigro

(Hg.), Francesco di Marco Datini. The Man, the Merchant, Firenze 2010, 347–376; Dies., Mercaderies i diners: la correspondència datiniana entre València i Mallorca (1395–1398), Valencia 2008; P. Iradiel Murugarren, El comercio en el Mediterráneo catalano-aragonés. Espacios y redes, in: H. Casado Alonso/A. García-Baquero (Hgg.), Comercio y hombres de negocios en Castilla y Europa en tiempos de Isabel la Católica, Madrid 2007, 123–150.
35 M. North, Das Bild des Kaufmanns, in: M. Schwarze (Hg.), Der neue Mensch. Perspektiven der Renaissance, Regensburg 2000, 233–257.
36 M. Mollat, Der königliche Kaufmann. Jacques Coeur oder der Geist des Unternehmertums, München 1991.
37 Ebd.
38 F. Trivellato, The Familiarity of Strangers. The Sephardic Diaspora, Livorno, and Cross-Cultural Trade in the Early Modern Period, New Haven [u.a.] 2009, 224–238.
39 Ebd., 238–250.
40 S. D. Aslanian, From the Indian Ocean to the Mediterranean. The Global Trade Networks of Armenian Merchants from New Julfa, Berkeley [u.a.] 2011, 72–75, 215–234.
41 P. Curtin, Cross-Cultural Trade in World History, Cambridge [u.a.] 1984.
42 M. Fusaro, Les Anglais et les Grecs. Un réseau de coopération commercial en Méditerranée vénitienne, in: Annales: Histoire, Sciences Sociales 58:3 (2003), 605–625; G. Harlaftis, The «Eastern Invasion». Greeks in Mediterranean Trade and Shipping in the Eighteenth and Early Nineteenth Centuries, in: M. Fusaro/C. Heywood/M.-S. Omri (Hgg.), Trade and Cultural Exchange in the Early Modern Mediterranean. Braudel's Maritime Legacy, London/New York 2010, 223–252.
43 Boccaccio zitiert nach der deutschen Ausgabe von P. Brockmeier (Hg.), G. Boccaccio. Das Decameron. Mit Holzschnitten der venezianischen Ausgabe von 1492, Stuttgart 2011, 128–160. Zu den weiblichen Reisenden im Decamerone siehe R. Morosini, Penelopi in viaggio «fuori rotta» nel Decameron e altrove. «Metamorfosi» et scambi nel Mediterraneo medievale, in: California Italian Studies Journal 1 (2010), 1–32.
44 M. Greene, Catholic Pirates and Greek Merchants. A Maritime History of the Mediterranean, Princeton [u.a.] 2010, 230.
45 Ebd., 226.
46 W. Kaiser/G. Calafat, The Economy of Ransoming in the Early Modern Mediterranean. A Form of Cross-Cultural Trade between Southern Europe and the Maghreb (Sixteenth to Eighteenth Centuries), in: F. Trivellato/L. Halevi/C. Antunes (Hgg.), Religion and Trade. Cross-Cultural Exchanges in World History, 1000–1900, Oxford [u.a.] 2014, 108–130.
47 W. Kaiser, Frictións profitables. L'économie de la rançon en Méditerranée occidentale (XVIe-XVIIe siècles), in: S. Cavaciocchi (Hg.), Ricchezza del Mare, Ricchezza dal Mare Secc. XIII–XVIII, Firenze 2006, 689–701.
48 P. N. Miller, The Mediterranean and the Mediterranean World in the Age of Peiresc, in: Ders. (Hg.), The Sea. Thalassography and Historiography, Ann Arbor 2013, 251–276; Ders., Peiresc's Mediterranean World, Cambridge, MA/London 2015.
49 J. Tolbert, Ambiguity and Conversion in the Correspondence of Nicolas-Claude Fabri

de Peiresc and Thomas D'Arcos, 1630–1637, in: Journal of Modern History 13 (2009), 1–24; Matar, Europe through Arab Eyes, 68, 186 ff.
50 E. R. Dursteler, Renegade Women: Gender, Identity and Boundaries in the Early Modern Mediterranean, Baltimore 2011, 1–33; S. A. Epstein, Hybridity, in: P. Horden/S. Kinoshita (Hgg.), A Companion to Mediterranean History, Chichester, West Sussex 2014, 345–358.
51 M. Ressel, Protestant Slaves in Northern Africa during the Early Modern Age, in: S. Cavaciocchi (Hg.), Serfdom and Slavery in the European Economy 11th–18th Centuries, Firenze 2014, 523–536, hier 532 f.
52 D. J. Vitkus, Piracy, Slavery, and Redemption. Barbary Captivity Narratives from Early Modern England, New York 2001, 1–54.
53 Ressel, Protestant Slaves, 532 f.
54 O. Feldbæk, Dansk Søfarts Historie, Bd. 3: 1720–1814. Storhandelens tid, Copenhagen 1997, 35–62.

第五章　北海与波罗的海

1 Stieda, Veckinchusenbriefe, Nr. 248, Hildebrand Veckinchusen in Brügge an seine Frau Margarethe in Lübeck – 1420 Juni 23.
2 Mörke, Geschwistermeere.
3 V. Henn, Was war die Hanse?, in: J. Bracker/V. Henn/R. Postel (Hgg.), Die Hanse. Lebenswirklichkeit und Mythos. Lübeck 1998, 14–23; Überblick bei R. Hammel-Kiesow, Die Hanse, München ⁴2008.
4 E. Hoffmann, Lübeck im Hoch- und Spätmittelalter. Die große Zeit Lübecks, in: A. Graßmann (Hg.), Lübecks Geschichte, Lübeck 1988, 79–340, hier 134–150; E. Groth, Das Verhältnis der livländischen Städte zum Novgoroder Hansekontor im 14. Jahrhundert, Hamburg 1999.
5 T. H. Lloyd, England and the German Hanse, 1157–1611. A Study of their Trade and Commercial Diplomacy, Cambridge [u. a.] 1991; S. Jenks, Die ‹Carta mercatoria›. Ein «Hansisches» Privileg, in: Hansische Geschichtsblätter 108 (1990), 45–86.
6 H. Wernicke, Die Städtehanse 1280–1418. Genesis – Strukturen – Funktionen, Weimar 1983.
7 N. Jörn/R.-G. Werlich/H. Wernicke (Hgg.), Der Stralsunder Frieden von 1370. Prosopographische Studien, Köln [u. a.] 1998; K. Fritze, Am Wendepunkt der Hanse, Berlin 1967.
8 P. Dollinger, Die Hanse, Stuttgart 1989, 275–340; J. Bracker/V. Henn/R. Postel (Hgg.), Die Hanse. Lebenswirklichkeit und Mythos, Lübeck 1998, 700–757; H. Samsonowicz, Die Handelsstraße Ostsee-Schwarzes Meer im 13. und 14. Jahrhundert, in: S. Jenks/M. North (Hgg.), Der hansische Sonderweg? Beiträge zur Sozial- und Wirtschaftsgeschichte der Hanse, Köln [u. a.] 1993, 23–30.
9 G. Landwehr, Das Seerecht im Ostseeraum vom Mittelalter bis zum Ausgang des 18. Jahrhunderts, in: J. Eckert/K. Å. Modéer (Hgg.), Geschichte und Perspektiven

des Rechts im Ostseeraum, Frankfurt/M. [u. a.] 2002, 275–304; Ders., Seerecht (Seehandelsrecht), in: A. Erler/E. Kaufmann (Hgg.), Handwörterbuch zur Deutschen Rechtsgeschichte, Bd. 4: Protonotarius Apostolicus – Strafprozeßordnung, Berlin 1990, 1596–1614.

10 S. Jenks, England, die Hanse und Preußen. Handel und Diplomatie, 1377–1474, Köln/Wien 1992; J. D. Fudge, Cargoes, Embargoes, and Emissaries. The Commercial and Political Interaction of England and the German Hanse, 1450–1510, Toronto 1995.

11 D. Seifert, Kompagnons und Konkurrenten. Holland und die Hanse im späten Mittelalter, Köln [u. a.] 1997; J. Schildhauer, Zur Verlagerung des See- und Handelsverkehrs im nordeuropäischen Raum während des 15. und 16. Jahrhunderts. Eine Untersuchung auf der Grundlage der Danziger Pfalkammerbücher, in: Jahrbuch für Wirtschaftsgeschichte 9:4 (1968), 187–211.

12 Bracker/Henn/Postel, Die Hanse, 110–195.

13 E. Ciéslak, Historia Gdańska, Bd. 2: 1454–1655, Gdańsk 1982.

14 Y. Kikuchi, Hamburgs Handel mit dem Ostseeraum und dem mitteleuropäischen Binnenland vom 17. bis zum Beginn des 19. Jahrhunderts. Warendistribution und Hinterlandsnetzwerke auf See-, Fluss- und Landwegen, Diss. Phil. Greifswald 2013.

15 M. A. Denzel, Die Errichtung der Hamburger Bank 1619. Ausbreitung einer stabilen Währung und Ausdehnung des bargeldlosen Zahlungsverkehrs, in: D. Lindenlaub/C. Burhop/J. Scholtyseck (Hgg.), Schlüsselereignisse der deutschen Bankengeschichte, Stuttgart 2013, 38–50.

16 M. North, Kommunikation, Handel, Geld und Banken in der Frühen Neuzeit, München ²2014, 19f.

17 W. Blockmans, Metropolen aan de Noordzee. De Geschiedenis van Nederland 1000–1560, Amsterdam 2010, 532–587.

18 H. Van der Wee, Structural Changes in European Long-Distance Trade, and Particularly in the Re-Export Trade from South to North, 1350–1750, in: J. D. Tracy (Hg.), The Rise of Merchant Empires. Long Distance Trade in the Early Modern World 1350–1750, Cambridge [u. a.] 1990, 13–33.

19 H. Van der Wee, The Growth of the Antwerp Market and the European Economy (Fourteenth-Sixteenth Centuries), Louvain 1963.

20 C. Lesger, De wereld als horizon. De economie tussen 1578 en 1650, in: W. Frijhoff/M. Prak (Hgg.), Geschiedenis van Amsterdam, Bd. 2/1: Centrum van de wereld, 1578–1650, Amsterdam 2004, 103–187, hier 107–115.

21 W. P. Blockmans, Der holländische Durchbruch in die Ostsee, in: S. Jenks/M. North (Hgg.), Der hansische Sonderweg? Beiträge zur Sozial- und Wirtschaftsgeschichte der Hanse, Köln [u. a.] 1993, 49–58.

22 L. Sicking, A Wider Spread of Risk. A Key to Understanding Holland's Domination of Eastward and Westward Seafaring from the Low Countries in the Sixteenth Century, in: H. Brand/L. Müller (Hgg.), The Dynamics of Economic Culture in the North Sea- and Baltic Region in the Late Middle Ages and Early Modern Period, Hilversum 2007, 122–135.

23 D. Defoe, A Plan of the English Commerce, London 1728, 192, zitiert nach C. Wilson,

The Decline of the Netherlands, in: Ders., Economic History and the Historian. Collected Essays, London 1969, 22.
24 R. W. Unger, Dutch Shipbuilding before 1800, Assen/Amsterdam 1978, 4–9, 24–40.
25 C. Wilson, Profit and Power. A Study of England and the Dutch Wars, London 1957, 111.
26 Israel, Dutch Primacy, 21 f.
27 M. van Tielhof, The «Mother of All Trades»: The Baltic Grain Trade in Amsterdam from the Late 16th to the 19th Century, Leiden 2002; Wilson, Profit and Power, 40–47; Vries/Woude, First Modern Economy, 372–379.
28 Siehe auch S. 89 f.
29 Siehe unten, S. 141–147, 186–190.
30 Hierzu grundlegend Wilson, Profit and Power.
31 D. Ormrod, The Rise of Commercial Empires. England and the Netherlands in the Age of Mercantilism, 1650–1770, Cambridge [u. a.] 2003, 276, 287–306.
32 Y. Kaukiainen, Overseas Migration and the Development of Ocean Navigation. A Europe-Outward Perspective, in: D. R. Gabaccia/D. Hoerder (Hgg.), Connecting Seas and Connected Ocean Rims. Indian, Atlantic, and Pacific Oceans and China Seas Migrations from the 1830s to the 1930s, Leiden/Boston 2011, 371–386.
33 Ormrod, The Rise of Commercial Empires, 276, 284–287.
34 North, Geschichte der Ostsee, 127–134, 157–165.
35 E. Kizik, Mennonici w Gdańsku, Elblągu i na Żuławach wiślanych w drugiej połowie XVII i w XVIII wieku, Gdańsk 1994.
36 M. Bogucka, Gdańskie rzemiosło tekstylne od XVI do połowy XVII wieku, Wrocław 1956; F. Gause, Geschichte der Stadt Königsberg, Bd. 1, Köln/Graz 1965, 310 ff.
37 M. Bogucka, The Baltic and Amsterdam in the First Half of the 17th Century, in: The Interactions of Amsterdam and Antwerp with the Baltic Region, 1400–1800, Leiden 1983, 55 f.; Dies., Dutch Merchants' Activities in Gdansk in the First Half of the 17th Century, in: J. P. S. Lemmink/J. S. A. M. van Koningsbrugge (Hgg.), Baltic Affairs. Relations between the Netherlands and North-Eastern Europe 1500–1800, Nijmegen 1990, 22 ff.
38 J. T. Lindblad, Louis de Geer (1587–1652). Dutch Entrepreneur and the Father of Swedish Industry, in: C. Lesger/L. Noordegraaf (Hgg.), Entrepreneurs and Entrepreneurship in Early Modern Times. Merchants and Industrialists within the Orbit of the Dutch Staple Market, Den Haag 1995, 77–84.
39 H. V. Nieuwenhuize, Die privat organisierte niederländische Hilfsflotte in schwedischem Dienst im Torstenssonkrieg (1643–1645). Aufstellung, Einsatz und ihre Bedeutung für den Export niederländischer Seefahrtstechnologie, Diss. Phil. Greifswald 2016.
40 M. Krieger, Kaufleute, Seeräuber und Diplomaten. Der dänische Handel auf dem Indischen Ozean (1620–1868), Köln [u. a.] 1998.
41 M. North, Modell Niederlande. Wissenstransfer und Strukturanpassung in Zeiten der Globalisierung, in: Deutsch-Niederländische Beziehungen in Vergangenheit, Gegenwart und Zukunft. IV. Symposium, 27./28. November 1998 in Berlin, Berlin 1999, 165–176.

42 M. North, The Hamburg Art Market and Influences on Northern and Central Europe, in: Scandinavian Journal of History 28 (2003), 253–261; Ders., The Long Way of Professionalisation in the Early Modern German Art Trade, in: S. Cavaciocchi (Hg.), Economia e arte, Secc. XIII.–XVIII., Prato 2002, 459–471.

43 J. Roding, The Myth of the Dutch Renaissance in Denmark. Dutch Influence on Danish Architecture in the 17th Century, in: J. P. S. Lemmink/J. S. A. M. van Koningsbrugge (Hgg.), Baltic Affairs. Relations between the Netherlands and North-Eastern Europe 1500–1800, Nijmegen 1990, 343–353; Dies., The North Sea Coasts, an Architectural Unity?, in: Dies./L. Heerma van Voss (Hgg.), The North Sea and Culture (1550–1800), Proceedings of the International Conference held at Leiden, 21.–22. April 1995, Hilversum 1996, 95–106.

44 M. Wardzyński, Zwischen den Niederlanden und Polen-Litauen. Danzig als Mittler niederländischer Kunst und Musterbücher, in: M. Krieger/M. North (Hgg.), Land und Meer. Kultureller Austausch zwischen Westeuropa und dem Ostseeraum in der Frühen Neuzeit, Köln [u. a.] 2004, 23–50.

第六章　印度洋

1 Übersetzt nach E. G. Ravenstein (Hg.), A Journal of the First Voyage of Vasco da Gama 1497–1499, London 1898, 77 ff.

2 P. E. Russell, Prince Henry the Navigator, in: Ders., Portugal, Spain and the African Atlantic, Aldershot 1995, XI, 3–30.

3 B. W. Diffie/G. D. Winius, Foundations of the Portuguese Empire. 1415–1580, Minneapolis, MA 1977, 57–106.

4 C. R. Boxer, The Portuguese Seaborne Empire 1415–1825, Harmondsworth 1970, 15–38; Diffie/Winius, Foundations of the Portuguese Empire, 144–165.

5 Zu Missverständnissen und Enttäuschungen, denen die Portugiesen in Calicut begegneten, siehe J. Sarnowsky, Die Erkundung der Welt. Die großen Entdeckungsreisen von Marco Polo bis Humboldt, München 2015, 72–77.

6 Ravenstein, Journal of the First Voyage of Vasco da Gama, 60.

7 Alpers, The Indian Ocean, 70 f.

8 Siehe auch oben, S. 72.

9 W. Reinhard, Geschichte der europäischen Expansion, Bd. 1: Die Alte Welt bis 1818, Stuttgart 1983, 50–67; Boxer, The Portuguese Seaborne Empire, 39–64.

10 C. R. Boxer, The Great Ship of Amacon. Annals of Macao and the Old Japan Trade, 1555–1640, Lisboa 1959, 15 f.

11 Reinhard, Geschichte der europäischen Expansion, Bd. 1, 50–67; Boxer, The Portuguese Seaborne Empire, 39–64.

12 S. Subrahmanyam, The Portuguese Empire in Asia 1500–1700. A Political and Economic History, Chichester ²2012.

13 K. Zandvliet, De Nederlandse Ontmoeting met Azië 1600–1950, Zwolle 2002, 13–16.

14 F. S. Gaastra, Die Vereinigte Ostindische Compagnie der Niederlande – ein Abriß ihrer

Geschichte, in: E. Schmitt/T. Schleich/T. Beck (Hgg.), Kaufleute als Kolonialherren: Die Handelswelt der Niederländer vom Kap der Guten Hoffnung bis Nagasaki 1600–1800, Bamberg 1988, 1–89, hier 3–7; Ders., De geschiedenis van de VOC, Zutphen 2002, 15–20.
15 Gaastra, Vereinigte Ostindische Compagnie der Niederlande, 7–12; Reinhard, Geschichte der europäischen Expansion, Bd. 1, 114.
16 Gaastra, Geschiedenis van de VOC, 20–23, 28–32, 66 ff., 149–164.
17 P. Borschberg, Journal, Memories and Letters of Cornelis Matelieff de Jonge. Security, Diplomacy and Commerce in 17th-Century Southeast Asia, Singapore 2015, 133–138; Gaastra, Geschiedenis van de VOC, 39 f.; P. Emmer/J. Gommans, Rijk aan de rand van de wereld. De geschiedenis van Nederland overzee, 1600–1800, Amsterdam 2012, 289 ff.
18 K. Glamann, Dutch-Asiatic Trade, Kopenhagen/Den Haag 1958, 12–21, besonders 14 (Tab. 2); Gaastra, Geschiedenis van de VOC, 43–46, 124–130; Emmer/Gommans, Rijk aan de rand, 52 f., 303–310, 320–325, 345 ff., 380–386.
19 I. Schöffer/F. S. Gaastra, The Import of Bullion and Coin into Asia by the Dutch East India Company in the Seventeenth and Eighteenth Centuries, in: M. Aymard (Hg.), Dutch Capitalism and World Capitalism, Cambridge [u. a.] 1982, 215–233; Gaastra, Vereinigte Ostindische Compagnie der Niederlande, 89 (Tab. 13); Emmer/Gommans, Rijk aan de rand, 414–419.
20 Gaastra, Vereinigte Ostindische Compagnie der Niederlande, 55; Gaastra, Geschiedenis van de VOC, 131–148; Emmer/Gommans, Rijk aan de rand, 45 ff.
21 J. G. Taylor, The Social World of Batavia. European and Eurasian in Dutch Asia, Madison 1983, 3–20; H. E. Niemeijer, Batavia. Een koloniale samenleving in de zeventiende eeuw, Amsterdam 2005.
22 H. E. Niemeijer, Calvinisme en koloniale stadscultuur, Batavia 1619–1725, Amsterdam 1996, 26.
23 P. Borschberg, Ethnicity, Language and Culture in Melaka after the Transition from Portuguese to Dutch Rule, in: Journal of the Malaysian Branch of the Royal Asiatic Society 83:2 (2010), 93–117.
24 P. J. Stern, The Company-State. Corporate Sovereignty and the Early Modern Foundations of the British Empire in India, Oxford [u. a.] 2001, 19–40.
25 O. Prakash, The Trading World of the Indian Ocean. Some Defining Features, in: Ders. (Hg.), The Trading World of the Indian Ocean, 1500–1800, Delhi 2012, 3–52, hier 24–28; P. A. Van Dyke, The Canton Trade. Life and Enterprise on the China Coast 1700–1845, Hongkong 2005.
26 Prakash, Trading World, 28–30.
27 Ebd., 36–38.
28 K. N. Chaudhuri, The Trading World of Asia and the English East India Company 1660–1760, Cambridge [u. a.] 2006, 237–312; P. Parthasarathi, Cotton Textiles in the Indian Subcontinent, 1200–1800, in: G. Riello/P. Parthasarathi (Hgg.), The Spinning World. A Global History of Cotton Textiles, 1200–1850, New York 2009, 17–42.
29 Blussé, Visible Cities, 53 ff.

30 Watson Andaya/Andaya, Early Modern Southeast Asia, 338 f.
31 G. A. Nadri, Sailing in Hazardous Waters. Maritime Merchants of Gujarat in the Second Half of the Eighteenth Century, in: O. Prakash (Hg.), The Trading World of the Indian Ocean, 1500–1800, Delhi 2012, 255–284, hier 267.
32 Siehe oben, S. 102 f.
33 S. Chaudhury, Trading Networks in a Traditional Diaspora. Armenians in India, c. 1600–1800, in: I. Baghdiantz McCabe/G. Harlaftis/I. P. Minoglou (Hgg.), Diaspora Entrepreneurial Networks. Four Centuries of History, Oxford/New York 2005, 51–72.
34 Siehe auch unten, S. 232.
35 J. K. Chin, The Hokkien Merchants in the South China Sea, 1500–1800, in: O. Prakash (Hg.), The Trading World of the Indian Ocean, 1500–1800, Delhi 2012, 433–461; Blussé, Visible Cities, 20–23.
36 Blussé, Visible Cities, 10 f.
37 Chin, The Hokkien Merchants, 433–461.
38 Watson Andaya/Andaya, Early Modern Southeast Asia, 149.
39 Chin, The Hokkien Merchants, 433–461.
40 B. Watson Andaya, ‹A People that Range into All the Kingdoms of Asia›: The Chulia Trading Network in the Malay World in the Seventeenth and Eighteenth Centuries, in: O. Prakash (Hg.), The Trading World of the Indian Ocean, 1500–1800, Delhi 2012, 353–386.
41 M. R. Fernando, Commerce in the Malay Archipelago, 1400–1800, in: O. Prakash (Hg.), The Trading World of the Indian Ocean, 1500–1800, Delhi 2012, 387–431.
42 Watson Andaya/Andaya, Early Modern Southeast Asia, 149; P. Borschberg, The Singapore and Melaka Straits. Violence, Security and Diplomacy in the 17th Century, Singapore 2010, 14, 53, 63.
43 J. Lucassen, A Multinational and its Labor Force. The Dutch East India Company, 1595–1795, in: International Labor and Working-Class History 66 (2004), 12–39, hier 12–17.
44 H. Ketting, Leven, werk en rebellie aan boord van Oost-Indiëvaarders (1595–1650), Amsterdam 2002, 29–37.
45 Ebd., 88 f.
46 J. R. Bruijn, De personeelsbehoefte van de VOC overzee en aan boord, bezien in Aziatisch en Nederlands perspectief, in: Low Countries Historical Review 91 (1976), 218–248, hier 223; J. Lucassen, Zeevarenden, in: L. M. Akveld/S. Hart/W. J. van Hoboken (Hgg.), Maritieme geschiedenis der Nederlanden, Bd. 2: Zeventiende eeuw, van 1585 tot ca. 1680, Bussum 1977, 126–158, hier 145–150.
47 Lucassen, Multinational and its Labor Force, 16.
48 Bruijn, Personeelsbehoefte van de VOC, 218–248, hier 223; Lucassen, Zeevarenden, 145–150.
49 Lucassen, Zeevarenden, 126–158.
50 J. R. Bruijn, Schippers van de VOC in de achttiende eeuw aan de wal en op zee, Amsterdam ²2008, 163 ff.
51 Lucassen, Multinational and its Labor Force, 19–24; M. van Rossum, Werkers van de

wereld. Globalisering, arbeid en interculturele ontmoetingen tussen Aziatische en Europese zeelieden in dienst van de VOC, 1600–1800, Hilversum 2014.
52 V. W. Lunsford, Piracy and Privateering in the Golden Age Netherlands, New York [u. a.] 2005, 170–175.
53 C. Ferrão/J. P. Monteiro Soares (Hgg.), The «Thierbuch» and «Autobiography» of Zacharias Wagener, Rio de Janeiro 1997.
54 M. de Bruijn/R. Raben (Hgg.), The World of Jan Brandes, 1743–1808. Drawings of a Dutch Traveller in Batavia, Ceylon and Southern Africa, Zwolle 2004.
55 Brief van C. L. Scheitz vanuit Steinberg aan zijn broer, 23 maart 1780, hg. von A. Langendoen, in: E. van der Doe (Hg.), De dominee met het stenen hart en andere overzeese briefgeheimen, Zutphen 2008, 75 f.
56 Blussé, Visible Cities, 35, 49.
57 Zandvliet, De Nederlandse ontmoeting, 24 ff.
58 M. North, Art and Material Culture in the Cape Colony and Batavia in the Seventeenth and Eighteenth Centuries, in: T. DaCosta Kaufmann/M. North (Hgg.), Mediating Netherlandish Art and Material Culture in Asia, Amsterdam 2014, 111–128.
59 Zandvliet, De Nederlandse ontmoeting, 24 ff.
60 G. E. Rumphius, D'Amboinsche Rariteitkamer, Amsterdam 1705.
61 F. Valentyn, Oud en Nieuw Oost-Indiën, Dordrecht 1724–26.
62 Borschberg, Matelieff, 467 f.; J. Villiers, The Estado da India in South East Asia, in: P. Kratoska/P. Borschberg (Hgg.), South East Asia. Colonial History, Bd. 1: Imperialism before 1800, London [u. a.] 2001, 151–178.
63 P. Borschberg, Hugo Grotius, the Portuguese and Free Trade in the East Indies, Singapore 2011, 78–105; Ders., Singapore and Melaka Straits, 68–77; T. Brook, Mr. Selden's Map of China. Decoding Secrets of a Vanished Cartographer, New York 2013, 19–44; C. H. Alexandrowicz, An Introduction to the History of the Law of the Nations in the East Indies (16th, 17th and 18th Centuries), Oxford 1967, 61–82; Steinberg, Social Construction, 68–110.
64 Siehe oben, S. 128 f.
65 Steinberg, Social Construction, 98.
66 Watson Andaya/Andaya, Early Modern Southeast Asia, 301.

第七章　大西洋

1 Die Geschäfte einer Überseehandelsgesellschaft: Aus einem Brief eines Seniorpartners in Sevilla an den Juniorpartner in Lima (1553), Sevilla, 16. Oktober 1553, in: E. Schmitt (Hg.), Dokumente zur Geschichte der europäischen Expansion, Bd. 4: Wirtschaft und Handel der Kolonialreiche, München 1988, 52 f.
2 J. E. Chaplin, The Atlantic Ocean and its Contemporary Meanings, 1492–1808, in: J. P. Greene/P. D. Morgan (Hgg.), Atlantic History. A Critical Appraisal, Oxford 2009, 35–51.
3 F. Fernández-Armesto, Before Columbus. Exploration and Colonisation from the Me-

diterranean to the Atlantic, 1229–1492, London 1987; D. Abulafia, Neolithic Meets Medieval. First Encounters in the Canary Islands, in: Ders./F. Berend (Hgg.), Medieval Frontiers. Concepts and Practices, Aldershot 2002, 255–278.
4 F. Mauro, Die europäische Expansion, Stuttgart 1984, 33–41.
5 L. Martín-Merás, Fabricando la imagen del mundo. Los trabajos cartográficos de la Casa de la Contratación, in: G. de Carlos Boutet (Hg.), España y América. Un oceáno de negocios. Quinto centenario de la Casa de la Contratación, 1503–2003, Madrid 2003, 89–102; Chaplin, The Atlantic Ocean, 38 f.
6 J. K. Thornton, A Cultural History of the Atlantic World 1250–1820, Cambridge [u. a.] 2012, 9 ff.
7 I. K. Steele, The English Atlantic, 1675–1740. An Exploration of Communication and Community, New York 1986, 14 f.
8 J. H. Elliott, Atlantic History. A Circumnavigation, in: D. Armitage/M. J. Braddick (Hgg.), The British Atlantic World, 1500–1800, Houndmills 2009, 253–270, hier 254 f.
9 N. Sánchez-Albornoz, La población de América latina. Desde los tiempos precolombinos al año 2025, Madrid 1994, 80.
10 W. Stangl, Zwischen Authentizität und Fiktion. Die private Korrespondenz spanischer Emigranten aus Amerika, 1492–1824, Köln [u. a.] 2012, 99–107.
11 R. M. Serrera, La Casa de la Contratación en Sevilla (1503–1717), in: G. de Carlos Boutet (Hg.), España y América. Un oceáno de negocios. Quinto centenario de la Casa de la Contratación, 1503–2003, Madrid 2003, 47–64; H. Pohl, Die Consulados im spanischen Amerika, in: Jahrbuch für Geschichte von Staat, Wirtschaft und Gesellschaft Lateinamerikas 3 (1966), 402–415.
12 Schmitt, Dokumente zur Geschichte der europäischen Expansion, Bd. 4, 48–51, auf der Basis von P. Chaunu, Sevilla y América siglos XVI y XVII, Sevilla 1983, 204 f.
13 Siehe Pazifik.
14 M. A. Burkholder/L. A. Johnson, Colonial Latin America, New York/Oxford ^{8}2012, 162 f.
15 C. S. Assadourian, El sistema de la economía colonial. El mercado interior, regiones y espacio económico, Mexico-City 1983.
16 Burkholder/Johnson, Latin America, 182–185, 303.
17 A. J. R. Russell-Wood, The Portuguese Atlantic, 1415–1808, in: J. P. Greene/P. D. Morgan (Hg.), Atlantic History. A Critical Appraisal, Oxford 2009, 81–109.
18 North, Europa expandiert, 109.
19 Russell-Wood, The Portuguese Atlantic, 89–96.
20 Burkholder/Johnson, Latin America, 185 f.
21 North, Kleine Geschichte des Geldes, 121 ff.
22 H. den Heijer, De geschiedenis van de WIC, Zutphen 2002, 13–54; C. R. Boxer, The Dutch in Brazil, 1624–1654, Oxford 1957.
23 M. North, Das Goldene Zeitalter. Kunst und Kommerz in der niederländischen Malerei des 17. Jahrhunderts, Köln [u. a.] 2001, 34 ff.; Heijer, Geschiedenis van de WIC, 151–162.
24 O. A. Rink, Seafarers and Businessmen. The Growth of Dutch Commerce in the Lower

Hudson River Valley, in: R. Panetta (Hg.), The Dutch New York. The Roots of Hudson Valley Culture, New York 2009, 7–34.
25 J. de Vries, The Dutch Atlantic Economies, in: P. A. Coclanis (Hg.), The Atlantic Economy during the Seventeenth and Eighteenth Centuries. Organization, Operation, Practice, and Personnel, Columbia 2005, 1–29, hier 8.
26 M. North, Geschichte der Niederlande, München ⁴2013, 40 ff.
27 C. Schnurmann, Atlantische Welten. Engländer und Niederländer im amerikanisch-atlantischen Raum 1648–1713, Köln [u. a.] 1998, 231–234, 293–301.
28 De Vries, Atlantic Economies, 12.
29 B. Schmidt, The Dutch Atlantic. From Provincialism to Globalism, in: J. P. Greene/P. D. Morgan (Hgg.), Atlantic History. A Critical Appraisal, Oxford 2009, 163–187, hier 181 f.
30 J. Berger Hochstrasser, The Butterfly Effect. Embodied Cognition and Perceptual Knowledge in Maria Sibylla Merian's *Metamorphosis Insectorum Surinamensium*, in: S. Huigen/J. L. de Jong/E. Kolfin (Hgg.), The Dutch Trading Companies as Knowledge Networks, Leiden/Boston 2010, 59–101.
31 R. Hakluyt, Divers Voyages Touching the Discovery of America and the Islands Adjacent, London 1850, 8 f.
32 Siehe P. Mancall, Hakluyt's Promise. An Elizabethan's Obsession for an English America, New Haven 2007; K. Ordahl Kupperman, The Jamestown Project, Cambridge, MA/London 2007.
33 A. Games, Migration and the Origins of the English Atlantic World, Cambridge, MA/London 1999, 39 f.
34 A. Games, Migration, in: D. Armitage/M. J. Braddick (Hgg.), The British Atlantic World, 1500–1800, Basingstoke ²2009, 33–52, hier 39 f.
35 Ebd., 32 ff. Siehe auch A. Games, Beyond the Atlantic. English Globetrotters and Transoceanic Connections, in: The William and Mary Quarterly, Third Series 66:4 (Okt., 2006), 675–692; S. M. M. Pearsall, Atlantic Families. Lives and Letters in the Later Eighteenth Century, Oxford/New York 2010.
36 N. Zahedieh, Economy, in: D. Armitage/M. J. Braddick (Hgg.), The British Atlantic World, 1500–1800, Basingstoke ²2009, 53–70, hier 53.
37 P. W. Hunter, Purchasing Identity in the Atlantic World, Massachusetts Merchants, 1670–1780, Ithaca [u. a.] 2001, 48 f., 66, 78, 83 ff.
38 C. Frank, Objectifying China. Imagining America. Chinese Commodities in Early America, Chicago/London 2011, 30–34, 43–46.
39 G. Havard/C. Vidal, Histoire de L'Amérique Française, Paris ²2008, 61–66.
40 L. Dubois, The French Atlantic, in: J. P. Greene/P. D. Morgan (Hgg.), Atlantic History. A Critical Appraisal, Oxford 2009, 137–161, hier 140–144. Siehe auch C. C. Bell, Revolution, Romanticism, and the Afro-Creole Protest Tradition in Louisiana, 1718–1868, Baton Rouge 1997.
41 Dubois, French Atlantic, 144 ff.
42 P. Gilroy, The Black Atlantic. Modernity and Double-Consciousness, Cambridge, MA/London 1993.

43 M. Zeuske, Sklavenhändler, Negreros und Atlantikkreolen. Eine Weltgeschichte des Sklavenhandels im atlantischen Raum, Berlin 2015, 21–25.
44 P. D. Morgan, Africa and the Atlantic, c. 1450 to c. 1820, in: J. P. Greene/P. D. Morgan (Hgg.), Atlantic History. A Critical Appraisal, Oxford 2009, 223–248.
45 D. Northrup, Africa's Discovery of Europe, 1450–1850, New York 2002, 50–69.
46 C. Kriger, Mapping the History of Cotton Textile Production in Precolonial West Africa, in: African Economic History 33 (2005), 87–116.
47 Dies., The Importance of Mande Textiles in the African Side of the Atlantic Trade, ca. 1680–1710, in: Mande Studies 11 (2011), 1–21, hier 16.
48 Morgan, Africa and the Atlantic, 223f., 232, 235–240; D. Eltis, Precolonial Western Africa, and the Atlantic Economy, in: B. L. Solow (Hg.), Slavery and the Rise of the Atlantic System, New York 1991, 97–119.
49 J. A. Carney, African Plant and Animal Species in 18th-Century Tropical America, in: V. Hyden-Hanscho/R. Pieper/W. Stangl (Hgg.), Cultural Exchange and Consumption Patterns in the Age of Enlightenment. Europe and the Atlantic World, Bochum 2013, 97–116; H. S. Klein, The Atlantic Slave Trade, New York 2010, 182–187.
50 V. Carretta, Equiano the African. Biography of a Self-Made Man, Athens 2005, 1–16.
51 Vgl. ebd., 135–161.
52 Ebd., 176–201.
53 Ebd., 236–270.
54 M. Ogborn, Global Lives. Britain and the World 1550–1800, Cambridge [u. a.] 2008, 276–280; Carretta, Equiano, 330–339.
55 J. E. Chamberlin, Island. How Islands Transform the World, New York 2013, 8–13.
56 Thornton, Cultural History, 104–107.
57 J.-P. Rubiés, The Worlds of Europeans, Africans, and Americans, c. 1490, in: N. Canny/P. Morgan (Hgg.), The Oxford Handbook of the Atlantic World c. 1450– c. 1850, Oxford 2011, 21–37, hier 32–36.
58 A. W. Crosby, The Columbian Exchange. Biological and Cultural Consequences of 1492, Westport 2003.
59 A. Turner Bushnell, Indigenous America and the Limits of the Atlantic World, 1493– 1825, in: J. P. Greene/P. D. Morgan (Hgg.), Atlantic History. A Critical Appraisal, Oxford 2009, 191–221, hier 191–204.
60 Havard/Vidal, Histoire de L'Amérique Française, 172–176, 318–329.
61 Dubois, French Atlantic, 140–144.
62 Turner Bushnell, Indigenous America, 199.
63 J. M. Hall, Zamumo's Gifts. Indian-European Exchange in the Colonial Southeast, Philadelphia 2009, 1–11, 117–167.
64 P. Hämäläinen, The Comanche Empire, New Haven 2008, 3.
65 Grundlegend hierzu R. White, The Middle Ground. Indians, Empires, and Republics in the Great Lakes Region, 1650–1815, New York 1991; C. F. Smith, Native Borderlands. Colonialism and the Development of Native Power, in: J. W. I. Lee/M. North (Hgg.), Globalizing Borderlands Studies in Europe and North America, Lincoln 2016, 179–192.
66 Übersetzt nach B. Lubbock (Hg.), Barlow's Journal of His Life at Sea in King's Ships,

East and West Indiamen and Other Ships from 1659 to 1703, London 1934, 162. Ogborn, Global Lives, 148 f.
67 Ogborn, Global Lives, 148–152.
68 P. Earle, Sailors. English Merchant Seamen 1650–1775, Methuen 2007, 145–163.
69 W. Dampier, A New Voyage Round the World, London 1697.
70 Ogborn, Global Lives, 171–177.
71 M. Rediker, The Pirate and the Gallows. An Atlantic Theater of Terror and Resistance, in: J. H. Bentley/R. Bridenthal/K. Wigen (Hgg.), Seascapes. Maritime Histories, Littoral Cultures, and Transoceanic Exchanges, Honolulu 2007, 239–250, hier 242.
72 Rediker, Outlaws of the Atlantic, 63–88.
73 Siehe oben, S. 104–109.
74 M. North, Towards a Global Material Culture. Domestic Interiors in the Atlantic and Other Worlds, in: V. Hyden-Hanscho/R. Pieper/W. Stangl (Hgg.), Cultural Exchange and Consumption Patterns in the Age of Enlightenment. Europe and the Atlantic World, Bochum 2013, 81–96, hier 92; D. L. Krohn/M. De Filippis/P. Miller (Hgg.), Dutch New York between East and West. The World of Margrieta van Varick, New Haven 2009, 356.
75 W. Monson, Advice How to Plant the Island of Madagascar, or St. Lawrence, the Greatest Island in the World, and a Part of Africa, in: M. Oppenheim (Hg.), The Naval Tracts of Sir William Monson in Six Books Edited with a Commentary Drawn from the State Papers and Other Original Sources, London 1913, 434–439, hier 437 f.
76 Siehe A. Ortelius, Theatrum Orbis Terrarum. Gedruckt zu Nuernberg durch Johann Koler Anno MDLXXII, Darmstadt 2012 (1572).
77 L. J. Waghenaer, T'eerste deel vande Spieghel der zeevaerdt, van de navigatie der Westersche zee […] in diversche zee caerten begrepen, Leiden 1584.
78 Sobel, Longitude.
79 M. de Campos Françozo, De Olinda a Holanda. O gabinete de curiosidades de Nassau, Campinas 2014; M. North, Koloniale Kunstwelten in Ostindien. Kulturelle Kommunikation im Umkreis der Handelskompanien, in: Jahrbuch für Europäische Überseegeschichte 5 (2005), 55–72, hier 55.
80 Schmidt, Dutch Atlantic, 178. Siehe auch K. Zandvliet, Mapping for Money. Maps, Plans and Topographic Paintings and Their Role in Dutch Overseas Expansion during the Sixteenth and Seventeenth Centuries, Amsterdam 1998.
81 Chaplin, The Atlantic Ocean, 45; Dies., The First Scientific American. Benjamin Franklin and the Pursuit of Genius, New York 2006, 195–200.
82 Chaplin, The Atlantic Ocean, 45–48.

第八章　太平洋

1 Übersetzt nach E. H. McCormick, Omai. Pacific Envoy, Auckland [u. a.] 1977, 128.
2 A. v. Chamisso, Reise um die Welt, Berlin 2001, 345.
3 R. Wendt, Einleitung. Der Pazifische Ozean und die Europäer. Ambitionen, Erfahrun-

gen und Transfers, in: Saeculum 64:1 (2014), 1–7, hier 1.
4   D. Salesa, The Pacific in Indigenous Times, in: D. Armitage/A. Bashford (Hgg.), Pacific Histories. Ocean, Land, People, Basingstoke [u. a.] 2014, 31–52, hier 34 ff.; B. Fagan, Beyond the Blue Horizon, New York 2012, 37–41.
5   A. Giraldez, The Age of Trade, New York [u. a.] 2015, 119–144.
6   W. A. McDougall, Let the Sea Make a Noise. A History of the North Pacific from Magellan to MacArthur, New York 1993, 25 ff.
7   Zu den beiden Flottenunternehmungen siehe B. Schmidt, Innocence Abroad. The Dutch Imagination and the New World, 1570–1670, Cambridge [u. a.] 2001, 197–210.
8   R. F. Buschmann, Iberian Visions of the Pacific Ocean, Basingstoke [u. a.] 2014, 55–68.
9   J. Banks/J. Cook/J. Hawkesworth, The Unfortunate Compiler, in: J. Lamb/V. Smith/N. Thomas (Hgg.), Exploration and Exchange. A South Sea Anthology 1680–1900, Chicago 2000, 73–92, hier 84–88.
10 J. R. Forster, Observations Made during a Voyage Round the World on Physical Geography, Natural History, and Ethic Philosophy, London 1778, 513.
11 H. Guest, Empire, Barbarism, and Civilization. James Cook, William Hodges, and the Return to the Pacific, Cambridge [u. a.] 2007.
12 P. Bérard, Le voyage de La Pérouse. Itinéraires et aspects singuliers, Albi 2010, 133–142; S. R. Fischer, History of the Pacific Islands, Houndmills 2002, 92 f.
13 Buschmann, Iberian Visions, 164–169.
14 McDougall, Let the Sea, 62–71.
15 Über die Details berichtet ausführlich R. H. Dana, Two Years before the Mast. A Personal Narrative, London 2009.
16 A. J. v. Krusenstern, Reise um die Welt 1803–06, 3 Bde., Petersburg 1810–1812; Ders., Atlas de l'Océan Pacifique, 2 Bde., Petersburg 1824–1827.
17 O. v. Kotzebue, Entdeckungsreise in die Südsee und nach der Berings-Straße zur Erforschung einer nordöstlichen Durchfahrt. Unternommen in den Jahren 1815, 1816, 1817 und 1818, auf Kosten Sr. Erlaucht des Herrn Reichs-Kanzlers Grafen Rumanzoff auf dem Schiffe Rurick unter dem Befehle des Lieutenants der Russisch-Kaiserlichen Marine Otto von Kotzebue, 3 Bde., Weimar 1821.
18 Chamisso, Reise, 22.
19 Ebd., 50.
20 Ebd., 108 f.
21 C. Geertz, Dichte Beschreibung. Beiträge zum Verstehen kultureller Systeme, Frankfurt/M. 2012.
22 Chamisso, Reise, 292 f.
23 H. Liebersohn, The Traveller's World. Europe to the Pacific, Cambridge, MA/London 2006, 161 f.
24 Chamisso, Reise, 352.
25 Ebd., 355.
26 A. Moore, Harry Maitey. From Polynesia to Prussia, in: Hawaiian Journal of History 2 (1977), 125–161.
27 D. Chappell, Double Ghosts. Oceanian Voyagers on Euroamerican Ships, Armonk,

New York [u.a.] 1997, 27, 118.
28 J. Barman, Leaving Paradise. Indigenous Hawaiians in the Pacific Northwest, 1787–1898, Honolulu 2008, 18–22.
29 N. Thomas, Islanders. The Pacific in the Age of Empire, New Haven [u.a.] 2010, 4; Chappell, Double Ghosts; P. D'Arcy, The People of the Sea. Environment, Identity, and History in Oceania, Honolulu 2006, 50–64.
30 N. Thomas, The Age of Empire in the Pacific, in: D. Armitage/A. Bashford (Hgg.), Pacific Histories. Ocean, Land, People, Basingstoke [u.a.] 2014, 75–96, hier 82.
31 J. M. Beurdeley, The Chinese Collector through the Centuries. From the Han to the 20th Century, Fribourg 1966, 181–185.
32 D. Igler, The Great Ocean. Pacific Worlds from Captain Cook to the Gold Rush, Oxford [u.a.] 2013, 99–111.
33 Chappell, Double Ghosts, 103f.
34 Igler, Great Ocean, 111–115.
35 Vgl. D. Leibsohn, Made in China, Made in Mexico, in: D. Pierce/R. Y. Otsuka (Hgg.), At the Crossroads. The Arts of Spanish America and Early Global Trade, 1492–1850. Papers from the 2010 Mayer Center Symposium at the Denver Art Museum, Denver 2012, 11–40; D. Pierce (Hg.), Asia and Spanish America. Trans-Pacific Artistic and Cultural Exchange, 1500–1800, Denver 2009; R. Pieper, From Cultural Exchange to Cultural Memory. Spanish American Objects in Spanish and Austrian Households of the Early 18th Century, in: V. Hyden-Hanscho/R. Pieper/W. Stangl (Hgg.), Cultural Exchange and Consumption Patterns in the Age of Enlightenment. Europe and the Atlantic World, Bochum 2013, 213–234.
36 Chamisso, Reise, 380–384.
37 Blussé, Visible Cities, 50–55, 60–66; Matsuda, Pacific Worlds, 175–196.
38 Igler, Great Ocean, 29f.
39 Fischer, Pacific Islands, 100f.
40 Ebd., 101; Chappell, Double Ghosts, 94f.
41 U. Strasser, Die Kartierung der Palaosinseln. Geographische Imagination und Wissenstransfer zwischen europäischen Jesuiten und mikronesischen Insulanern um 1700, in: Geschichte und Gesellschaft 36:2 (2010), 197–230.
42 Matsuda, Pacific Worlds, 144ff.
43 Thomas, Islanders.
44 Chappell, Double Ghosts, 95.
45 D. Bronwen, Religion, in: D. Armitage/A. Bashford (Hgg.), Pacific Histories. Ocean, Land, People, Basingstoke [u.a.] 2014, 193–215, hier 201–205.
46 Liebersohn, Traveller's World, 245–262.
47 O. v. Kotzebue, Neue Reise um die Welt in den Jahren 1823, 24, 25 und 26. Mit 2 Kupferstichen und 3 Charten, Göttingen 1830, 88.
48 Zitiert nach Liebersohn, Traveller's World, 283.
49 Ebd., 287.
50 J. E. Chamberlin, Island. How Islands Transform the World, New York 2013, 125–162.
51 Igler, Great Ocean, 155–185.
52 Chappell, Double Ghosts, 173f.

第九章 海洋的全球化

1 A. Smith, Untersuchung über Wesen und Ursachen des Reichtums der Völker, Tübingen 2012 (1776), 102 f.
2 J. Armstrong/D. Williams, An Appraisal of the Progress of the Steamship in the Nineteenth Century, in: G. Harlaftis/S. Tenold/J. M. Valdaliso (Hgg.), The World's Key Industry. History and Economics of International Shipping, Basingstoke, Hampshire [u. a.] 2012, 43–63.
3 W. Kresse, Die Fahrtgebiete der Hamburger Handelsflotte 1824–1888, Hamburg 1972, 184–189.
4 S. Palmer, The British Shipping Industry 1850–1914, in: L. R. Fischer/G. E. Panting (Hgg.), Change and Adaptation in Maritime History. The North Atlantic Fleets in the Nineteenth Century, St. Johns 1984, 87–115; L. R. Fischer/H. W. Nordvik, Maritime Transport and the Integration of the North Atlantic Economy, 1850–1914, in: W. Fischer (Hg.), The Emergence of a World Economy 1500–1914. Papers of the IX. International Congress of Economic History, Stuttgart 1986, 519–546.
5 Fischer/Nordvik, Maritime Transport, 539.
6 C. Knick Harley, Late Nineteenth Century Transportation, Trade and Settlement, in: W. Fischer (Hg.), The Emergence of a World Economy 1500–1914. Papers of the IX. International Congress of Economic History, Stuttgart 1986, 593–618.
7 A. J. H. Latham, The International Trade in Rice and Wheat since 1868. A Study in Market Integration, in: W. Fischer (Hg.), The Emergence of a World Economy 1500–1914. Papers of the IX. International Congress of Economic History, Stuttgart 1986, 645–664; A. J. H. Latham/L. Neal, The International Market in Rice and Wheat, 1868–1914, in: Economic History Review 36:2 (1983), 260–280.
8 C. Knick Harley, Shipping and Stable Economies in the Periphery, in: G. Harlaftis/S. Tenold/J. M. Valdaliso (Hgg.), The World's Key Industry. History and Economics of International Shipping, Basingstoke, Hampshire [u. a.] 2012, 29–42.
9 M. North, German Sailors, 1650–1900, in: J. R. Bruijn/J. Lucassen/P. C. van Royen (Hgg.), «Those Emblems of Hell»? European Sailors and the Maritime Labour Market, 1570–1870, St. John's 1997, 253–266, hier 258. Siehe ebenfalls Jari Ojala [u. a.], Deskilling and Decline in Skill Premiums during the Age of Sail. Swedish and Finnish Seamen, 1751–1913, in: Explorations in Economic History (im Druck).
10 Kaukiainen, Overseas Migration, 371–387.
11 R. Wenzlhuemer, Connecting the Nineteenth-Century World. The Telegraph and Globalization, Cambridge [u. a.] 2013.
12 J. Ahvenainen, The Role of Telegraphs in the 19th Century Revolution of Communications, in: M. North (Hg.), Kommunikationsrevolutionen. Die neuen Medien des 16. und 19. Jahrhunderts, Köln [u. a.] ²2001, 73–80, hier 75 f.
13 Ahvenainen, The Role of Telegraphs, 73–80; M. North, Einleitung, in: Ders. (Hg.), Kommunikationsrevolutionen. Die neuen Medien des 16. und 19. Jahrhunderts, Köln [u. a.] ²2001, IX–XIX.

14 C. Neutsch, Briefverkehr als Medium internationaler Kommunikation im ausgehenden 19. und beginnenden 20. Jahrhundert, in: M. North (Hg.), Kommunikationsrevolutionen. Die neuen Medien des 16. und 19. Jahrhunderts, Köln [u. a.] ²2001, 129–155.

15 S. Hensel, Latin American Perspectives on Migration in the Atlantic World, in: D. R. Gabaccia/D. Hoerder (Hgg.), Connecting Seas and Connected Ocean Rims. Indian, Atlantic, and Pacific Oceans and China Seas Migrations from the 1830s to the 1930s, Leiden/Boston 2011, 281–301, hier 289.

16 N. Sánchez-Albornoz, La población de América latina. Desde los tiempos precolombinos al año 2025, Madrid 1994, 129–142.

17 Hensel, Latin American Perspectives, 281–301.

18 Alpers, The Indian Ocean, 116 ff.

19 E. Hu-Dehart, Chinese Coolie Labor in Cuba in the Nineteenth Century. Free Labor of Neoslavery, in: Contributions in Black Studies 12 (1994), 38–54.

20 R. J. Chandler/S. J. Potash, Gold, Silk, Pioneers and Mail. The Story of the Pacific Mail Steamship Company, San Francisco 2007; E. M. Tate, Trans-Pacific Steam: The Story of Steam Navigation from the Pacific Coast of North America to the Far East and the Antipodes, 1867–1941, New York 1986.

21 A. McKeown, Movement, in: D. Armitage/A. Bashford (Hgg.), Pacific Histories. Ocean, Land, People, New York 2014, 143–165, hier 152f.

22 E. Sinn, Pacific Crossing. California Gold, Chinese Migration, and the Making of Hong Kong, Hongkong 2013, 231–240.

23 McKeown, Movement, 152 f.

24 Matsuda, Pacific Worlds, 216–232.

25 C. Skwiot, Migration and the Politics of Sovereignty, Settlement, and Belonging in Hawai'i, in: D. R. Gabaccia/D. Hoerder (Hgg.), Connecting Seas and Connected Ocean Rims. Indian, Atlantic, and Pacific Oceans and China Seas Migrations from the 1830s to the 1930s, Leiden/Boston 2011, 440–463.

26 W. J. Bolster, The Mortal Sea. Fishing the Atlantic in the Age of Sail, Cambridge, MA/London 2012, 158–163.

27 Ebd., 133–168.

28 Ebd., 191–197.

29 Ebd., 223–227.

30 D. H. Cushing, The Provident Sea, Cambridge [u. a.] 1988, 109–114. Siehe auch oben, S. 234 f.

31 J. G. Butcher, The Closing of the Frontier. A History of the Marine Fisheries of Southeast Asia c. 1850–2000, Leiden 2004, 27–59.

32 Ebd., 60–74; siehe unten, S. 291 f.

33 S. S. Amrith, Crossing the Bay of Bengal. The Furies of Nature and the Fortunes of Migrants, Cambridge, MA/London 2013, 74 f.

34 Alpers, The Indian Ocean, 98–112.

35 R. F. Buschmann, Oceans in World History, Boston 2007, 104–107.

36 A. T. Mahan, The Influence of Sea Power upon History 1660–1783, Bremen 2010 (Reprint der Ausgabe von 1889).

37 Zitiert nach M. Epkenhans, Die wilhelminische Flottenrüstung 1908–1914, München 1991, 409.
38 Ebd., 31–51.
39 M. Epkenhans, Flotten und Flottenrüstung im 20. Jahrhundert, in: J. Elvert/S. Hess/ H. Walle (Hgg.), Maritime Wirtschaft in Deutschland. Schifffahrt – Werften – Handel – Seemacht im 19. und 20. Jahrhundert, Stuttgart 2012, 176–189.
40 P. Hart, Gallipoli, London 2011.
41 D. Richter, Das Meer. Geschichte der ältesten Landschaft, Berlin 2014, 147 ff.
42 A. Corbin, Meereslust. Das Abendland und die Entdeckung der Küste 1750–1840, Berlin 1990, 344–352.
43 W. Karge, Heiligendamm. Erstes deutsches Seebad. Gegründet 1793, Schwerin 1993. Einen guten Überblick über die Entstehung von Bad Doberan und anderer Bäder bietet die Staatsexamensarbeit von A. Brenner, «‹Wenn jemand eine Reise tut, so kann er was erzählen…›. Die Anfänge des Bädertourismus am Beispiel des ersten deutschen Seebades Doberan-Heiligendamm», Greifswald 2010.
44 O. Kurilo (Hg.), Seebäder an der Ostsee im 19. und 20. Jahrhundert, München 2009.
45 Hierzu und zum Folgenden Klinge, Die Ostseewelt, 130–133.
46 D. Bellmann, Von Höllengefährten zu schwimmenden Palästen. Die Passagierschifffahrt auf dem Atlantik (1840–1930), Frankfurt/New York 2015, 37–46.
47 A. Sugiyama, Cultural Production and Consumption in the Age of Steam. A Case on the Transmission of Western Opera in Southeast Asia, 1830s-1870s (Conference Paper, unveröffentlicht).
48 S. Bose, A Hundred Horizons. The Indian Ocean in the Age of Global Empire, Cambridge, MA/London 2006, 233–271.
49 Vgl. oben, S. 268.

第十章　威胁与污染

1 Der Fischer Mahyuddin über den Tsunami des Jahres 2004. Zitiert nach einem Artikel des Guardian [www.theguardian.com/global-development/2014/dec/25/indian-ocean-tsunami-survivors-stories-aceh; Zugriff: 16.12.2015].
2 Bose, A Hundred Horizons, 1–4.
3 Matsuda, Pacific Worlds, 275–292, 315–334; Buschmann, Oceans, 110 f.
4 A. Menzel, Dynamics within the Regime Complex of Counter-Piracy. Interaction Effects between Regional Agreements (Conference Paper, unveröffentlicht).
5 W. Benz, Jüdische Flüchtlinge aus dem nationalsozialistischen Deutschland und dem von Deutschland besetzten Europa seit 1933, in: K. J. Bade [u. a.] (Hgg.), Enzyklopädie Migration in Europa. Vom 17. Jahrhundert bis zur Gegenwart, München [u. a.] ²2008, 715–722.
6 J.-J. Jordi, «Pieds-Noirs» aus Algerien in Frankreich seit 1954, in: K. J. Bade [u. a.] (Hgg.), Enzyklopädie Migration in Europa. Vom 17. Jahrhundert bis zur Gegenwart, München [u. a.] ²2008, 852 ff.

7 P. C. Emmer, Westinder in Großbritannien, Frankreich und den Niederlanden seit dem Ende des Zweiten Weltkriegs, in: K. J. Bade [u. a.] (Hgg.), Enzyklopädie Migration in Europa. Vom 17. Jahrhundert bis zur Gegenwart, München [u. a.] ²2008, 1097–1103.
8 S. Rah, Asylsuchende und Migranten auf See. Staatliche Rechte und Pflichten aus völkerrechtlicher Sicht, Berlin [u. a.] 2009, 7–11.
9 United Nations Conference on Trade and Development (UNCTAD), Maritime Transport Statistics 2015 [http://unctadstat.unctad.org/wds/ReportFolders/reportFolders.aspx; Zugriff: 23.11.2015].
10 Y. Kaukiainen, The Role of Shipping in the «Second Stage of Globalisation», in: The International Journal of Maritime History 26 (2014), 64–81.
11 Ders., The Advantages of Water Carriage. Scale Economies and Shipping Technology, c. 1870–2000, in: G. Harlaftis/S. Tenold/J. M. Valdaliso (Hgg.), The World's Key Industry. History and Economics of International Shipping, Basingstoke [u. a.] 2012, 64–87.
12 Ders., Growth, Diversification and Globalization. Main Trends in International Shipping since 1850, in: L. R. Fischer/E. Lage (Hgg.), International Merchant Shipping in the Nineteenth and Twentieth Centuries. The Comparative Dimension, St. Johns 2009, 1–56, hier 41 f.
13 E. Ekberg/E. Lange/E. Merok, Building the Networks of Trade. Perspectives on Twentieth-Century Maritime History, in: G. Harlaftis/S. Tenold/J. M. Valdaliso (Hgg.), The World's Key Industry. History and Economics of International Shipping, Basingstoke [u. a.] 2012, 88–105.
14 Kein Kreuzfahrtschiff empfehlenswert [https://www.nabu.de/umwelt-und-ressourcen/verkehr/schifffahrt/kreuzschifffahrt/16042.html, Zugriff: 18.11.2015].
15 K. O'Reilly, Britische Wohlstandsmigranten an der Costa del Sol, in: K. J. Bade [u. a.] (Hgg.), Enzyklopädie Migration in Europa. Vom 17. Jahrhundert bis zur Gegenwart, München [u. a.] ²2008, 429–433; K. Schriewer, Deutsche Senioren in Spanien seit dem späten 20. Jahrhundert, in: K. J. Bade [u. a.] (Hgg.), Enzyklopädie Migration in Europa. Vom 17. Jahrhundert bis zur Gegenwart, München [u. a.] ²2008, 511–513.
16 Mittelmeer [www.wasser-wissen.de/abwasserlexikon/m/mittelmeer.html, Zugriff: 18.11.2015].
17 Öl und Gas aus dem Meer, in: Rohstoffe aus dem Meer – Chancen und Risiken. World Ocean Review 3 (2014), 10–15. Siehe auch www.futureocean.org/de/.
18 Welt im Wandel. Menschheitserbe Meer, hg. vom Wissenschaftlichen Beirat der Bundesregierung Globale Umweltveränderungen (WBGU), Berlin 2013, 218–241.
19 Mit den Meeren leben, World Ocean Review 1 (2010).
20 K. J. Noone, Sea-Level Rise, in: R. J. Diaz/K. J. Noone/U. R. Sumaila (Hgg.), Managing Ocean Environments in a Changing Climate. Sustainability and Economic Perspectives, Amsterdam 2013, 97–126; K. M. Wowk, Paths to Sustainable Ocean Resources, in: R. J. Diaz/K. J. Noone/U. R. Sumaila (Hgg.), Managing Ocean Environments in a Changing Climate. Sustainability and Economic Perspectives, Amsterdam 2013, 301–348, hier 312 f.

21 J. Carstensen [u. a.], Deoxygenation of the Baltic Sea during the Last Century, in: Proceedings of the National Academy of Sciences of the United States of America 111:15 (2014), 5628–5633 [www.pnas.org/content/111/15/5628.full.pdf, Zugriff: 17.11.2015]; Meer atmet auf: Neues Salzwasser für die Ostsee [http://globalmagazin.com/themen/natur/meer-atmet-auf-salzwassereinbruch-in-der-zentralen-ostsee/, Zugriff: 17.11.2015].
22 H. Eriksson-Hägg [u. a.], Marine Pollution, in: R. J. Diaz/K. J. Noone/U. R. Sumaila (Hgg.), Managing Ocean Environments in a Changing Climate. Sustainability and Economic Perspectives, Amsterdam 2013, 127–170.
23 C. Wilcox/E. van Sebille/B. D. Hardesty, Threat of Plastic Pollution to Seabirds is Global, Pervasive, and Increasing, in: Proceedings of the National Academy of Sciences of the United States of America 112:38 (2015), 11 899–11 904 [www.pnas.org/content/112/38/11899.full.pdf, Zugriff: 17.11.2015].
24 Siehe oben, S. 230 f.
25 Cushing, Provident Sea, 234–258.
26 Pressemitteilung der Europäischen Kommission vom 10. November 2015 «Kommission schlägt Fangmöglichkeiten für 2016 für den Atlantik und die Nordsee vor» [http://europa.eu/rapid/press-release_IP-15-6016_de.htm, Zugriff: 16.11.2015].
27 W. W. L. Cheung/A. D. Rogers/U. R. Sumaila, The Potential Economic Costs of the Overuse of Marine Fish Stocks, in: R. J. Diaz/K. J. Noone/U. R. Sumaila (Hgg.), Managing Ocean Environments in a Changing Climate. Sustainability and Economic Perspectives, Amsterdam 2013, 171–192.

部分参考文献

详细参考文献见：

www.chbeck.de/go/Weltgeschichte-der-Meere

Abulafia, D. (2011), The Great Sea. A Human History of the Mediterranean, London [u. a.].

Alpers, E. A. (2014), The Indian Ocean in World History, Oxford [u. a.].

Armitage, D./Bashford, A. (Hgg.) (2014), Pacific Histories. Ocean, Land, People, New York.

Armitage, D./Braddick, M. J. (Hgg.) (2009), The British Atlantic World, 1500–1800, Houndmills.

Bailyn, B. (2005), Atlantic History. Concept and Contours, Cambridge, MA/London.

Battuta, I. (2010), Die Wunder des Morgenlandes. Reisen durch Afrika und Asien, München.

Bayly, C. A. (2004), The Birth of the Modern World 1780–1914. Global Connections and Comparisons, Oxford.

Bentley, J. H./Bridenthal, R./Wigen, K. (Hgg.) (2007), Seascapes. Maritime Histories, Littoral Cultures, and Transoceanic Exchanges, Honolulu 2007.

Berg, M. (Hg.) (2013), Writing the History of the Global. Challenges for the 21st Century, Oxford.

Blumenberg, H. (2011), Schiffbruch mit Zuschauer. Paradigma einer Daseinsmetapher, Frankfurt/Main.

Bolster, W. J. (2012), The Mortal Sea. Fishing the Atlantic in the Age of Sail, Cambridge, MA/London.

Borgolte, M./Jaspert, N. (Hgg.) (2016), Maritimes Mittelalter. Meere als Kommunikationsräume, Ostfildern.

Borschberg, P. (2010), The Singapore and Melaka Straits. Violence, Security and Diplo-

macy in the 17th Century, Singapore.
Borschberg, P./North, M. (2010), Transcending Borders: the Sea as Realm of Memory, in: Asia Europe Journal 8, 279–292.
Bose, S. (2006), A Hundred Horizons. The Indian Ocean in the Age of Global Empire, Cambridge, MA/London.
Bracker, J./North, M./Tamm, P. (1980), Maler der See. Marinemalerei in dreihundert Jahren, Herford.
Braudel, F. (1949), La Méditerranée et le monde méditeranéen à l'époque de Philippe II, Paris.
Brink, S. (Hg.), (2009), The Viking World, London/New York.
Broodbank, C. (2013), The Making of the Middle Sea. A History of the Mediterranean from the Beginning to the Emergence of the Classical World, London.
Buschmann, R. F. (2007), Oceans in World History, Boston.
Butcher, J. G. (2004), The Closing of the Frontier. A History of the Marine Fisheries of Southeast Asia c. 1850–2000, Leiden.
Butel, P. (2012), Histoire de l'Atlantique, de l'Antiquité à nos jours, Paris.
Calder, A./Lamb, J./Orr, B. (1999), Voyages and Beaches. Pacific Encounters, 1769–1840, Hawaii.
Carlos Boutet, G. de (Hg.) (2003), España y América. Un oceáno de negocios. Quinto centenario de la Casa de la Contratación, 1503–2003, Madrid.
Chakravarti, R. (2002), Seafaring, Ships and Ship Owners. India and the Indian Ocean (AD 700–1500), in: D. Parkin (Hg.), Ships and the Development of Maritime Technology in the Indian Ocean, London, 28–61.
Chamisso, A. v. (2001), Reise um die Welt, Berlin.
Chappell, D. (1997), Double Ghosts. Oceanian Voyagers on Euroamerican Ships, Armon, NY [u. a.].
Chaudhuri, K. N. (1990), Asia before Europe. Economy and Civilisation of the Indian Ocean from the Rise of Islam to 1750, Cambridge [u. a.].
Chaunu, P. (1983), Sevilla y América siglos XVI y XVII, Sevilla.
Coclanis, P. A. (Hg.) (2005), The Atlantic Economy during the Seventeenth and Eighteenth Centuries. Organization, Operation, Practice, and Personnel, Columbia.
Cunliffe, B. W. (2011), Europe between the Oceans. 9000 BC–AD 1000, New Haven [u. a.].
DaCosta Kaufmann, T./North, M. (Hgg.) (2014), Mediating Netherlandish Art and Material Culture in Asia, Amsterdam.
Diaz, R. J./Noone, K. J./Sumaila, K. J. (Hgg.) (2013), Managing Ocean Environments in a Changing Climate. Sustainability and Economic Perspectives, Amsterdam.
Emmer, P. C./Gommans, J. (2012), Rijk aan de rand van de wereld. De geschiedenis van Nederland overzee, 1600–1800, Amsterdam.
Epkenhans, M. (1991), Die wilhelminische Flottenrüstung 1908–1914, München.
Fernández-Armesto, F. (1987), Before Columbus. Exploration and Colonisation from the Mediterranean to the Atlantic, 1229–1492, London.
Fischer, L. R./Nordvik, H. W. (1986), Maritime Transport and the Integration of the North

Atlantic Economy, 1850–1914, in: W. Fischer (Hg.), The Emergence of a World Economy 1500–1914. Papers of the IX. International Congress of Economic History, Stuttgart, 519–546.

Fusaro, M./Heywood, C./Omri, M.-S. (2010), Trade and Cultural Exchange in the Early Modern Mediterranean. Braudel's Maritime Legacy, London.

Gaastra, F. S. (2002), De geschiedenis van de VOC, Zutphen 2002.

Gabaccia, D. R./Hoerder, D. (Hgg.) (2011), Connecting Seas and Connected Ocean Rims. Indian, Atlantic, and Pacific Oceans and China Seas Migrations from the 1830s to the 1930s, Leiden/Boston.

Games, A. (1999), Migration and the Origins of the English Atlantic World, Cambridge, MA/London.

Games, A. (2006), Atlantic History. Definitions, Challenges, Opportunities, in: American History Review 111, 741–757.

Gillis, J. R. (2012), The Human Shore. Seacoasts in History, Chicago.

Gilroy, P. (1993), The Black Atlantic. Modernity and Double-Consciousness, Cambridge, MA/London.

Goitein, S. D. (1973), Letters of Jewish Traders, Princeton.

Goldberg, J. L. (2012), Trade and Institutions in the Medieval Mediterranean. The Geniza Merchants and their Business World, Cambridge [u. a.].

Gorski, R. (2012), Roles of the Sea. Views from the Shore, in: Ders. (Hg.), Roles of the Sea in Medieval England, Woodbridge, 1–24.

Greene, J. P./Morgan, P. D. (Hgg.) (2009), Atlantic History. A Critical Appraisal, Oxford.

Greene, M. (2010), Catholic Pirates and Greek Merchants. A Maritime History of the Mediterranean, Princeton [u. a.].

Grzechnik, M./Hurskainen, H. (Hgg.) (2015), Beyond the Sea. Reviewing the Manifold Dimensions of Water as Barrier and Bridge, Köln [u. a.].

Harlaftis, G./Tenold, S./Valdaliso, J. M. (Hgg.) (2012), The World's Key Industry. History and Economics of International Shipping, Basingstoke, Hampshire [u. a.].

Hausberger, B. (2015), Die Verknüpfung der Welt. Geschichte der frühen Globalisierung vom 16. bis zum 18. Jahrhundert, Wien.

Havard, G./Vidal, C. (2008), Histoire de L'Amérique Française, Paris, 2. Aufl.

Heijer, H. den (2002), De geschiedenis van de WIC, Zutphen.

Horden, P./Purcell, N. (2006), The Mediterranean and «the New Thalassology», in: American History Review 111, 722–740.

Igler, D. (2013), The Great Ocean. Pacific Worlds from Captain Cook to the Gold Rush, Oxford [u. a.].

Jaspert, N./Kolditz, S. (Hgg.) (2013), Seeraub im Mittelmeerraum. Piraterie, Korsarentum und maritime Gewalt von der Antike bis zur Neuzeit, Paderborn.

Kaiser, W. (2006), Frictions profitables. L'économie de la rançon en Mediterranée occidentale (XVIe–XVIIe siècles), in: S. Cavaciocchi (Hg.), Ricchezza del Mare, Ricchezza dal Mare Secc. XIII–XVIII, Firenze, 689–701.

Kaukiainen, Y. (2014), The Role of Shipping in the «Second Stage of Globalisation», in: The International Journal of Maritime History 26, 64–81.

King, C. (2004), The Black Sea. A History, Oxford/New York.

Klein, B./Mackenthun, G. (Hgg.) (2004), Sea Changes. Historicizing the Ocean, New York.

Kraus, A./Winkler, M. (Hgg.) (2014), Weltmeere. Wissen und Wahrnehmung im langen 19. Jahrhundert, Göttingen.

Krieger, M./North, M. (Hgg.) (2004), Land und Meer. Kultureller Austausch zwischen Westeuropa und dem Ostseeraum in der Frühen Neuzeit, Köln [u.a.].

Lane, F. C. (1973), Venice. A Maritime Republic, Baltimore 1973.

Liebersohn, H. (2006), The Traveller's World. Europe to the Pacific, Cambridge, MA/London.

Mack, J. (2011), The Sea. A Cultural History, London 2011.

Matsuda, M. K. (2006), The Pacific, in: American History Review 111, 758–780.

Matsuda, M. K. (2014), Pacific Worlds. A History of Seas, Peoples, and Cultures, Cambridge [u.a.], 3. Aufl.

Miller, P. N. (Hg.) (2013), The Sea. Thalassography and Historiography, Ann Arbor, 251–276.

Miller, P. N. (2015), Peiresc's Mediterranean World, Cambridge, MA/London.

Mörke, O. (2015), Die Geschwistermeere. Eine Geschichte des Nord- und Ostseeraums, Stuttgart.

North, M. (2001), Das Goldene Zeitalter. Kunst und Kommerz in der niederländischen Malerei des 17. Jahrhunderts, Köln [u.a.].

North, M. (2007), Europa expandiert. 1250–1500, Stuttgart.

North, M. (Hg.) (2010), Artistic and Cultural Exchanges between Europe and Asia, 1400–1900: Rethinking Markets, Workshops and Collections, Farnham.

North, M. (2011), Die Geschichte der Ostsee. Handel und Kulturen, München.

North, M. (2013), Geschichte der Niederlande, München, 4. Aufl.

North, M. (2014), Kommunikation, Handel, Geld und Banken in der Frühen Neuzeit, München, 2. Aufl.

O'Brien, P. (2006), Historiographical Traditions and Modern Imperatives for the Restoration of Global History, in: Journal of Global History 1, 3–39.

Ogborn, M. (2008), Global Lives. Britain and the World 1550–1800, Cambridge [u.a.].

Ojala, J. [u.a.] (2016), Deskilling and Decline in Skill Premiums during the Age of Sail: Swedish and Finnish Seamen, 1751–1913, in: Explorations in Economic History (im Druck).

Oliveira Marques, A. H. de (Hg.) (1995–2000), História dos Portugueses no Extremo Oriente, 3 Bde., Lisboa.

Ordahl Kupperman, K. (2012), The Atlantic in World History, Oxford.

Ormrod, D. (2003), The Rise of Commercial Empires. England and the Netherlands in the Age of Mercantilism, 1650–1770, Cambridge [u.a.].

Osterhammel, J. (2013), Die Verwandlung der Welt. Eine Geschichte des 19. Jahrhunderts, München, 2. Aufl.

Parry, J. (1974), The Discovery of the Sea, New York.

Pearson, M. N. (2006), The Indian Ocean, London.

Pieper, R. (2000), Die Vermittlung einer neuen Welt. Amerika im Kommunikationsnetz des habsburgischen Imperiums (1493–1598), Mainz.

Prakash, O. (Hg.) (2012), The Trading World of the Indian Ocean, 1500–1800, Delhi.

Ptak, R. (2007), Die maritime Seidenstraße. Küstenräume, Seefahrt und Handel in vorkolonialer Zeit, München.

Rediker, M. (2014), Outlaws of the Atlantic. Sailors, Pirates and Motley Crews in the Age of Sail, Boston, MA.

Reinhard, W. (Hg.) (2014), Geschichte der Welt. Weltreiche und Weltmeere, 1350–1750, München.

Reinhard, W. (2016), Die Unterwerfung der Welt. Globalgeschichte der europäischen Expansion 1415–2015, München.

Ressel, M. (2012), Zwischen Sklavenkassen und Türkenpässen. Nordeuropa und die Barbaresken in der Frühen Neuzeit, Berlin 2012.

Richter, D. (2014), Das Meer. Geschichte der ältesten Landschaft, Berlin.

Rossum, M. van (2014), Werkers van de wereld. Globalisering, arbeid en interculturele ontmoetingen tussen Aziatische en Europese zeelieden in dienst van de VOC, 1600–1800, Hilversum.

Sarnowsky, J. (2015), Die Erkundung der Welt. Die großen Entdeckungsreisen von Marco Polo bis Humboldt, München.

Schmidt, B. (2001), Innocence Abroad. The Dutch Imagination and the New World, 1570–1670, Cambridge [u. a.].

Schmitt, C. (1942), Land und Meer. Eine weltgeschichtliche Betrachtung, Leipzig.

Schnurmann, C. (1998), Atlantische Welten. Engländer und Niederländer im amerikanisch-atlantischen Raum 1648–1713, Köln [u. a.].

Schottenhammer, A. (Hg.) (2008), The East Asian ‹Mediterranean›. Maritime Crossroads of Culture, Commerce and Human Migration, Wiesbaden.

Sobel, D. (2005), Longitude. The True Story of a Lone Genius Who Solved the Greatest Scientific Problem of His Time, Fulham.

Stangl, W. (2012), Zwischen Authentizität und Fiktion. Die private Korrespondenz spanischer Emigranten aus Amerika, 1492–1824, Köln [u. a.].

Steinberg, P. E. (2001), The Social Construction of the Ocean, Cambridge [u. a.].

Thomas, N. (2010), Islanders. The Pacific in the Age of Empire, New Haven [u. a.].

Thornton, J. K. (2012), A Cultural History of the Atlantic World 1250–1820, Cambridge [u. a.].

Trivellato, F. (2009), The Familiarity of Strangers. The Sephardic Diaspora, Livorno, and Cross-Cultural Trade in the Early Modern Period, New Haven [u. a.].

Unger, R. W. (1978), Dutch Shipbuilding before 1800, Assen/Amsterdam.

Unger, R. W. (1980), The Ship in the Medieval Economy, 600–1600, London.

Unger, R. W. (2011), Shipping and Economic Growth 1350–1850, Leiden.

Vries, J. de/Woude, A. van der (1997), The First Modern Economy. Success, Failure, and Perseverance of the Dutch Economy, 1500–1815, Cambridge [u. a.].

Watson Andaya, B./Andaya L. Y. (2015), A History of Early Modern Southeast Asia, 1400–1830, Cambridge [u. a.].

Wendt, R. (2015), Vom Kolonialismus zur Globalisierung: Europa und die Welt seit 1500, Paderborn.

Wenzlhuemer, R. (2013), Connecting the Nineteenth-Century World: The Telegraph and Globalization, Cambridge [u. a.].

Wolf, B. (2013), Fortuna di mare. Literatur und Seefahrt, Zürich.

Wolfschmidt, G. (Hg.) (2008), Navigare necesse est. Geschichte der Navigation, Hamburg.

Zakharov, V. N./Harlaftis, G./Katsiardi-Hering, O. (2012), Merchant Colonies in the Early Modern Period, London.

Zandvliet, K. (2002), De Nederlandse ontmoeting met Azië 1600–1950. Tentoonstelling De Nederlandse ontmoeting met Azië, 1600–1950 in het Rijksmuseum te Amsterdam, van 10 oktober 2002 tot en met 9 februari 2003, Amsterdam.

Zeuske, M. (2015), Sklavenhändler, Negreros und Atlantikkreolen. Eine Weltgeschichte des Sklavenhandels im atlantischen Raum, Berlin.

图片来源

图 1　© akg-images 图片社 / Nimatallah

图 2　本书作者

图 3　Michael J. Lowe

图 4　维基百科共享资源

图 5　© bpk 图片社 / 柏林画廊，柏林国家博物馆 / Jörg P. Anders

图 6、7　© akg-images 图片社

图 8　阿德尔贝特·冯·沙米索：《世界环游记》。柏林，2001。

第 280 页

图 9　查尔斯·戴斯：《来自猴桥的河流》

图 10　© 路透社 / Yannis Behrakis

地图　© Peter Palm，Berlin

新知文库

01 《证据：历史上最具争议的法医学案例》[美]科林·埃文斯 著　毕小青 译
02 《香料传奇：一部由诱惑衍生的历史》[澳]杰克·特纳 著　周子平 译
03 《查理曼大帝的桌布：一部开胃的宴会史》[英]尼科拉·弗莱彻 著　李响 译
04 《改变西方世界的26个字母》[英]约翰·曼 著　江正文 译
05 《破解古埃及：一场激烈的智力竞争》[英]莱斯利·罗伊·亚京斯 著　黄中宪 译
06 《狗智慧：它们在想什么》[加]斯坦利·科伦 著　江天帆、马云霏 译
07 《狗故事：人类历史上狗的爪印》[加]斯坦利·科伦 著　江天帆 译
08 《血液的故事》[美]比尔·海斯 著　郎可华 译　张铁梅 校
09 《君主制的历史》[美]布伦达·拉尔夫·刘易斯 著　荣予、方力维 译
10 《人类基因的历史地图》[美]史蒂夫·奥尔森 著　霍达文 译
11 《隐疾：名人与人格障碍》[德]博尔温·班德洛 著　麦湛雄 译
12 《逼近的瘟疫》[美]劳里·加勒特 著　杨岐鸣、杨宁 译
13 《颜色的故事》[英]维多利亚·芬利 著　姚芸竹 译
14 《我不是杀人犯》[法]弗雷德里克·肖索依 著　孟晖 译
15 《说谎：揭穿商业、政治与婚姻中的骗局》[美]保罗·埃克曼 著　邓伯宸 译　徐国强 校
16 《蛛丝马迹：犯罪现场专家讲述的故事》[美]康妮·弗莱彻 著　毕小青 译
17 《战争的果实：军事冲突如何加速科技创新》[美]迈克尔·怀特 著　卢欣渝 译
18 《最早发现北美洲的中国移民》[加]保罗·夏亚松 著　暴永宁 译
19 《私密的神话：梦之解析》[英]安东尼·史蒂文斯 著　薛绚 译
20 《生物武器：从国家赞助的研制计划到当代生物恐怖活动》[美]珍妮·吉耶曼 著　周子平 译
21 《疯狂实验史》[瑞士]雷托·U.施奈德 著　许阳 译
22 《智商测试：一段闪光的历史，一个失色的点子》[美]斯蒂芬·默多克 著　卢欣渝 译
23 《第三帝国的艺术博物馆：希特勒与"林茨特别任务"》[德]哈恩斯-克里斯蒂安·罗尔 著　孙书柱、刘英兰 译
24 《茶：嗜好、开拓与帝国》[英]罗伊·莫克塞姆 著　毕小青 译
25 《路西法效应：好人是如何变成恶魔的》[美]菲利普·津巴多 著　孙佩妏、陈雅馨 译

26 《阿司匹林传奇》[英]迪尔米德·杰弗里斯 著　暴永宁、王惠 译
27 《美味欺诈：食品造假与打假的历史》[英]比·威尔逊 著　周继岚 译
28 《英国人的言行潜规则》[英]凯特·福克斯 著　姚芸竹 译
29 《战争的文化》[以]马丁·范克勒韦尔德 著　李阳 译
30 《大背叛：科学中的欺诈》[美]霍勒斯·弗里兰·贾德森 著　张铁梅、徐国强 译
31 《多重宇宙：一个世界太少了？》[德]托比阿斯·胡阿特、马克斯·劳讷 著　车云 译
32 《现代医学的偶然发现》[美]默顿·迈耶斯 著　周子平 译
33 《咖啡机中的间谍：个人隐私的终结》[英]吉隆·奥哈拉、奈杰尔·沙德博特 著　毕小青 译
34 《洞穴奇案》[美]彼得·萨伯 著　陈福勇、张世泰 译
35 《权力的餐桌：从古希腊宴会到爱丽舍宫》[法]让-马克·阿尔贝 著　刘可有、刘惠杰 译
36 《致命元素：毒药的历史》[英]约翰·埃姆斯利 著　毕小青 译
37 《神祇、陵墓与学者：考古学传奇》[德]C. W. 策拉姆 著　张芸、孟薇 译
38 《谋杀手段：用刑侦科学破解致命罪案》[德]马克·贝内克 著　李响 译
39 《为什么不杀光？种族大屠杀的反思》[美]丹尼尔·希罗、克拉克·麦考利 著　薛绚 译
40 《伊索尔德的魔汤：春药的文化史》[德]克劳迪娅·米勒-埃贝林、克里斯蒂安·拉奇 著　王泰智、沈惠珠 译
41 《错引耶稣：〈圣经〉传抄、更改的内幕》[美]巴特·埃尔曼 著　黄恩邻 译
42 《百变小红帽：一则童话中的性、道德及演变》[美]凯瑟琳·奥兰丝汀 著　杨淑智 译
43 《穆斯林发现欧洲：天下大国的视野转换》[英]伯纳德·刘易斯 著　李中文 译
44 《烟火撩人：香烟的历史》[法]迪迪埃·努里松 著　陈睿、李欣 译
45 《菜单中的秘密：爱丽舍宫的飨宴》[日]西川惠 著　尤可欣 译
46 《气候创造历史》[瑞士]许靖华 著　甘锡安 译
47 《特权：哈佛与统治阶层的教育》[美]罗斯·格雷戈里·多塞特 著　珍栎 译
48 《死亡晚餐派对：真实医学探案故事集》[美]乔纳森·埃德罗 著　江孟蓉 译
49 《重返人类演化现场》[美]奇普·沃尔特 著　蔡承志 译
50 《破窗效应：失序世界的关键影响力》[美]乔治·凯林、凯瑟琳·科尔斯 著　陈智文 译
51 《违童之愿：冷战时期美国儿童医学实验秘史》[美]艾伦·M. 霍恩布鲁姆、朱迪斯·L. 纽曼、格雷戈里·J. 多贝尔 著　丁立松 译
52 《活着有多久：关于死亡的科学和哲学》[加]理查德·贝利沃、丹尼斯·金格拉斯 著　白紫阳 译

53	《疯狂实验史Ⅱ》[瑞士]雷托·U.施奈德 著　郭鑫、姚敏多 译
54	《猿形毕露：从猩猩看人类的权力、暴力、爱与性》[美]弗朗斯·德瓦尔 著　陈信宏 译
55	《正常的另一面：美貌、信任与养育的生物学》[美]乔丹·斯莫勒 著　郑嬿 译
56	《奇妙的尘埃》[美]汉娜·霍姆斯 著　陈芝仪 译
57	《卡路里与束身衣：跨越两千年的节食史》[英]路易丝·福克斯克罗夫特 著　王以勤 译
58	《哈希的故事：世界上最具暴利的毒品业内幕》[英]温斯利·克拉克森 著　珍栎 译
59	《黑色盛宴：嗜血动物的奇异生活》[美]比·舒特 著　帕特里曼·J.温 绘图　赵越 译
60	《城市的故事》[美]约翰·里德 著　郝笑丛 译
61	《树荫的温柔：亘古人类激情之源》[法]阿兰·科尔班 著　苜蓿 译
62	《水果猎人：关于自然、冒险、商业与痴迷的故事》[加]亚当·李斯·格尔纳 著　于是 译
63	《囚徒、情人与间谍：古今隐形墨水的故事》[美]克里斯蒂·马克拉奇斯 著　张哲、师小涵 译
64	《欧洲王室另类史》[美]迈克尔·法夸尔 著　康怡 译
65	《致命药瘾：让人沉迷的食品和药物》[美]辛西娅·库恩等 著　林慧珍、关莹 译
66	《拉丁文帝国》[法]弗朗索瓦·瓦克 著　陈绮文 译
67	《欲望之石：权力、谎言与爱情交织的钻石梦》[美]汤姆·佐尔纳 著　麦慧芬 译
68	《女人的起源》[英]伊莲·摩根 著　刘筠 译
69	《蒙娜丽莎传奇：新发现破解终极谜团》[美]让－皮埃尔·伊斯鲍茨、克里斯托弗·希斯·布朗 著　陈薇薇 译
70	《无人读过的书：哥白尼〈天体运行论〉追寻记》[美]欧文·金格里奇 著　王今、徐国强 译
71	《人类时代：被我们改变的世界》[美]黛安娜·阿克曼 著　伍秋玉、澄影、王丹 译
72	《大气：万物的起源》[英]加布里埃尔·沃克 著　蔡承志 译
73	《碳时代：文明与毁灭》[美]埃里克·罗斯顿 著　吴妍仪 译
74	《一念之差：关于风险的故事与数字》[英]迈克尔·布拉斯兰德、戴维·施皮格哈尔特 著　威治 译
75	《脂肪：文化与物质性》[美]克里斯托弗·E.福思、艾莉森·利奇 编著　李黎、丁立松 译
76	《笑的科学：解开笑与幽默感背后的大脑谜团》[美]斯科特·威姆斯 著　刘书维 译
77	《黑丝路：从里海到伦敦的石油溯源之旅》[英]詹姆斯·马里奥特、米卡·米尼奥－帕卢埃洛 著　黄煜文 译
78	《通向世界尽头：跨西伯利亚大铁路的故事》[英]克里斯蒂安·沃尔玛 著　李阳 译

79 《生命的关键决定:从医生做主到患者赋权》[美]彼得·于贝尔 著 张琼懿 译
80 《艺术侦探:找寻失踪艺术瑰宝的故事》[英]菲利普·莫尔德 著 李欣 译
81 《共病时代:动物疾病与人类健康的惊人联系》[美]芭芭拉·纳特森－霍洛威茨、凯瑟琳·鲍尔斯 著 陈筱婉 译
82 《巴黎浪漫吗?——关于法国人的传闻与真相》[英]皮乌·玛丽·伊特韦尔 著 李阳 译
83 《时尚与恋物主义:紧身褡、束腰术及其他体形塑造法》[美]戴维·孔兹 著 珍栎 译
84 《上穷碧落:热气球的故事》[英]理查德·霍姆斯 著 暴永宁 译
85 《贵族:历史与传承》[法]埃里克·芒雄－里高 著 彭禄娴 译
86 《纸影寻踪:旷世发明的传奇之旅》[英]亚历山大·门罗 著 史先涛 译
87 《吃的大冒险:烹饪猎人笔记》[美]罗布·沃乐什 著 薛绚 译
88 《南极洲:一片神秘的大陆》[英]加布里埃尔·沃克 著 蒋功艳、岳玉庆 译
89 《民间传说与日本人的心灵》[日]河合隼雄 著 范作申 译
90 《象牙维京人:刘易斯棋中的北欧历史与神话》[美]南希·玛丽·布朗 著 赵越 译
91 《食物的心机:过敏的历史》[英]马修·史密斯 著 伊玉岩 译
92 《当世界又老又穷:全球老龄化大冲击》[美]泰德·菲什曼 著 黄煜文 译
93 《神话与日本人的心灵》[日]河合隼雄 著 王华 译
94 《度量世界:探索绝对度量衡体系的历史》[美]罗伯特·P.克里斯 著 卢欣渝 译
95 《绿色宝藏:英国皇家植物园史话》[英]凯茜·威利斯、卡罗琳·弗里 著 珍栎 译
96 《牛顿与伪币制造者:科学巨匠鲜为人知的侦探生涯》[美]托马斯·利文森 著 周子平 译
97 《音乐如何可能?》[法]弗朗西斯·沃尔夫 著 白紫阳 译
98 《改变世界的七种花》[英]詹妮弗·波特 著 赵丽洁、刘佳 译
99 《伦敦的崛起:五个人重塑一座城》[英]利奥·霍利斯 著 宋美莹 译
100 《来自中国的礼物:大熊猫与人类相遇的一百年》[英]亨利·尼科尔斯 著 黄建强 译
101 《筷子:饮食与文化》[美]王晴佳 著 汪精玲 译
102 《天生恶魔?:纽伦堡审判与罗夏墨迹测验》[美]乔尔·迪姆斯代尔 著 史先涛 译
103 《告别伊甸园:多偶制怎样改变了我们的生活》[美]戴维·巴拉什 著 吴宝沛 译
104 《第一口:饮食习惯的真相》[英]比·威尔逊 著 唐海娇 译
105 《蜂房:蜜蜂与人类的故事》[英]比·威尔逊 著 暴永宁 译
106 《过敏大流行:微生物的消失与免疫系统的永恒之战》[美]莫伊塞斯·贝拉斯克斯－曼诺夫 著 李黎、丁立松 译

107	《饭局的起源:我们为什么喜欢分享食物》[英]马丁·琼斯 著　陈雪香 译　方辉 审校
108	《金钱的智慧》[法]帕斯卡尔·布吕克内 著　张叶、陈雪乔 译　张新木 校
109	《杀人执照:情报机构的暗杀行动》[德]埃格蒙特·科赫 著　张芸、孔令逊 译
110	《圣安布罗焦的修女们:一个真实的故事》[德]胡贝特·沃尔夫 著　徐逸群 译
111	《细菌》[德]汉诺·夏里修斯　里夏德·弗里贝 著　许嫚红 译
112	《千丝万缕:头发的隐秘生活》[英]爱玛·塔罗 著　郑嬿 译
113	《香水史诗》[法]伊丽莎白·德·费多 著　彭禄娴 译
114	《微生物改变命运:人类超级有机体的健康革命》[美]罗德尼·迪塔特 著　李秦川 译
115	《离开荒野:狗猫牛马的驯养史》[美]加文·艾林格 著　赵越 译
116	《不生不熟:发酵食物的文明史》[法]玛丽-克莱尔·弗雷德里克 著　冷碧莹 译
117	《好奇年代:英国科学浪漫史》[英]理查德·霍尔姆斯 著　暴永宁 译
118	《极度深寒:地球最冷地域的极限冒险》[英]雷纳夫·法恩斯 著　蒋功艳、岳玉庆 译
119	《时尚的精髓:法国路易十四时代的优雅品位及奢侈生活》[美]琼·德让 著　杨冀 译
120	《地狱与良伴:西班牙内战及其造就的世界》[美]理查德·罗兹 著　李阳 译
121	《骗局:历史上的骗子、赝品和诡计》[美]迈克尔·法夸尔 著　康怡 译
122	《丛林:澳大利亚内陆文明之旅》[澳]唐·沃森 著　李景艳 译
123	《书的大历史:六千年的演化与变迁》[英]基思·休斯敦 著　伊玉岩、邵慧敏 译
124	《战疫:传染病能否根除?》[美]南希·丽思·斯特潘 著　郭骏、赵谊 译
125	《伦敦的石头:十二座建筑塑名城》[英]利奥·霍利斯 著　罗隽、何晓昕、鲍捷 译
126	《自愈之路:开创癌症免疫疗法的科学家们》[美]尼尔·卡纳万 著　贾颋 译
127	《智能简史》[韩]李大烈 著　张之昊 译
128	《家的起源:西方居所五百年》[英]朱迪丝·弗兰德斯 著　珍栎 译
129	《深解地球》[英]马丁·拉德威克 著　史先涛 译
130	《丘吉尔的原子弹:一部科学、战争与政治的秘史》[英]格雷厄姆·法米罗 著　刘晓 译
131	《亲历纳粹:见证战争的孩子们》[英]尼古拉斯·斯塔加特 著　卢欣渝 译
132	《尼罗河:穿越埃及古今的旅程》[英]托比·威尔金森 著　罗静 译
133	《大侦探:福尔摩斯的惊人崛起和不朽生命》[美]扎克·邓达斯 著　肖洁茹 译
134	《世界新奇迹:在20座建筑中穿越历史》[德]贝恩德·英玛尔·古特贝勒特 著　孟薇、张芸 译
135	《毛奇家族:一部战争史》[德]奥拉夫·耶森 著　蔡玳燕、孟薇、张芸 译

136 《万有感官：听觉塑造心智》[美]塞思·霍罗威茨 著 蒋雨蒙 译 葛鉴桥 审校

137 《教堂音乐的历史》[德]约翰·欣里希·克劳森 著 王泰智 译

138 《世界七大奇迹：西方现代意象的流变》[英]约翰·罗谟、伊丽莎白·罗谟 著 徐剑梅 译

139 《茶的真实历史》[美]梅维恒、[瑞典]郝也麟 著 高文海 译 徐文堪 校译

140 《谁是德古拉：吸血鬼小说的人物原型》[英]吉姆·斯塔迈尔 著 刘芳 译

141 《童话的心理分析》[瑞士]维蕾娜·卡斯特 著 林敏雅 译 陈瑛 修订

142 《海洋全球史》[德国]米夏埃尔·诺尔特 著 夏嫱、魏子扬 译